JN229165

メールは **1秒** でさばける！

Outlook
アウトルック
最速時短術

日経ＰＣ２１ 編
グエル **鈴木眞里子** 著

日経ＢＰ

はじめに

　電子メールは今や、ビジネスにおける第一のコミュニケーションツールになりました。もちろん、電話で直接話したり実際に会って打ち合わせしたりすることの大切さは変わりません。しかし、口頭で説明するよりも多くの情報を確実に伝えられる、必要な資料や書類を即座に送れる、やり取りの記録を時系列で残せる、といった数々の利点から、電話よりもメールで……という職場も少なくないでしょう。

　そんなメールのやり取りに使用するソフトの代表が、マイクロソフトの「Outlook」（以下、アウトルック）です。アウトルックを含む「オフィス365」を採用する企業が増えたことに加え、ウィンドウズ10標準の「メール」アプリが使いにくく、ビジネスでの使用に堪えないことも、アウトルックの利用者が増えた大きな要因といえます。これまで仕事で使用するソフトといえばExcel（エクセル）とWord（ワード）でしたが、アウトルックもまた、ビジネスに不可欠のソフトとなりました。

メールに時間を奪われない

　朝、出勤してパソコンを起動した後、真っ先にすることは何でしょうか？「メールチェック」と答える人が多いのではないかと思います。では、メールチェックが終わって次の仕事に取りかかるまでに何分かかりますか？ メルマガやDMなど不要なメールの仕分け、届いたメールへの返信、会議の知らせを予定表に転記、どこかに紛れてしまったメールの検索……と、人によっては数十分もメールに時間を費やしているかもしれません。仕事中のメールチェックも同様です。そのようなムダな時間を一気に削減し、仕事を素早くテキパキと進められるようにすることが、本書の目標です。

　本書で紹介するようなアウトルックの便利機能を賢く使えば、大量のメールを次々とさばいて、サクサクと仕事をこなせるようになります。個々のテクニックは数

秒から数分の時短にしかならないかもしれません。しかし1通のメールにつき1分時短できるとしたら、60通分を処理するごとに1時間の時短になります。1日に数十通のメールをやり取りする人なら、30分から1時間は仕事を早く終わらせることができるわけです。

「クイック操作」で次々とメールをさばく

とりわけ私がお勧めしたいのが、「受信トレイのタスクリスト化」です。昨今は仕事の依頼も予定の連絡もメールで届きます。そこで、受信トレイにたまったメールを「処理すべきタスク」と捉えて、処理が終わったら別のフォルダーに移動する、という使い方をします。

メルマガなど見逃しても支障がないメールは、自動仕分け機能（ルール）を利用して最初から受信トレイにためないようにします。そのほかのメールは、閲覧ウィンドウで軽く一読して対応の要不要を判断し、不要なら別のフォルダーに移動します。この移動操作に便利なのが「クイック操作」という自動化の機能です。ボタンをワンクリックするだけで、指定したフォルダーへの移動やフラグの設定などを実行できます。「ぱっと目を通してワンクリックで仕分け」という作業を繰り返していくと、受信トレイはあっという間にきれいさっぱり。そして、移動せずに受信トレイに残ったメールが、何らかの対応が必要な「タスク」となります。「クイック操作」を活用した受信トレイのタスクリスト化は、メールをさばく時間を大幅に削減するとともに、仕事の漏れを防ぐ効果もあります。

この「クイック操作」を使うと、仕分けだけでなく、メールの転送や予定の登録など、さまざまな操作を自動化できます。「クイック操作」以外にも、アウトルックには便利な機能がたくさんあり、定型メールを自動作成したり、宛先の指定を簡略化したりと、面倒な操作を手早く楽にするテクニックは山ほどあります。

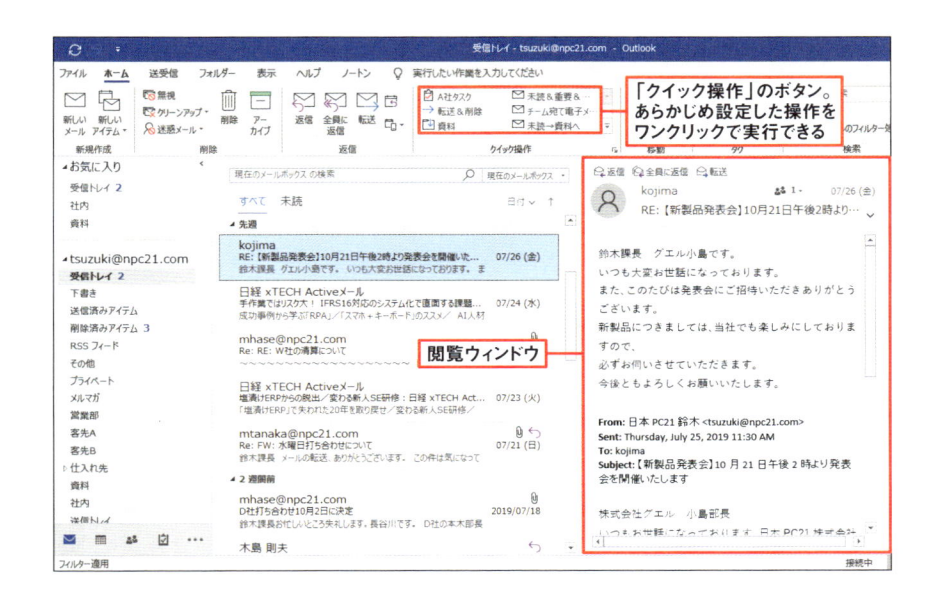

　本書では、「アウトルック97」の登場以来20年以上にわたりアウトルックを利用・研究してきたグエルの鈴木眞里子さんに、最新の活用ノウハウを解説していただきました。「受信トレイのタスクリスト化」のようなメール整理の手法については、人それぞれのこだわりがあるかもしれません。しかし、==アウトルックが備える機能や、それを用いて作業を効率化するためのノウハウは、どなたにも役立つものばかりです==。本書で紹介する実践的な時短ワザの数々を、日々の業務に生かしていただければ幸いです。

日経PC21編集長　田村規雄

Contents ●目次

第1章

アウトルックは
初期設定で使うな！

快適な仕事環境を整えることは、時短にとって重要だ。画面の配置、ボタンの並び、メールの表示方法など、ちょっとした設定で、使い勝手は大きく変わる。送信するメールの書式や自動保存のタイミングなど、メール操作に深く関わる設定も多い。役立ちそうな設定から説明していこう。

- ●画面構成を見直して使いやすく
- ●メールの表示方法が処理時間を決める
- ●よく使う機能はすぐ選べる場所に
- ●基本の書式は設定で選ぶ
- ●トラブルを回避して作業効率アップ

5分
時短

今どきのワイド画面なら
閲覧ウィンドウも予定表も右

第1章

アウトルックは
初期設定で使うな！

　アウトルックは、画面に表示する要素や配置を好みに応じて変えられる。情報量が少なく使い勝手も悪い"初期設定"のまま使うのは大きな損失だ。必要な情報や機能にすぐアクセスできるように画面構成を変えれば、ムダを省いて時短できる。

　例えば、「閲覧ウィンドウ」がメッセージ一覧の下に表示されているとしよう（図1）。縦に広い画面なら問題ないが、パソコンによっては内容が数行しか表示できず、一覧の表示件数も少ない。配置を工夫して、作業しやすい画面構成にしていこう。

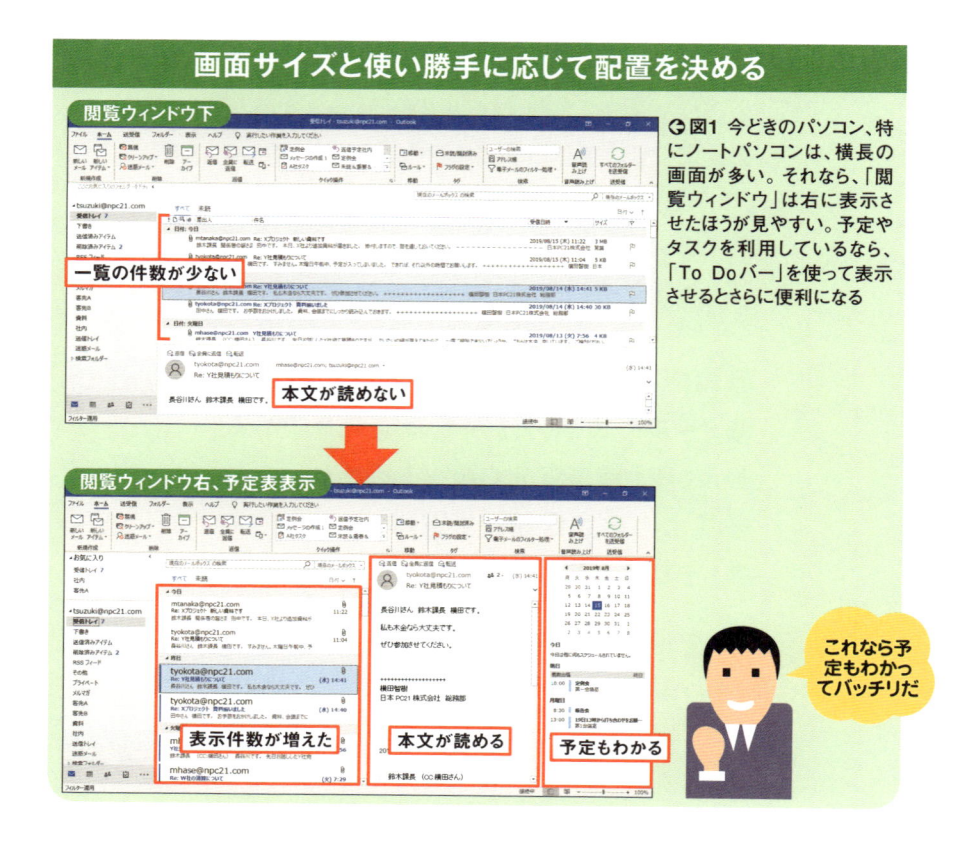

画面サイズと使い勝手に応じて配置を決める

閲覧ウィンドウ下

一覧の件数が少ない

本文が読めない

閲覧ウィンドウ右、予定表表示

表示件数が増えた　　本文が読める　　予定もわかる

◉図1　今どきのパソコン、特にノートパソコンは、横長の画面が多い。それなら、「閲覧ウィンドウ」は右に表示させたほうが見やすい。予定やタスクを利用しているなら、「To Doバー」を使って表示させるとさらに便利になる

これなら予定もわかってバッチリだ

閲覧ウィンドウは下か、右か、それとも消すか

メールの内容を表示する「閲覧ウィンドウ」は、「右」「下」「オフ」の3つから表示方法を選択できる。どれを選ぶかは、画面サイズと使い方次第。==横長のワイドスクリーンで表示するなら、閲覧ウィンドウの配置は迷わず「右」だ==（**図2**）。メッセージ一覧の幅は狭くなるが、表示件数は増える。

ビジネスメールでは短く簡潔に用件を伝えることが多いので、閲覧ウィンドウを右側に表示することで、本文のほとんどを表示しきれるはずだ。

●閲覧ウィンドウの配置を右に

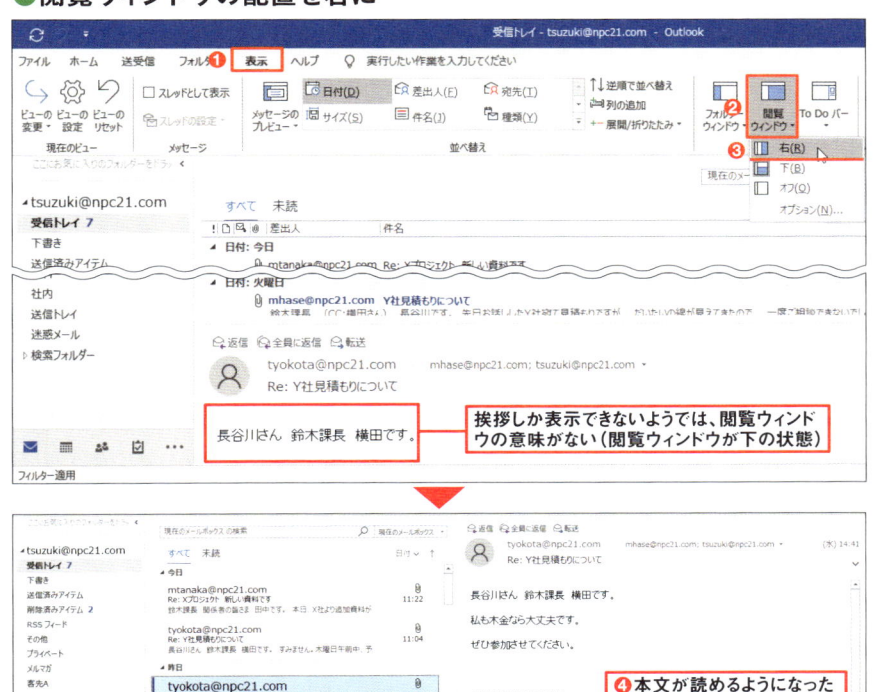

↑**図2** 閲覧ウィンドウの配置を変えるには、「表示」タブをクリックし（❶）、「閲覧ウィンドウ」から「右」を選択する（❷❸）。閲覧ウィンドウが右に配置され、メールの本文がしっかり読めるようになる（❹）

「To Doバー」でいつでも予定やタスクを表示

アウトルックは、メールを送受信するだけのソフトではない。スケジュール管理やタスク管理、連絡先の管理など、ビジネスに必要な各種の機能がそろっている。メール以外の機能を利用している人にお勧めしたいのが、「To Doバー」の利用だ。

To Doバーはアウトルックの画面右側に表示される領域のことで、「予定表」「連絡先」「タスク」を選択して表示できる。メールの作成中、「スケジュールを確認しないと」と思ったとき、わざわざ予定表に切り替えなくてもTo Doバーで確認できれば手間が省ける。

To Doバーは、「表示」タブで表示する機能を選択する（**図3**）。「予定表」を表示すれば、当月のカレンダーと直近のスケジュールの確認に便利だ。「連絡先」や「タスク」も追加表示できるので、画面の広さに応じて設定しよう。

●メール画面で予定も確認

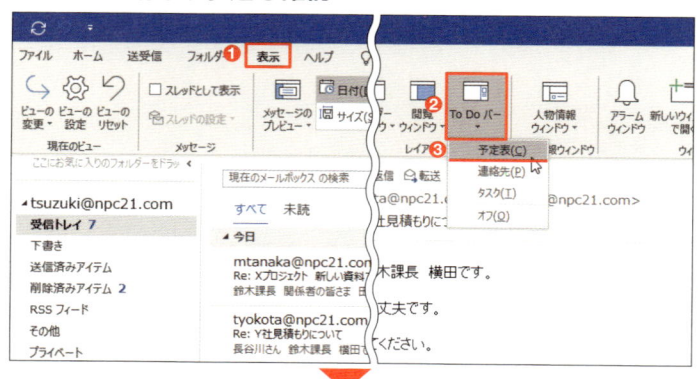

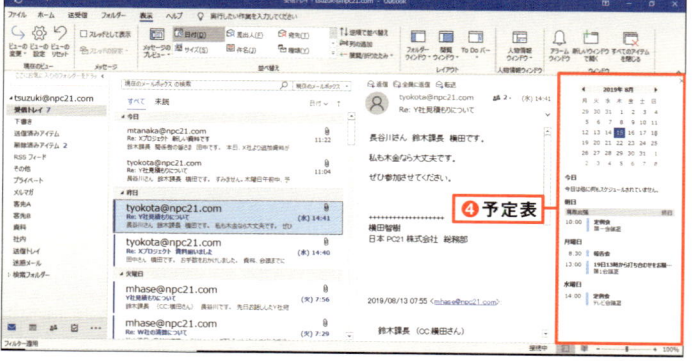

⊙ 図3 「表示」タブで「To Doバー」から「予定表」を選択（❶〜❸）。画面右端に「To Doバー」が表示され、予定が確認できるようになる（❹）

「フォルダーウィンドウ」は必要なときだけ表示

　画面左端にある「フォルダーウィンドウ」は、必要不可欠のようにも見えるが、実はそうでもない。「予定表を表示するとちょっと窮屈」と感じるなら、フォルダーウィンドウを隠すという手はいかがだろう。

　フォルダーウィンドウはオフにしてしまうこともできるが、必要になるたびに再表示させるのではかえって手間がかかる。お勧めは「最小化」だ。最小化すると「お気に入り」（次ページ参照）に登録したフォルダーのみ表示されるので邪魔にならず、必要なときにすぐ表示できる（**図4**）。

●フォルダーウィンドウを隠す

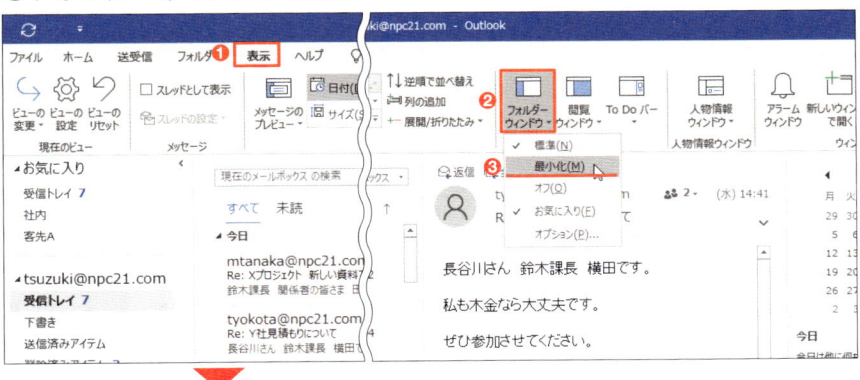

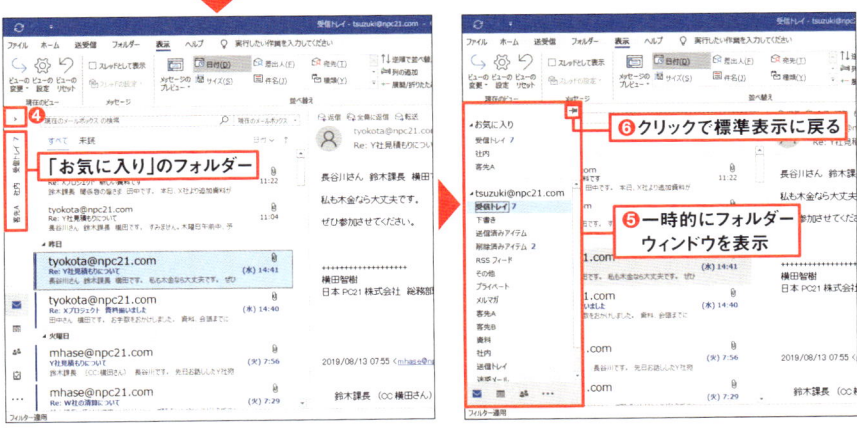

↑**図4**　「表示」タブで「フォルダーウィンドウ」から「最小化」を選択（❶〜❸）。フォルダーウィンドウが狭くなり、「お気に入り」の項目だけが表示される。「▶」（❹）をクリックすれば、いつでもフォルダーを表示することができ（❺）、ピンをクリックすれば標準表示に戻せる（❻）

3分 時短

Section 02 Outlook

よく使うフォルダーを上位に表示

　顧客別や案件別にフォルダーを作ってメールを管理している人は多い。フォルダーが増えてくると気になるのが、<u>フォルダーの表示順序</u>だ。フォルダーはドラッグで簡単に移動できるが、環境によってはせっかく入れ替えた順序が元に戻ることがある。また、複数アカウントの受信フォルダーを並べて表示することはできない。そこで利用したいのが「お気に入り」だ。

　<u>「お気に入り」はフォルダーウィンドウの最上段に表示されるため使いやすく、自由にフォルダーを登録することができる。</u>表示されていない場合は、**図1**の手順で表示すればよい。あとはよく使うフォルダーを「お気に入り」にドラッグするだけだ（**図2**）。

●「お気に入り」の表示／非表示を切り替え

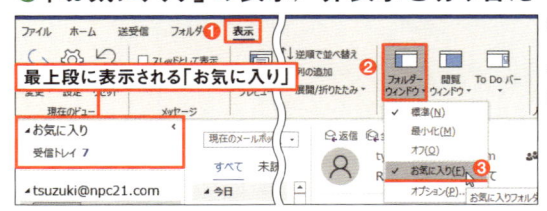

○ **図1** 「お気に入り」は「表示」タブの「フォルダーウィンドウ」から「お気に入り」を選ぶことで（❶～❸）、表示／非表示が切り替わる

●「お気に入り」にフォルダーを追加

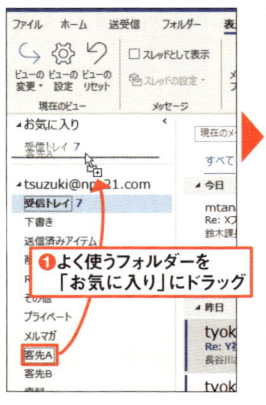

❶ よく使うフォルダーを「お気に入り」にドラッグ

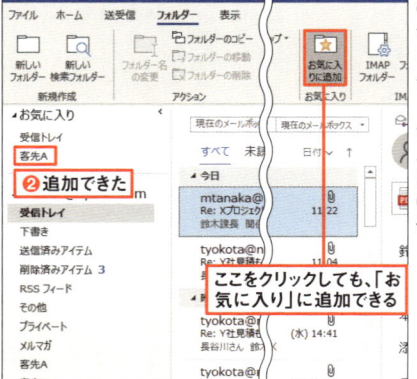

❷ 追加できた

ここをクリックしても、「お気に入り」に追加できる

○ **図2** 優先的に表示させたいフォルダーを「お気に入り」にドラッグするだけで登録完了（❶❷）。また、「フォルダー」タブの「お気に入りに追加」をクリックしても、「お気に入り」に入れるか、外すかを切り替え可能だ

メール作法　差出人名を適切に設定

メールソフトを使い始めるとき、まず設定するのが自分のメールアカウントだ。アウトルックでも、最初にアカウント設定を行うが、初期設定のままだと送信メールの差出人名がメールアドレスになっていることがある（**図1**）。

✕ メールアドレスだと誰だかわからない

〇 社名と名前を差出人に

⬆ **図1** メッセージ一覧や受信メールの画面に表示される差出人名は、初期設定だとメールアドレスになっている可能性が高い

差出人名は自分のアウトルックの画面に通常表示されないので、気付かない人も多い。まずはどうなっているか確認してみよう（**図2、図3**）。メールアドレスや、他社の人にわからない名前であれば、正しい名前を入れる。社名と氏名がわかるように書き換えるのも手だ。

差出人名は、アカウント1つに対して1つしか設定できない。署名のように使い分けはできないので、同じアカウントを仕事とプライベートの両方に使っている場合などは、注意が必要だ。個人的なオンラインショッピングのやり取りで自分の会社名がわかってしまうといったことのないよう、気を付けよう。

●自分の差出人名を確認

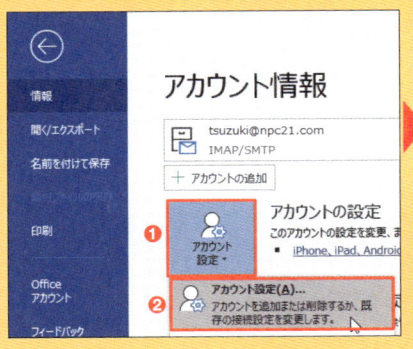

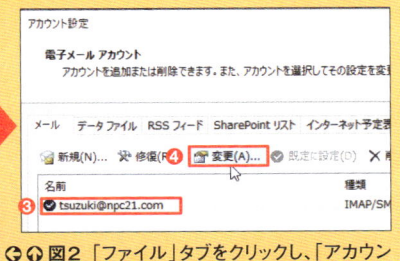

⬅⬆ **図2**「ファイル」タブをクリックし、「アカウント設定」（❶）→「アカウント設定」（❷）とクリック。メールアカウントを選んで（❸）、「変更」をクリックする（❹）

⬅ **図3** 表示された画面の「名前」欄が差出人として表示される名前だ。社名と氏名がわかるようにするのが基本だが、社名が長い場合は略称でもかまわない

「スレッド」「プレビュー」はオフ メッセージ一覧をシンプルに

メールに対して返信を繰り返すと、「元のメール、どれだっけ？」と探し回ることがある。「やり取りを全部まとめてくれればいいのに」と思ったとき、試したくなるのが「スレッド表示」だ。

スレッド表示は、件名などを基準に関連すると思われるメールをまとめて表示する機能（**図1**、**図2**）。受信メール、送信メール、返信メール、転送メールを件名でまとめてグループ化してくれるので、話の流れを見るのには都合が良い。設定などによっては既定でスレッド表示になっていることもあるが、この機能はなかなかのくせものだ。

スレッド別にメールを表示してみる

通常の表示からスレッド表示に切り替えるには、「表示」タブで「スレッドとして表示」にチェックを入れる（**図3**）。すべてのフォルダーをスレッド表示にすることもできるし、選択中のフォルダーだけに適用することもできる。

スレッド表示にすると、関連するやり取りが1つのグループとして表示され、メッセージ一覧には差出人と件名だけが表示されるようになる。件名を選択するとそのグループが展開され、含まれるメールが新しい順にリスト表示される（**図4**）。

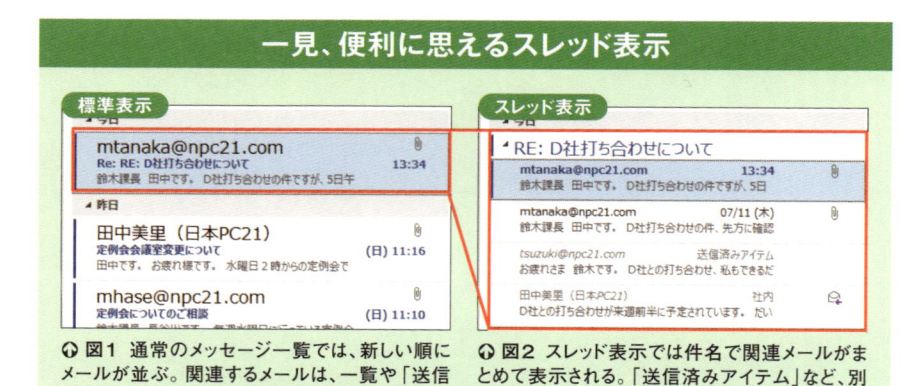

一見、便利に思えるスレッド表示

↑ **図1** 通常のメッセージ一覧では、新しい順にメールが並ぶ。関連するメールは、一覧や「送信済みアイテム」フォルダーなどで探す必要がある

↑ **図2** スレッド表示では件名で関連メールがまとめて表示される。「送信済みアイテム」など、別のフォルダーのメールもまとめて表示可能

18

この時点では、同じフォルダー内のメールのみ表示されるが、差出人の左側にある三角形をクリックすると、ほかのフォルダーにある関連メールも表示することができる。再度三角形をクリックすれば、件名のみの表示に戻せる。ほかのフォルダーにあるメールが表示されない場合は、「表示」タブの「スレッドの設定」で「他のフォルダーのメッセージを表示」にチェックが入っているか確認しよう。

●スレッド表示への切り替えは簡単

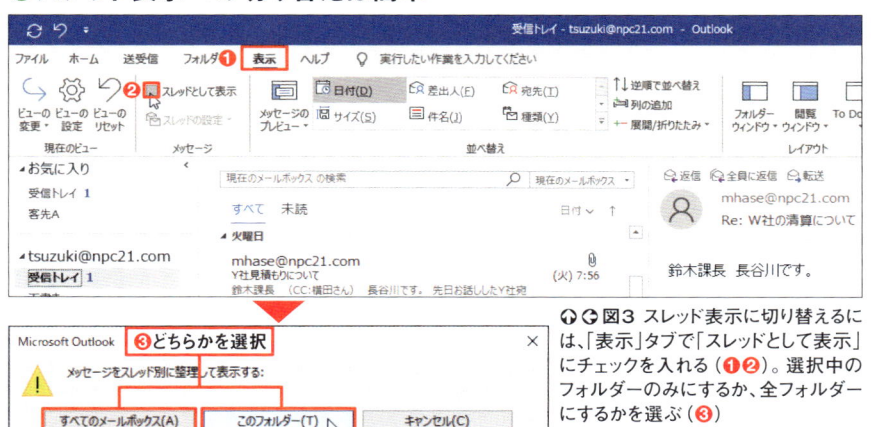

○⊖図3 スレッド表示に切り替えるには、「表示」タブで「スレッドとして表示」にチェックを入れる（❶❷）。選択中のフォルダーのみにするか、全フォルダーにするかを選ぶ（❸）

●スレッドは2段階表示

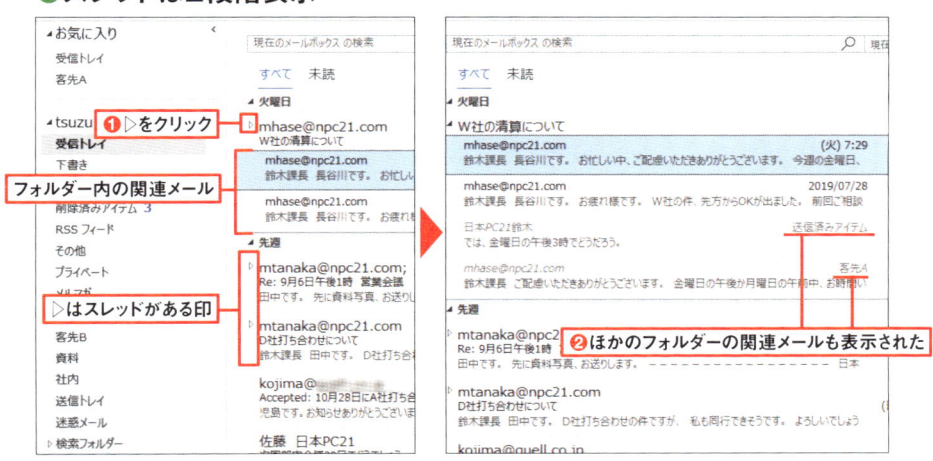

⊙図4 スレッド表示では、スレッドがあるメールのみ、差出人の左側に「▷」が表示される。受信トレイでスレッドがあるメールを選択すると、受信トレイ内の関連メールが表示される。さらに「▷」をクリックすることで、ほかのフォルダーにある関連メールも表示することができる（❶❷）

時短するならスレッド表示はオフ

時短にも有効に思えるスレッド表示だが、筆者は使っていない。なぜなら、スレッド表示には落とし穴があるからだ（**図5**）。

例えば、件名がわかりづらいからと途中で件名を変えてしまうと、同じスレッドには入らない。スレッドに含めるかどうかの基準は件名だけではないが、件名がまったく違えば別件と見なされる。メールを出すとき、宛先を指定するのが面倒だからと、以前もらったメールに返信するのはよくある話。話は変わっているのに件名が同じだと、以前のスレッドに入ってしまいわかりづらくなる。

さらに大きな問題が、スレッド表示で展開できるメールが1つだけということだ。別のメールを選択すれば、スレッドは閉じた状態に戻ってしまう。そのため、スレッド内のメールを確認するたびにクリックする必要があり、メッセージ一覧をザッと見渡して全体を把握するのには向かない。こうした理由から、時短を考えるならスレッド表示はオフにすべきだと筆者は考えている。

では、関連するメールを見たいときはどうすればよいだろうか。そのたびにスレッド表示に切り替えたり、検索機能を使ったりする必要はない。「関連アイテムの検索」機能で、スレッドに含まれるメールを一覧することができる（**図6**）。

メッセージ一覧はシンプルが一番

メッセージ一覧は、時系列の通常表示がわかりやすい。もっとシンプルにしたければ、プレビュー表示の行数を変えるという手がある。

プレビュー表示は、差出人、件名、本文1行が表示されるのが一般的だ。しかし、メールの一行目は差出人の名前や挨拶など、内容が書いていないことが多い。また13ページ図2のように閲覧ウィンドウを右側に開いていれば、メールをクリックするだけですぐ本文が読めるので、本文のプレビューは必要なくなる。本文の表示をオフにすればより多くのメールを表示できるようになる（**図7**）。

プレビュー表示をする場合、1行、2行、3行から選択できるので、逆に表示行数を増やして、メッセージ一覧で本文の内容まで表示させることもできる。その場合は閲覧ウィンドウをオフにすればメッセージ一覧が広くなり、本文がより長く表示できる。

メッセージ一覧は、メールの確認に不可欠なものであり、その使い勝手はアウトルック全体の使い心地を左右する。表示方法を工夫して、パッと見てわかるようにすることで時短につなげたい。

スレッド表示の3つの落とし穴

- ● 件名を変えると同じスレッドにならない
- ● 同じ件名の返信は、内容が違っても同じスレッドになる
- ● リスト内で1つのスレッドしか展開できない

⊕ 図5 スレッド表示には、3つの大きな弱点がある。使うなら、それを理解して使おう

● 関連するメールは右クリックで検索

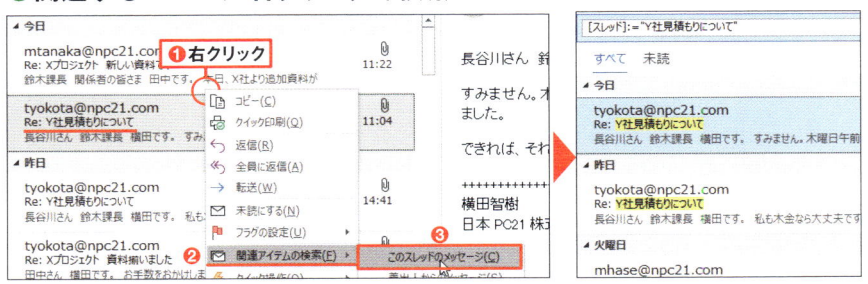

⊕ 図6 関連するメールを探したいときはメールを右クリック（❶）。「関連アイテムの検索」から「このスレッドのメッセージ」を選択する（❷❸）。同じスレッド内のメールが一覧で表示されるので、見たいメールを開く

● 本文のプレビューオフでメッセージ一覧をスッキリ表示

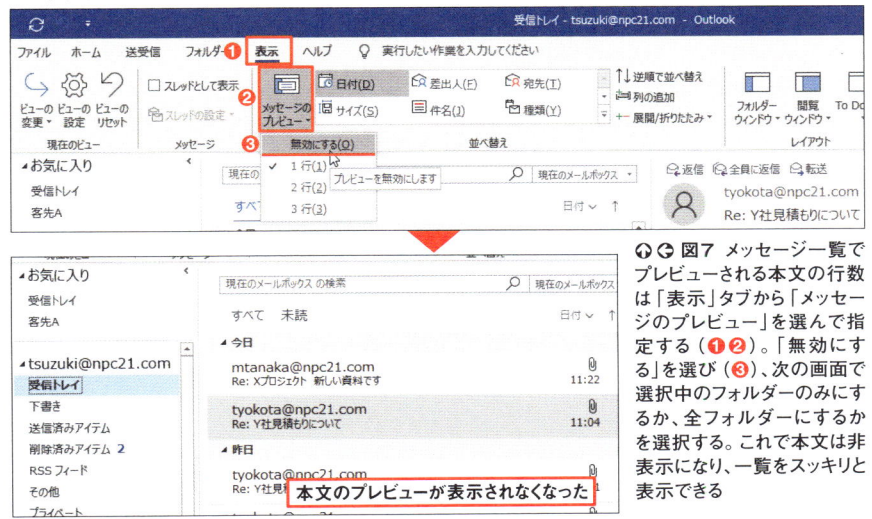

⊕ ⊖ 図7 メッセージ一覧でプレビューされる本文の行数は「表示」タブから「メッセージのプレビュー」を選んで指定する（❶❷）。「無効にする」を選び（❸）、次の画面で選択中のフォルダーのみにするか、全フォルダーにするかを選択する。これで本文は非表示になり、一覧をスッキリと表示できる

Section 04 Outlook

パソコンの起動と同時に 見たいフォルダーを表示

　出社したらパソコンの電源を入れ、アウトルックを起動して、社内メールからチェックを始める……。会社でよく見る光景だ。時短を考えるなら、こうしたルーティンにこそ注目していこう。毎回行うルーティンの手間を省ければ時短効果は大きく、毎朝気持ち良く作業を始められるというものだ。

　ウィンドウズの起動と同時にアウトルックを起動し、フォルダーを自動で開くまでの操作は、設定を変えるだけで自動化できる（図1、図2）。

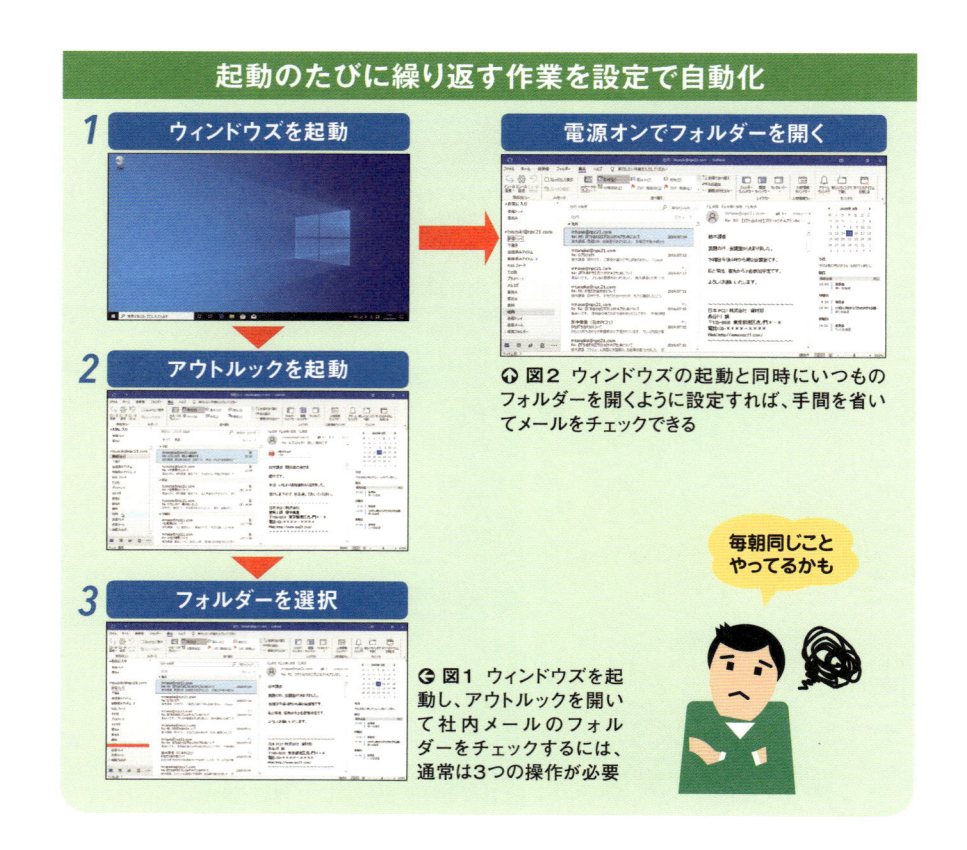

起動のたびに繰り返す作業を設定で自動化

1 ウィンドウズを起動

電源オンでフォルダーを開く

🔼 **図2** ウィンドウズの起動と同時にいつものフォルダーを開くように設定すれば、手間を省いてメールをチェックできる

2 アウトルックを起動

3 フォルダーを選択

🔽 **図1** ウィンドウズを起動し、アウトルックを開いて社内メールのフォルダーをチェックするには、通常は3つの操作が必要

毎朝同じこと
やってるかも

すぐに起動したいソフトは「スタートアップ」に登録

　ソフトを素早く起動する方法はいくつもある。スタート画面のタイルやタスクバーに登録するといった方法だ。だが、アウトルックのようにウィンドウズを起動してすぐ使うソフトは、「スタートアップ」に登録するのがよい（**図3、図4**）。これで起動と同時にアウトルックの画面が開くようになる。

●アウトルックを「スタートアップ」に登録

❷「shell:startup」と入力

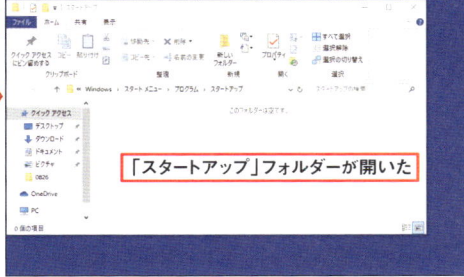

「スタートアップ」フォルダーが開いた

↻↺ 図3 「Windows」+「R」キーを押して「ファイル名を指定して実行」画面を開く（❶）。「shell:startup」と半角で入力し（❷）、「OK」を押す（❸）

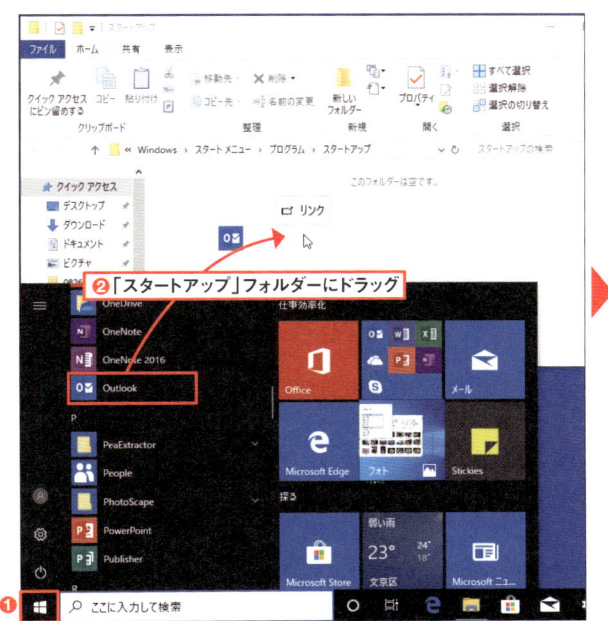

❷「スタートアップ」フォルダーにドラッグ

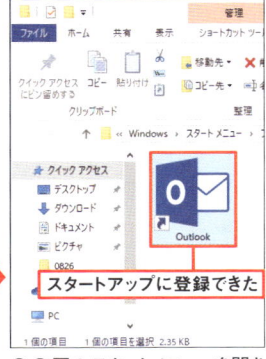

スタートアップに登録できた

↺↻図4 スタートメニューを開き（❶）、「Outlook」を図3右の「スタートアップ」フォルダーにドラッグ（❷）。これでアウトルックがスタートアップに登録され、ウィンドウズの起動と同時に自動で起動する

真っ先に見たいフォルダーをアウトルック起動時に表示

　アウトルックを起動すると、通常は「受信トレイ」が開く。しかし、顧客ごとやプロジェクトごとにフォルダー分けをしていて、いつも最初に見るフォルダーが別にあるなら、設定を変更しよう。

　起動時に開くフォルダーは、アウトルックのオプション設定で選ぶことができる（図5、図6）。ここまでの設定で、ウィンドウズを起動するとアウトルックが自動的に起動し、指定したフォルダーが開くようになる。

第1章

アウトルックは初期設定で使うな！

●アウトルックの起動時に「最初に見たい」フォルダーを開く

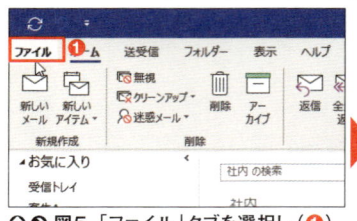

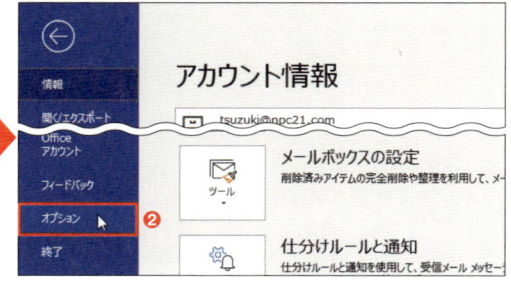

↑⊝ **図5**「ファイル」タブを選択し（❶）、「オプション」を選択すると、オプション設定の画面が開く（❷）

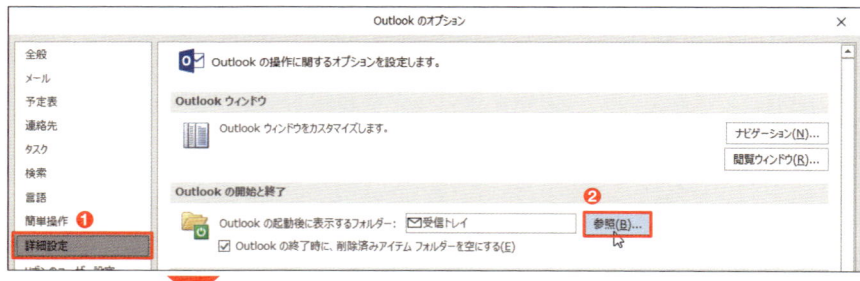

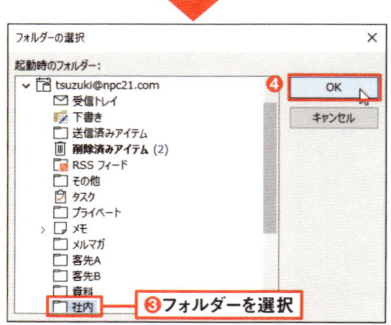

❸フォルダーを選択

↑⊝ **図6**「詳細設定」で「Outlookの開始と終了」欄にある「参照」をクリック（❶❷）。起動時に開きたいフォルダーを選択して「OK」をクリックする（❸❹）。上の画面に戻るので、「OK」をクリックして設定を終える

パソコンを起動すればすぐメールチェックできるぞ！

メール作法 1行は35文字以下で改行

　横組みの文章では、人が気持ち良く読める文字数は35文字といわれる。だが画面で読むメールではそれ以下と考えられる。

　アウトルックの場合、メール作成画面はウィンドウの幅に合わせて自動的に折り返されるため、幅の狭い画面で書いていると文字数など気にならない（**図1**）。しかし、相手がウェブブラウザーの広い画面で見ているのか、小さなスマホの画面で見ているのか、送信者にはわからない（**図2**）。

　ビジネスメールでは、簡潔な文章が好まれるのはいうまでもないが、35文字以下になるよう適宜改行を入れ、数行ごとに1行空きにするのが一般的なマナーだ（**図2**）。

⬆**図1** メール作成画面では、右端での折り返しと適度な行間で比較的読みやすく表示されるが、相手がどのような表示で読んでいるかはわからない

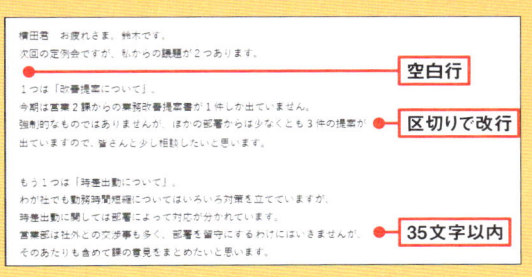

⬆ **図2** メールを受け取った相手がウェブブラウザーの広い画面で見ていると、フォントも行間も作成した画面とは変わってしまうことがほとんどだ。1行の文字数が多い文章は、視認性が極端に落ち、読みづらい

➡**図3** メール作成時に適宜改行を入れ、数行ごとに1行空きにしておくと、どのような環境でも読みやすいメールになる

空白行

区切りで改行

35文字以内

読みやすいと
感じるメールを
参考にしてね

使わない機能は非表示に
リボンの操作性をアップ

3分時短

　送信、削除、検索、整理など、メールの操作をするたびに使うのが、画面上部に表示されているボタン類。オフィスでは「リボン」と呼ぶが、==ボタンが多すぎて押し間違えたり、探しづらかったりしたことはないだろうか。==機能豊富なアウトルックだけにリボンのボタンは多く、狭い画面では表示しきれずに省略表示になってしまうこともある。毎回使うものなので、スムーズに操作できるようにしておきたい。

　一見、固定されているように見えるボタンだが、==既定のボタン以外は消すことができる。グループ単位やタブ単位で非表示にもできるし、順序の並べ替えも可能だ==（**図1**）。使い方に応じた配置にして、すぐに機能を選べるようにしよう。

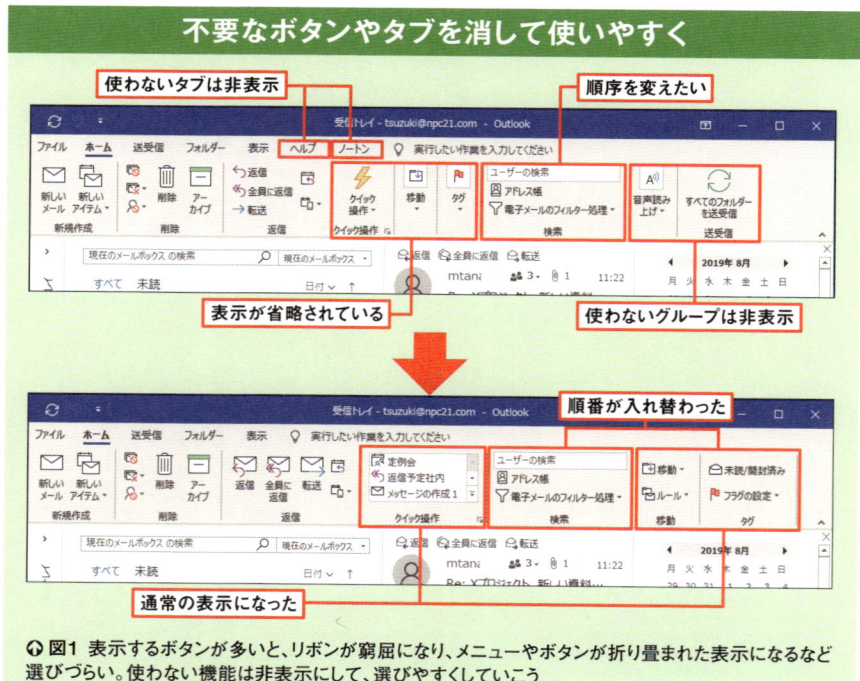

不要なボタンやタブを消して使いやすく

① 図1 表示するボタンが多いと、リボンが窮屈になり、メニューやボタンが折り畳まれた表示になるなど選びづらい。使わない機能は非表示にして、選びやすくしていこう

ボタンの配置は使い方次第

　リボンの配置を変更する前に、考えたいのが普段の使い方だ。例えば、普段ショートカットキーを多用する人なら、「ホーム」タブにある「新規作成」は不要かもしれない。「返信」や「全員に返信」を閲覧ウィンドウで選んでいるなら、リボンになくても問題はない。どのボタンを使い、どれを使わないかは、使う人次第。非表示にしたほうが使いやすくなる機能をあらかじめ考えてから作業に入ろう。

　リボンのボタンを編集するには、「リボンのユーザー設定」画面を開き、普段使わない機能やグループを選んで削除する（**図2**）。既定の機能は削除できないが、グループ単位であれば削除は可能だ。

●使わない機能、グループを削除

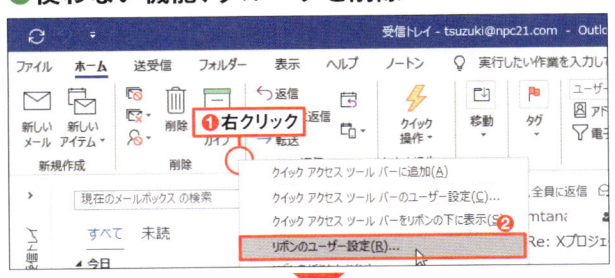

◐◑**図2** リボンの何もない部分を右クリックして、「リボンのユーザー設定」を選択（❶、❷）。画面右側の「リボンのユーザー設定」から使わない機能やグループを選んで「削除」をクリックする（❸❹）。最後に「OK」をクリックすると、設定が反映される（❺）

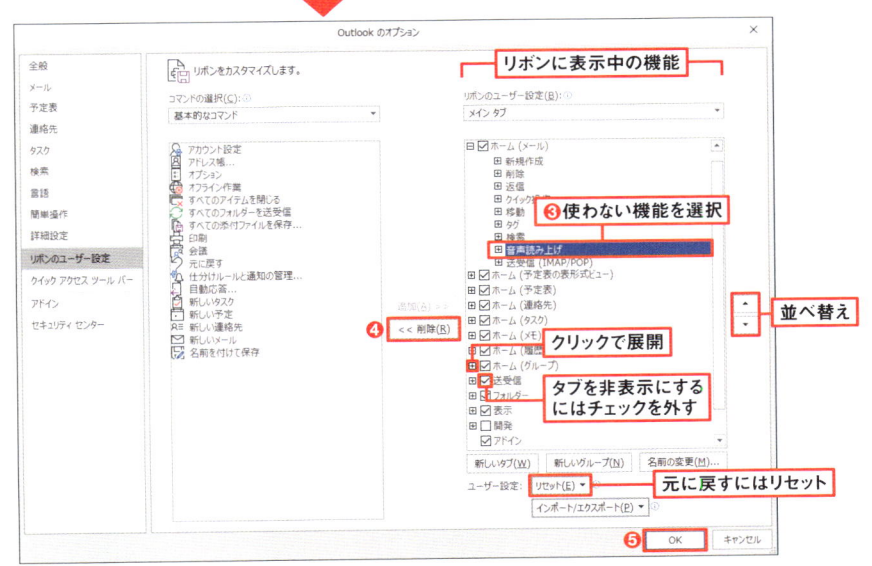

よく使う機能は
「クイックアクセス」に登録

**1分
時短**

アウトルックの機能はリボンから選ぶのが基本だが、タブの切り替えにひと手間かかったり、どのタブにあるのか探してしまうこともある。頻繁に使う機能や、いつでも選べるようにしておきたい機能は、「クイックアクセスツールバー」に表示させておくと便利だ（**図1**）。

リボンを使っていて、「この機能、すぐ選べるようにしたい」と思ったら、右クリックで簡単に追加できる（**図2**）。追加したい機能がリボンにない場合は、クイックアクセスツールバーの設定画面で追加する（**図3**）。この画面では機能の削除や並べ替え、グループ化などもできるので、使いやすく設定しよう。

いつでも選べるクイックアクセスツールバーを有効活用

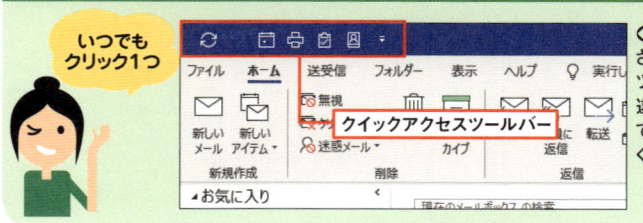

いつでも
クリック1つ

クイックアクセスツールバー

○ **図1** 画面左上に表示される「クイックアクセスツールバー」は、リボンと違っていつでも表示されているので必要なときすぐ選べる

●リボンからクイックアクセスツールバーに追加

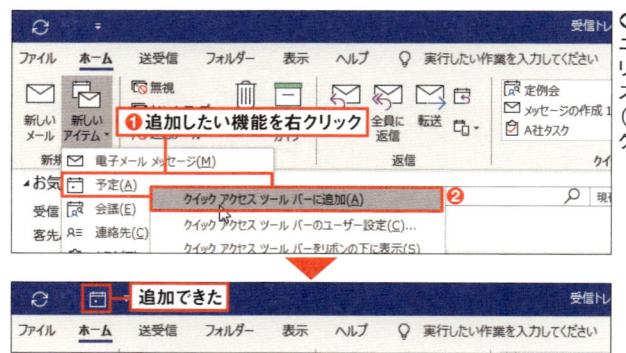

❶追加したい機能を右クリック

電子メール メッセージ(M)
予定(A)
会議(E)
連絡先(C)

クイック アクセス ツール バーに追加(A) ❷
クイック アクセス ツール バーのユーザー設定(C)...
クイック アクセス ツール バーをリボンの下に表示(S)

追加できた

○ **図2** リボンのボタンやメニューで追加したい機能を右クリックし（❶）、「クイックアクセスツールバーに追加」を選択（❷）。追加した順にクイックアクセスツールバーに並ぶ

●リボンにない機能をクイックアクセスツールバーに追加

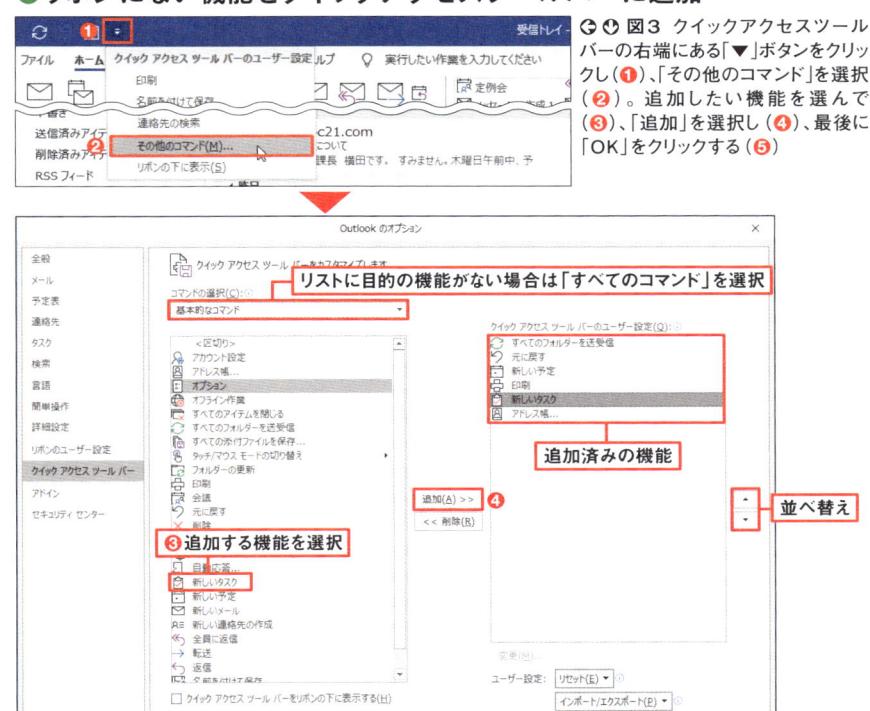

◆◆**図3** クイックアクセスツールバーの右端にある「▼」ボタンをクリックし（**①**）、「その他のコマンド」を選択（**②**）。追加したい機能を選んで（**③**）、「追加」を選択し（**④**）、最後に「OK」をクリックする（**⑤**）

図中テキスト：
- リストに目的の機能がない場合は「すべてのコマンド」を選択
- 追加済みの機能
- ③追加する機能を選択
- 並べ替え

メール作法　メールでも挨拶は必要

　メールは手紙とは違う。拝啓や敬具は不要だ。だからといって、用件だけを書けばよいというものでもない。

　客先へのメールであれば「お世話になっております。○○株式会社の△△です。」程度の1行で済む挨拶が基本。上司であれば「お忙しいところ失礼します。△△です。」といった挨拶が妥当。同僚であれば「お疲れ様です。△△です。」が一般的。「お疲れ様」は上司にも使えそうだが、「目下の人へのねぎらいの言葉」と考える人もいるので注意が必要。客先へのメールで「お疲れ様」はマナー違反だ。

　メールの最後には、「よろしくお願いいたします。」といった締めの言葉も入れたほうがよい。簡潔さが求められるビジネスメールだが、相手に読む手間をかけさせるのだから、簡単な挨拶は書いておこう。

テキスト? HTML?
送信、返信の書式を統一

アウトルックを初期設定のまま使っていると、作成したメールにフォントなどの書式が指定されているのをご存じだろうか。

アウトルックでは、HTML、テキスト、リッチテキストの3つから、作成するメールの形式を選択できる。リッチテキスト形式はExchangeサーバーを介した社内メールなどで使われる特殊な形式なので、実質的にはHTML形式かテキスト形式かの二択になる。HTMLはウェブページを作成するときに使われる言語であり、フォントや文字色の指定、画像の配置など、さまざまな書式を設定できるのが特徴だ。これに対してテキスト形式は、書式のないプレーンなテキストとして送信される（**図1、図2**）。

書式が設定できるかどうかは時短に無関係だと思うかもしれないが、そうではない。文字だけでいいならテキスト形式にすれば容量が少ない分だけ送信も速い。どちらを使うか自分で判断し、上手に利用することが時短につながる。どちらにするかは環境やメールの内容にもよるので、ここでは両方の設定について説明しよう。

HTML形式とテキスト形式の違い

⤴ **図1** フォントや文字色などの書式設定だけでなく、画像などの配置も可能。画面はマイクロソフトからのイベント案内。ロゴや写真がレイアウトされている。大手企業でも、メルマガや案内状などはHTML形式を使っている

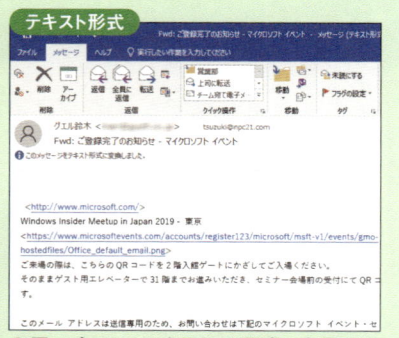

⤴ **図2** 左のメールをテキスト形式で表示。リンクが設定された文字列だけが青で表示され、それ以外はプレーンな文字列として表示される。統一された書式は読みやすいが、重要な箇所の強調表示や画像の表示などはできない

テキスト形式にするなら受信メールもテキスト形式で開く

　初期設定となっているHTML形式だが、一時期HTMLを悪用したウイルスメールが流行したこともあり、ビジネスメールではご法度とされてきた。セキュリティ対策が進んだことでHTMLメールによるウイルス被害は減少したが、今でもビジネスメールではHTML形式が敬遠されることがある。HTML形式になっているだけで、自動的に迷惑メールに振り分けられて届かないこともあり得るということだ。

　重要な客先からのメールがテキスト形式だったり、社内でテキスト形式が推奨されていたりするなら、間違ってHTMLメールを送らないように設定を変更しよう（**図3**）。HTMLメールをすべて排除したいなら、受信したHTMLメールはテキスト形式で開くように設定しておけばなお安心だ（**図4**）。

●メール作成画面をテキスト形式で開く

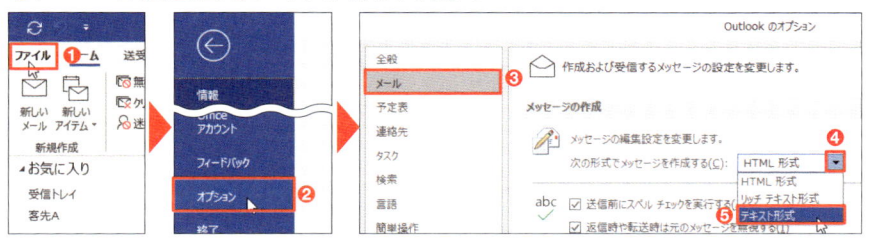

⬆図3 「ファイル」タブで「オプション」を選択（❶❷）。「メール」（❸）を選んで「次の形式でメッセージを作成する」を「テキスト形式」に指定する（❹❺）

●HTMLメールを受信してもテキスト形式で表示

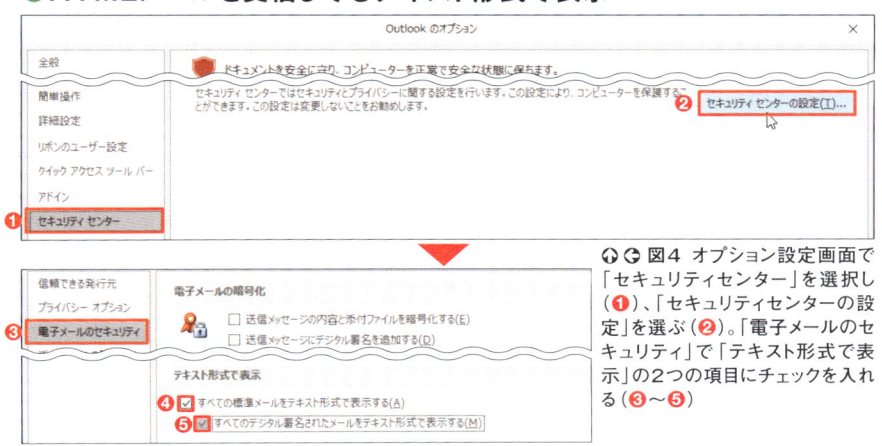

⬆⬇図4 オプション設定画面で「セキュリティセンター」を選択し（❶）、「セキュリティセンターの設定」を選ぶ（❷）。「電子メールのセキュリティ」で「テキスト形式で表示」の2つの項目にチェックを入れる（❸～❺）

HTML形式を使うならよく使う書式を既定に設定

　ウェブページのように自由なレイアウトができるHTMLメールは、メルマガやDMなど、企業でも利用される機会が増えている。HTML形式の利用が認められているのなら、よく利用する書式を登録することで、メール作成時にフォントなどを指定する手間を省いたり、見やすいフォントで気持ち良く作業することができる。

　オプション設定画面を開き、既定の書式を変更する（**図5**）。通常のビジネスメールなら、「文字書式」を選んでフォントや文字サイズを指定（**図6～図8**）。メルマガのようにデザイン性重視なら、「テーマ」を選ぶことで背景色や箇条書きの行頭文字などを含めたメール全体のイメージを指定できる。

　HTML形式の場合は指定した書式がそのまま送信されるが、先方に同じフォントがない場合は代替フォントで表示されるので、一般的なフォントを選び、細かい書式設定は避けたほうがよいだろう。

●既定の書式はひな形で設定

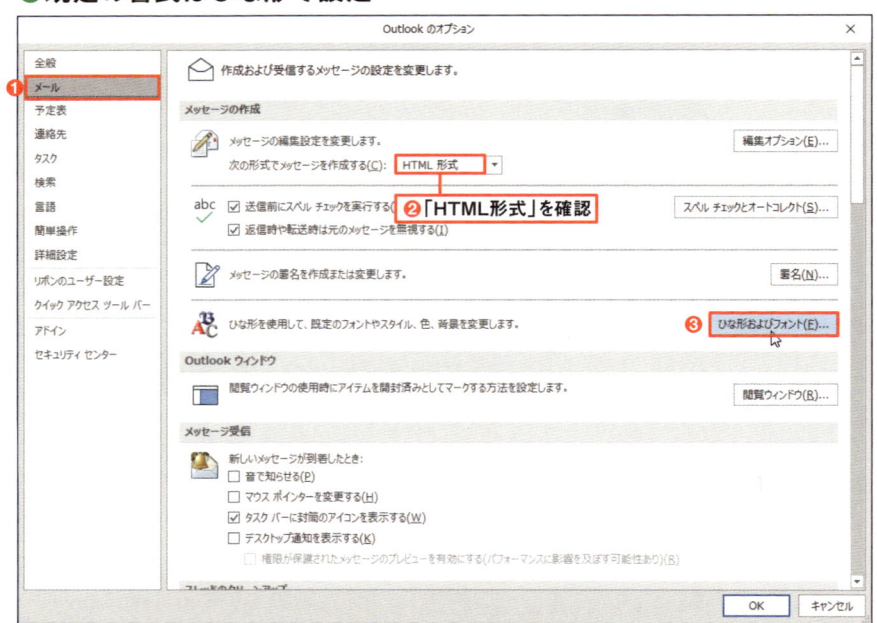

↑**図5**　「ファイル」→「オプション」と選択してオプション設定画面を開き、「メール」を選択（❶）。HTML形式を既定にする場合は「次の形式でメッセージを作成する」が「HTML形式」になっていることを確認する（❷）。「ひな形およびフォント」をクリックする（❸）

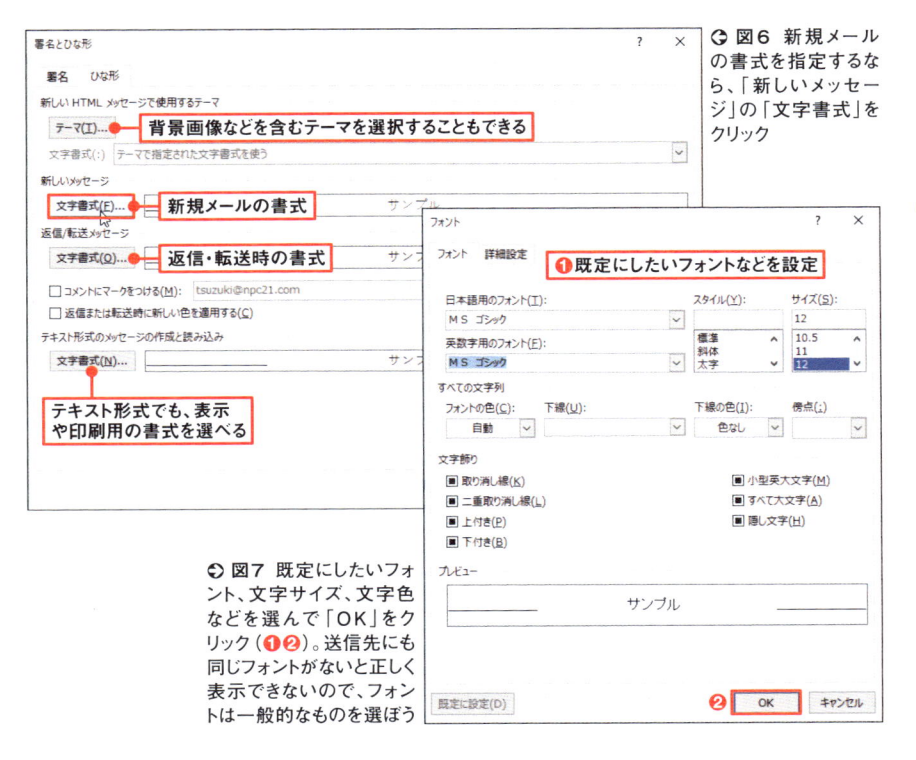

↳ **図6** 新規メールの書式を指定するなら、「新しいメッセージ」の「文字書式」をクリック

背景画像などを含むテーマを選択することもできる

新規メールの書式

返信・転送時の書式

テキスト形式でも、表示や印刷用の書式を選べる

❶ 既定にしたいフォントなどを設定

↳ **図7** 既定にしたいフォント、文字サイズ、文字色などを選んで「OK」をクリック（❶❷）。送信先にも同じフォントがないと正しく表示できないので、フォントは一般的なものを選ぼう

❷ OK

● 文字の書式を変更しただけでも印象は変わる

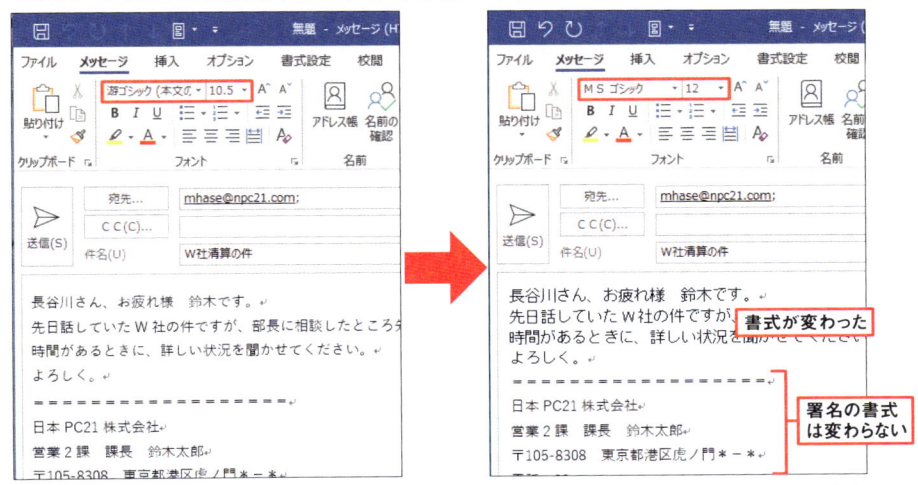

書式が変わった

署名の書式は変わらない

↑ **図8** 文字書式を「游ゴシック　10.5ポイント」から「MSゴシック　12ポイント」に変更しただけでも、印象はかなり変わる。変わるのは本文のみで、署名の書式については署名の設定画面で指定する

Section 08 Outlook
返信・転送は別ウィンドウで表示

メールに返事を出す、上司に転送する、などはよくあることだ。アウトルックの初期設定では、閲覧ウィンドウで受信メールを読んで「返信」ボタンをクリックすると、閲覧ウィンドウ内に返信メールの作成画面が表示されてしまう（**図1**）。返信を書くときに受信メールの内容を見ようと思うとスクロールが必要になり、不便だ。

こうしたちょっとした不便さも、設定次第で改善できる。

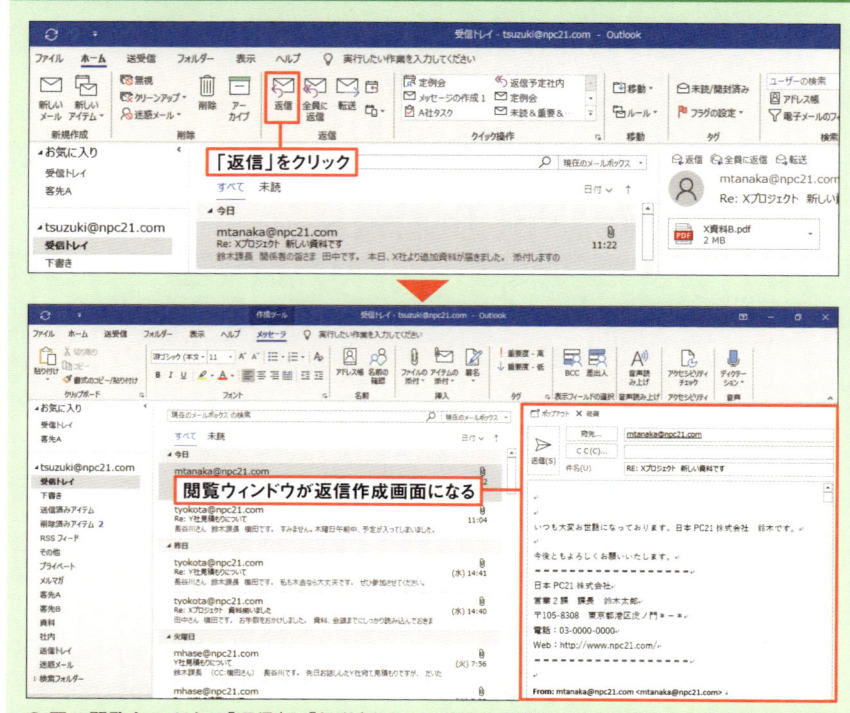

↑ 図1 閲覧ウィンドウで「返信」や「転送」をクリックすると、閲覧ウィンドウ自体がメールの作成画面に切り替わってしまい、元のメールが見えなくなってしまう

「ファイル」タブで「オプション」を選び、「メール」の設定画面で「返信と転送を新しいウィンドウで開く」にチェックを入れる（**図2、図3**）。返信や転送の際、元のメッセージを残すかどうかも指定できる。

●返信や転送は新しいウィンドウで開く

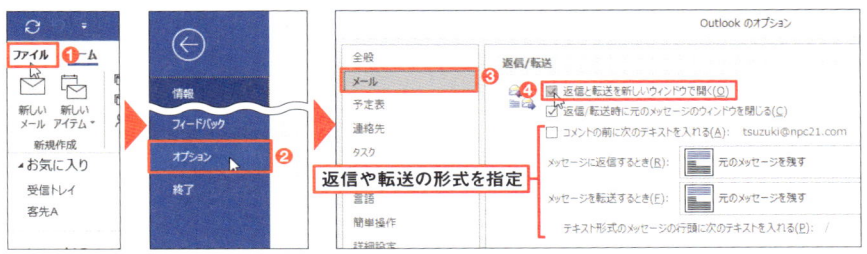

⬆ **図2**「ファイル」タブで「オプション」を選択（❶❷）。「メール」（❸）を選んで「返信と転送を新しいウィンドウで開く」にチェックを入れる（❹）

●別ウィンドウで開けば、元のメッセージも見やすい

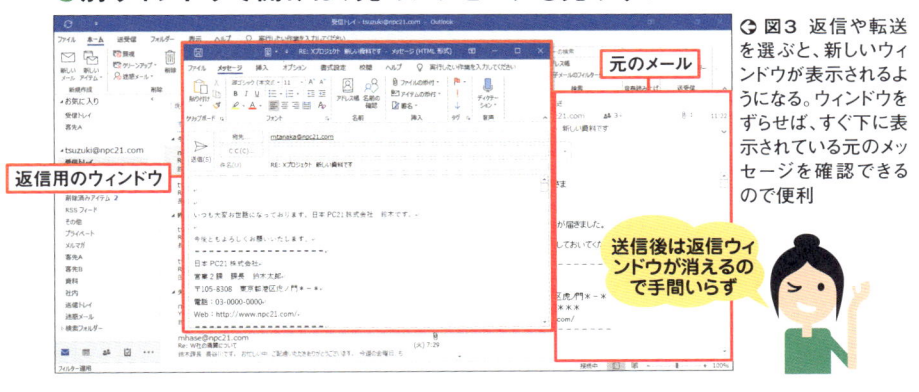

⬅ **図3** 返信や転送を選ぶと、新しいウィンドウが表示されるようになる。ウィンドウをずらせば、すぐ下に表示されている元のメッセージを確認できるので便利

送信後は返信ウィンドウが消えるので手間いらず

メール作法　開封確認は原則不可

　メールは、届かないこともある。原因にはサーバーのトラブルもあれば、プロバイダーのメンテナンスもある。大事な用件には1行でも返事を書くのがマナー。

　相手に届いたか、相手が読んだか、わからないのがメール。急ぎの用件は、メールではなく電話が一番。手が空いたときに読めることがメールの利点であることを念頭に置くべき。アウトルックには「開封確認」機能もあるが、この機能は相手の行動を監視していると取られることがあり、使わないのが基本だ。

「1分後送信」で
添付忘れや誤送信を防止

3分時短

「しまった!」と思っても、送ったメールは取り消せない。よくあるのが、ファイルの添付忘れ。「ファイルをお送りします」と本文を書き終え、「送信」ボタンを押すと同時に添付忘れに気付いたり、誤字が目に入ったりしてがっかりした経験は、誰しもあるはずだ。

間違いに気付いてドタバタとお詫びメールを書くようでは時間の無駄。相手には「うっかり者」という印象も与えてしまう。送信前に確認する癖を付けるのも大事なことだが、急いでいるときに限ってミスが起きるものだ。

うっかり送信を防ぐためには、「すぐに送らない」設定が効果的だ。

アウトルックのオプション設定には、「送信」ボタンを押してもすぐに送らず、いったん「送信トレイ」に入れておく設定がある。ただし、この設定では後から送信するというひと手間が増え、悪くすると「送ったつもりで送信していない」という送り忘れも起きるため、お勧めできない。

手間を増やさず、うっかり送信しても対処でき、送り忘れもない有効な対策が、「1分後送信」だ（**図1**）。

「1分後送信」は「ルール」で設定

1分後送信の設定をすると、「送信」ボタンを押した直後はメールはいったん「送信トレイ」に入り、1分経過後に自動送信される。1分以内に「しまった!」と気付けば、「送信トレイ」を開き、メールを「下書き」に移動することで修正してから再送信できる。

設定は、「ルール」機能で行う。ルールとは、指定した条件に合うメールを自動処理する機能（66ページ）。通常は、受信メールを客先ごとのフォルダーに移動するといった仕分け作業の自動化に使われる機能だが、ここでは「すべての送信メールを1分後に送信する」というルールを作る。

「ホーム」タブで「ルール」をクリック。「仕分けルールと通知の管理」を選んで新しいルールを作成する（**図2**）。すぐ上にある「仕分けルールの作成」を選んでしまうと、送信メールのルールが作れないので気を付けよう。

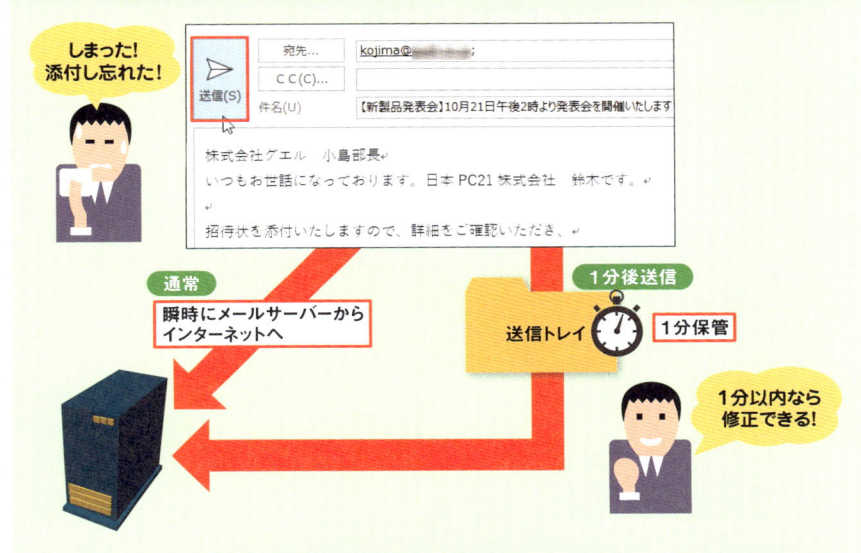

うっかり送信も送り忘れも防げる「1分後送信」

しまった！添付し忘れた！

送信(S)

宛先... kojima@■■■■■ ;
C C(C)...
件名(U) 【新製品発表会】10月21日午後2時より発表会を開催いたします

株式会社グエル　小島部長
いつもお世話になっております。日本 PC21 株式会社　鈴木です。
招待状を添付いたしますので、詳細をご確認いただき、

通常
瞬時にメールサーバーからインターネットへ

1分後送信
送信トレイ　1分保管

1分以内なら修正できる！

⬆ **図1** うっかり「送信」ボタンを押してしまうと、通常は取り返しがつかない。1分後送信にしておけば、いったん「送信トレイ」に入るので、すぐに気付けば修正してから送り直しができる。何もなければ自動送信されるので、送り忘れもない

●新しいルールを作成する

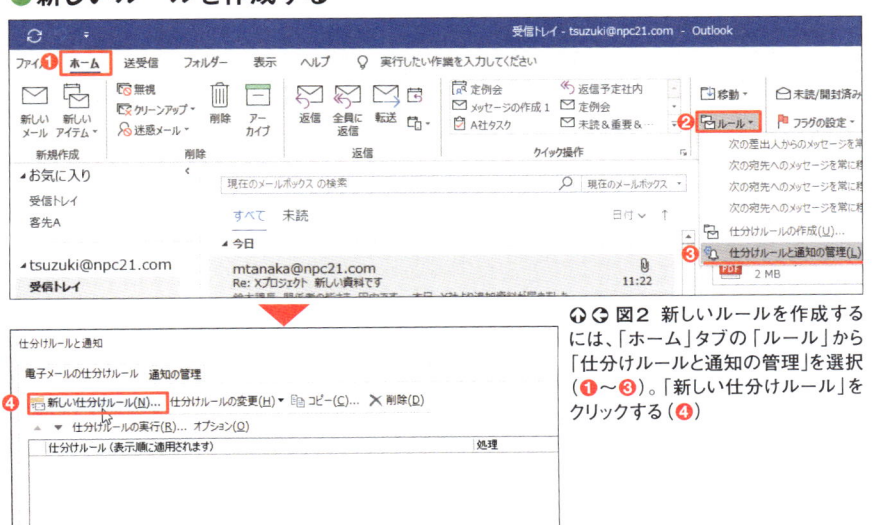

⬆⬅ **図2** 新しいルールを作成するには、「ホーム」タブの「ルール」から「仕分けルールと通知の管理」を選択（❶～❸）。「新しい仕分けルール」をクリックする（❹）

続いてルールを適用するメールの条件を指定する画面が表示される。ここでは、送信メールすべてに適用するよう設定し、1分後に送信するルールを作成する（**図3～図6**）。1分でなく3分でもよいのだが、長くしすぎると送ったつもりでパソコンの電源を切ってしまったりすることがあるので、1分が最適だろう。

作成したルールはすぐに適用される。一時的にルールを無効にすることもできるし、時間などの変更も可能だ（**図7**）。

●送信メールすべてに適用するよう設定

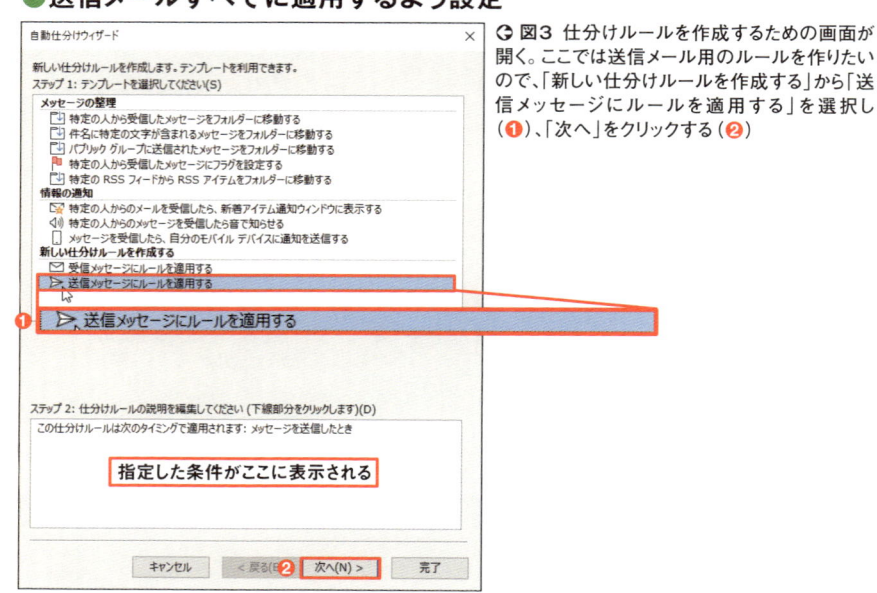

▷ **図3** 仕分けルールを作成するための画面が開く。ここでは送信メール用のルールを作りたいので、「新しい仕分けルールを作成する」から「送信メッセージにルールを適用する」を選択し（❶）、「次へ」をクリックする（❷）

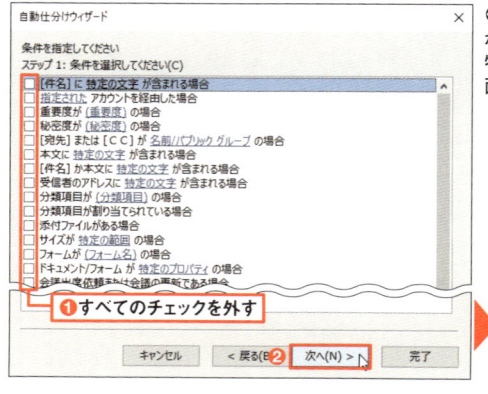

◁ ◐ **図4** ルールの適用条件を指定する画面が開く。すべての送信メールに適用したいので、特に条件は指定せず先に進む（❶❷）。確認画面が表示されたら「はい」をクリックする（❸）

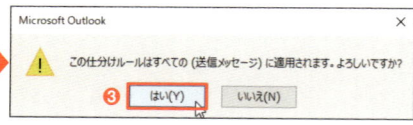

●1分後に送信するよう設定

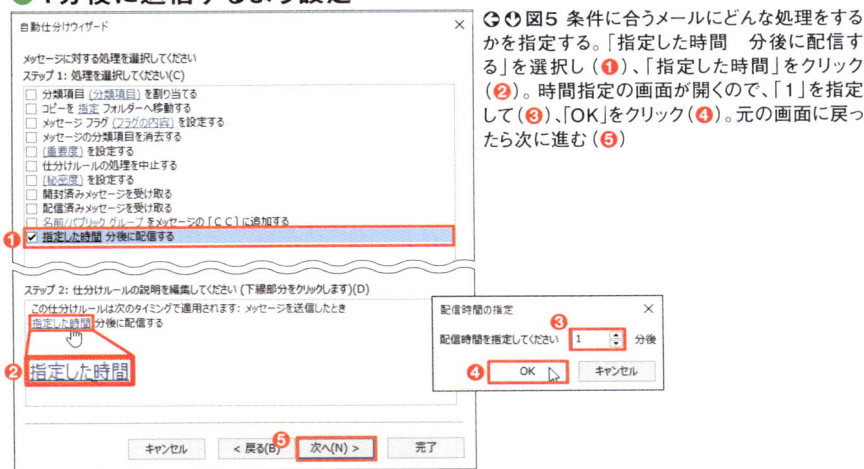

◐◑図5 条件に合うメールにどんな処理をするかを指定する。「指定した時間　分後に配信する」を選択し（❶）、「指定した時間」をクリック（❷）。時間指定の画面が開くので、「1」を指定して（❸）、「OK」をクリック（❹）。元の画面に戻ったら次に進む（❺）

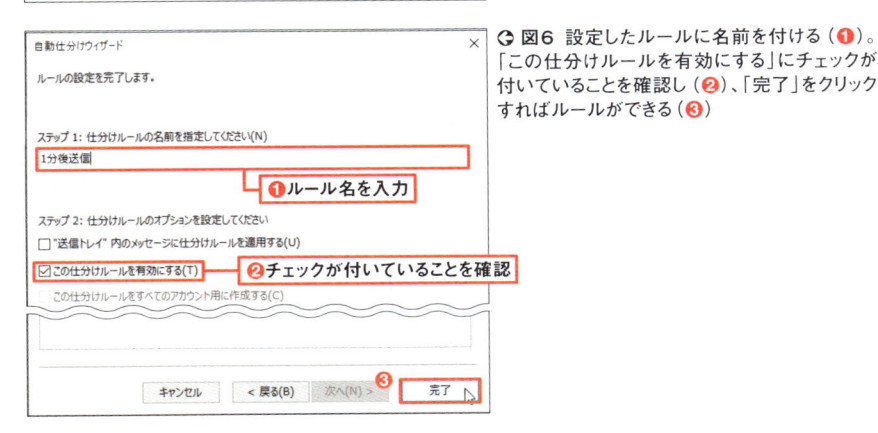

◐図6　設定したルールに名前を付ける（❶）。「この仕分けルールを有効にする」にチェックが付いていることを確認し（❷）、「完了」をクリックすればルールができる（❸）

●ルールは後から変更・停止も可能

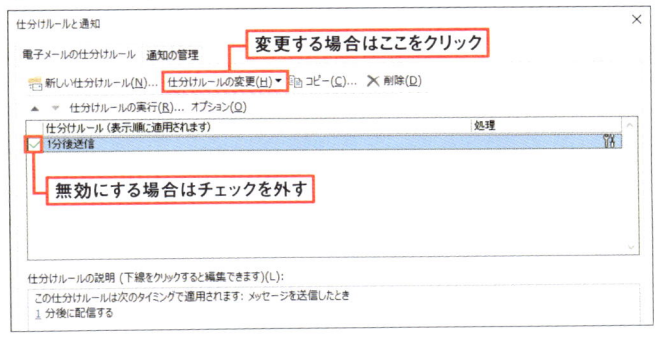

◐図7　ルールの作成が終わると図2下の画面に戻る。表示されない場合は図2上の手順で「仕分けルールと通知」画面を開く。作成したルールを無効にする場合はチェックを外せばよい。変更する場合は、ルールを選んで「仕分けルールの変更」をクリックする

自動保存は1分間隔で
トラブルのリスクを最小限に

**3分
時短**

書き終えたメールを送ろうと思った途端にトラブルが起き、<mark>苦労して書いた文章が消えてしまうこともある。</mark>アウトルックの初期設定では、作成中に3分経過すると自動的に「下書き」フォルダーに保存する設定になっている。しかし、メールの多くは2～3分で書き終えるため、自動保存の機能があることすら知らない人もいそうだ。

せっかく書き上げた名文を無駄にしたくなければ、<mark>自動保存の間隔を「1分」にして</mark>はいかがだろう（**図1、図2**）。何かあっても1分前に戻れれば、かなりの文章を救えるはずだ。

●自動保存の間隔を1分に変更

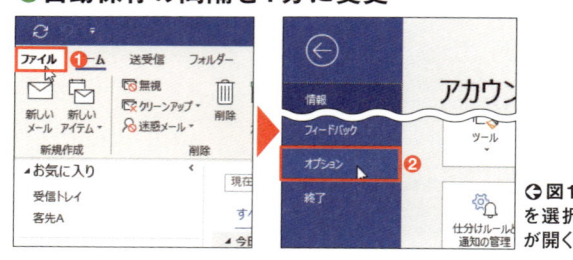

⤴図1 「ファイル」タブで「オプション」を選択（❶❷）。オプション設定画面が開く

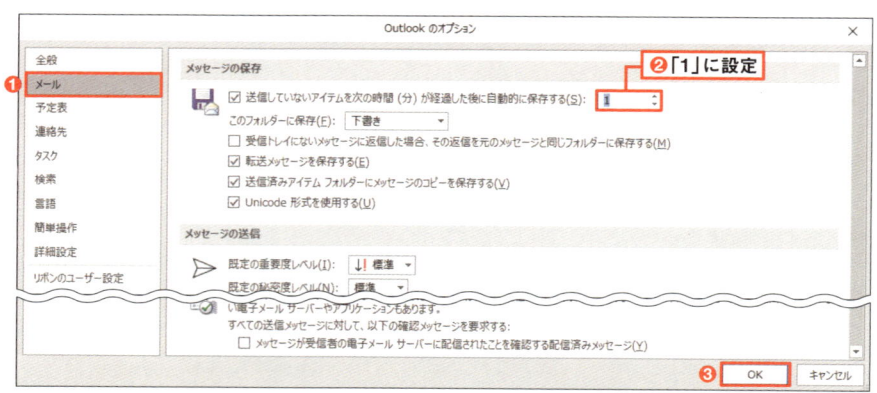

⤴図2 「メール」を選択（❶）。「送信していない…保存する」の設定を「1」に変更し（❷）、「OK」をクリックする（❸）

メール作法　宛先、CC、BCCを使い分け

メールの送り先には、「宛先」「CC」「BCC」の3種類がある（**図1**）。これらを正しく使い分けないと、場合によっては失礼になってしまう。

客先、（客先に行ったことのない）上司、（客先に同行した）同僚の3人に同報メールを送るとする。客先は当然宛先に指定するのだが、上司や同僚まで宛先に入れるのは考えもの。自社の人間はCCまたはBCCに指定するのがマナーだ。

CCは、同じ情報を共有すべき人に送る「Carbon Copy」の略。オリジナルは客先に渡し、自社や直接の担当外の人にはコピーを渡すイメージだ。

BCCは「Blind Carbon Copy」の略で、直訳すれば「隠されたコピー」となる。BCCに指定したアドレスは、宛先やCCの人には表示されない。上司はその客先と面識がないが、過程を報告しておいたほうがよいといった場合、BCCを使う（**図2**）。BCCで送られた人は、そのメールに対して「全員に返信」をするとBCCを送られたことがほかの人にわかってしまうので、見るだけにしておこう。

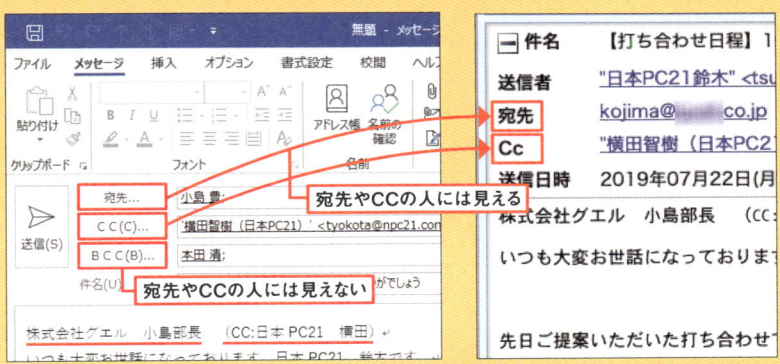

● **図1** 直接の送信相手を「宛先」、コピーを送りたい人を「CC」に指定。「BCC」は確認用と考えよう。CCを送る場合は、相手にもわかりやすいよう本文に「CC:○○」のように書いておくとよい

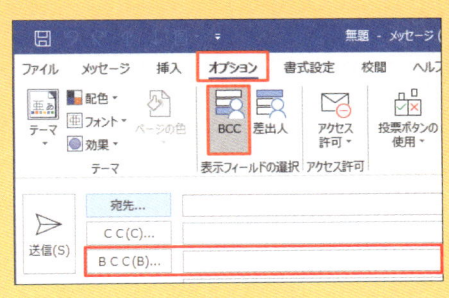

● **図2** アウトルックでは通常BCCが表示されない。メール作成画面の「オプション」タブで「BCC」をクリックすると、入力欄が表示される

Section
11
Outlook

スペルチェックは
送信前に一度だけ

メールに誤字脱字が多いと、「この人、大丈夫かな」と思われてしまう。アウトルックには、ワードが備えるようなスペルチェック機能があるので活用しよう。

ただし、常時スペルチェックをオンにしていると、メールを書いている最中に赤い波線が表示され、そのたびに対処するのは効率が悪い（**図1**）。送信時にまとめてチェックする設定にすれば、気持ち良く作業できる（**図2**）。

スペルチェックの設定はオプション設定画面で変更する（**図3〜図5**）。スペルチェックの言語は入力した文字列に応じて自動判別されるが、特殊な言語であれば手動で設定したほうが確実だ（**図6**）。

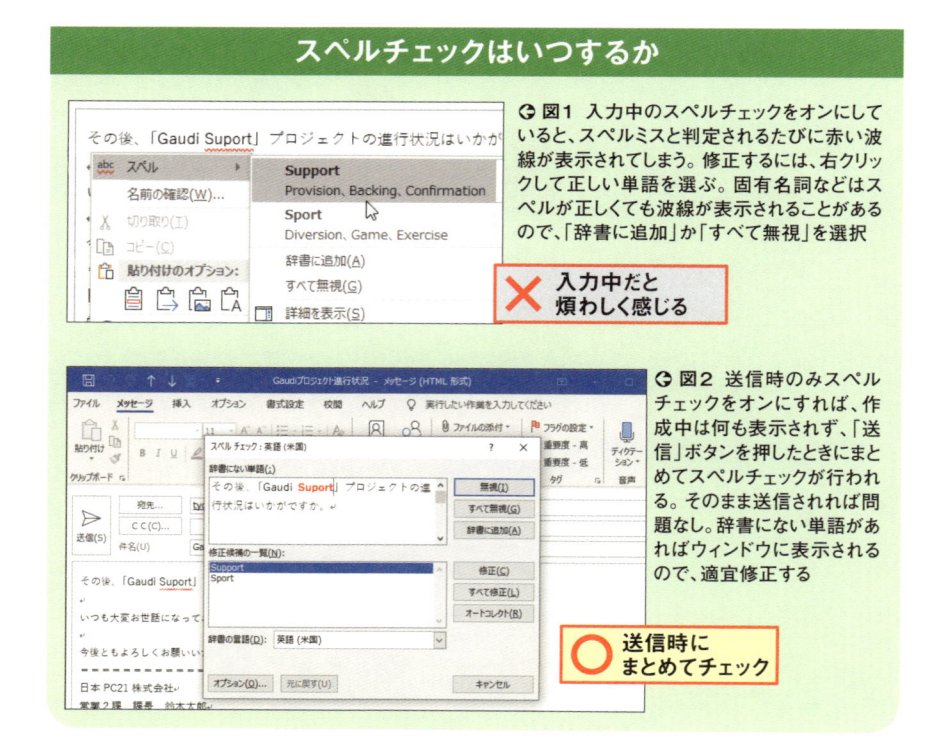

スペルチェックはいつするか

⤴ **図1** 入力中のスペルチェックをオンにしていると、スペルミスと判定されるたびに赤い波線が表示されてしまう。修正するには、右クリックして正しい単語を選ぶ。固有名詞などはスペルが正しくても波線が表示されることがあるので、「辞書に追加」か「すべて無視」を選択

✕ 入力中だと
煩わしく感じる

⤴ **図2** 送信時のみスペルチェックをオンにすれば、作成中は何も表示されず、「送信」ボタンを押したときにまとめてスペルチェックが行われる。そのまま送信されれば問題なし。辞書にない単語があればウィンドウに表示されるので、適宜修正する

○ 送信時に
まとめてチェック

●送信前だけスペルチェックする設定に

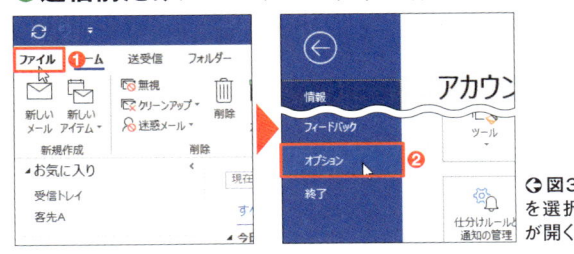

⤵図3 「ファイル」タブで「オプション」を選択（❶❷）。オプション設定画面が開く

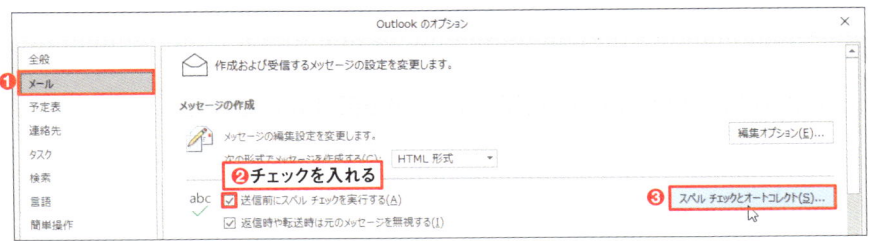

⤴図4 「メール」をクリックし（❶）、「送信前にスペルチェックを実行する」にチェックを入れる（❷）。「スペルチェックとオートコレクト」をクリックする（❸）

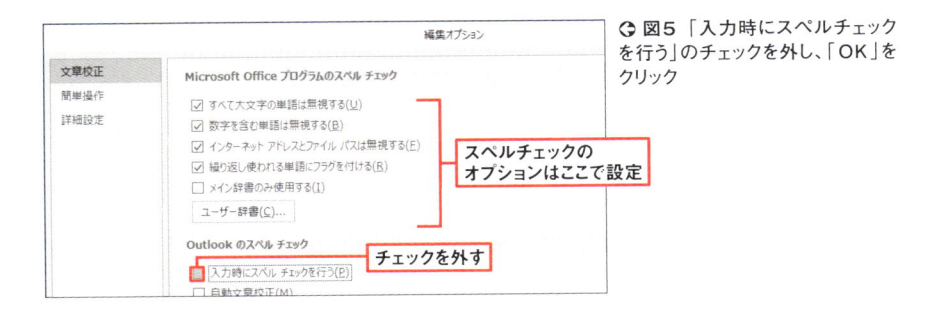

⤵図5 「入力時にスペルチェックを行う」のチェックを外し、「OK」をクリック

●他言語のスペルチェックはメール作成画面で

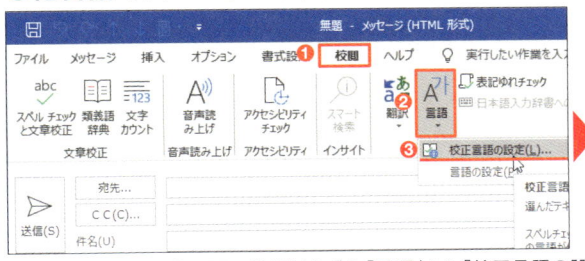

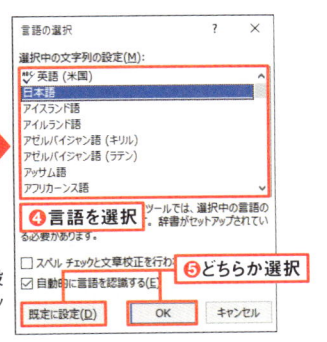

⤴⤵図6 メール作成画面で「校閲」タブの「言語」から「校正言語の設定」を選択（❶～❸）。言語を選択して、既定に設定するか今回だけチェックする（「OK」）かを選択（❹❺）

3分
時短

Section
12
おせっかいな自動修正に
勝手なミスをさせない

Outlook

メールを作成していると、勝手に文字が変わってしまうことがある。その原因の多くは、「オートコレクト」機能にある。

オートコレクトは、その名の通り間違った文字列を正しく自動修正する機能なのだが、一般的な英語の文法や書式設定に基づいた設定なので、固有名詞などの特殊な言葉まで勝手に変更されてスペルミスにつながるといったことも少なくない（**図1**）。また設定がワードなどと共通になっているため、肩文字などメールで使わない書式設定が含まれるのも問題だ。

アウトルックのおせっかいで正しく入力した文字を変えられたくないなら、オートコレクトの設定を見直そう（**図2～図6**）。

「勝手に変わる」とミスにつながる

勝手に変わって
いたなんて

↑**図1** 新商品の名前は「JAs Standard」なのだが、「JAs」と入力すると自動的に「Jas」に書き換えられてしまう。こうした「オートコレクト」のおせっかい機能は気付きづらいので厄介だ

●問題はオートコレクトにあり

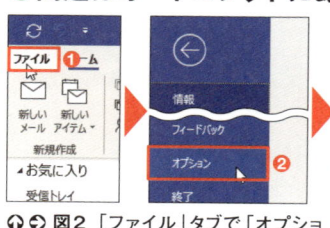

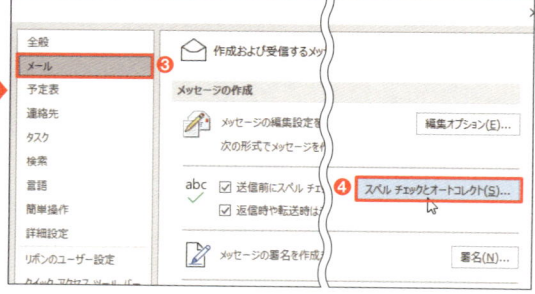

↑➡**図2** 「ファイル」タブで「オプション」を選択（❶❷）。「メール」を選択し（❸）、「スペルチェックとオートコレクト」をクリックする（❹）

●見直し必須のタブは3つ

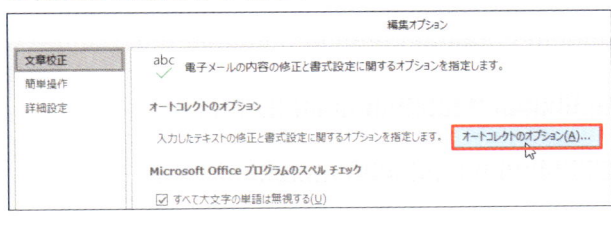

◔図3 「オートコレクトのオプション」をクリックすると、設定画面が表示される。以下の3つのタブを確認しておこう

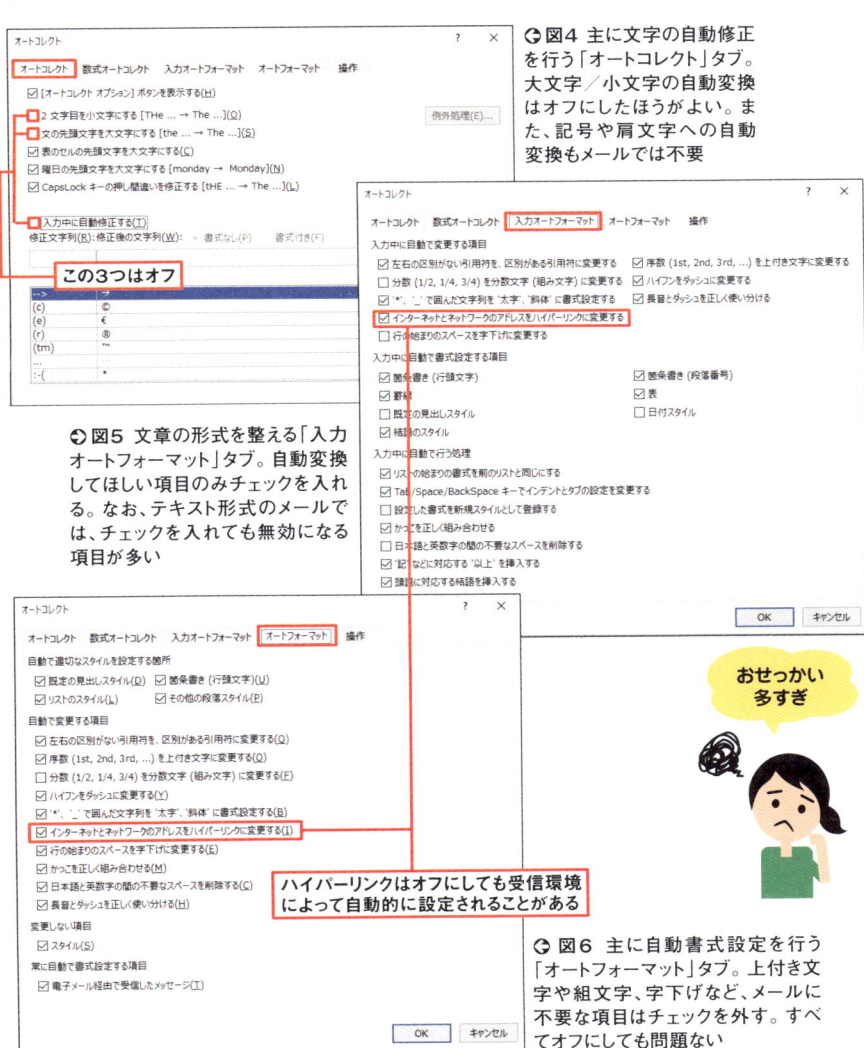

この3つはオフ

◔図4 主に文字の自動修正を行う「オートコレクト」タブ。大文字/小文字の自動変換はオフにしたほうがよい。また、記号や肩文字への自動変換もメールでは不要

◔図5 文章の形式を整える「入力オートフォーマット」タブ。自動変換してほしい項目のみチェックを入れる。なお、テキスト形式のメールでは、チェックを入れても無効になる項目が多い

ハイパーリンクはオフにしても受信環境によって自動的に設定されることがある

おせっかい多すぎ

◔図6 主に自動書式設定を行う「オートフォーマット」タブ。上付き文字や組文字、字下げなど、メールに不要な項目はチェックを外す。すべてオフにしても問題ない

邪魔な通知はオフにして作業に集中

1分
時短

新着メールを知らせる通知バナーや通知音に、作業を邪魔されたことはないだろうか（**図1**）。集中力を切らしたくないなら、通知の設定を変更しておこう。

どのように通知するかは、オプション設定画面で指定できる（**図2**）。会社など、周囲に人がいる環境なら、通知音はオフにしたほうがよいだろう。

プレゼン中などに通知バナーが表示されるのも困りものだ。ウィンドウズ10では「集中モード」という機能を利用することで、アウトルックを含むさまざまな通知をオフにすることができる（**図3～図5**）。

しばらく操作しないと表示されるロック画面に通知バナーが表示されてしまうと、情報漏洩の危険性がある。ロック画面の通知もオフにすることをお勧めする（**図6**）。

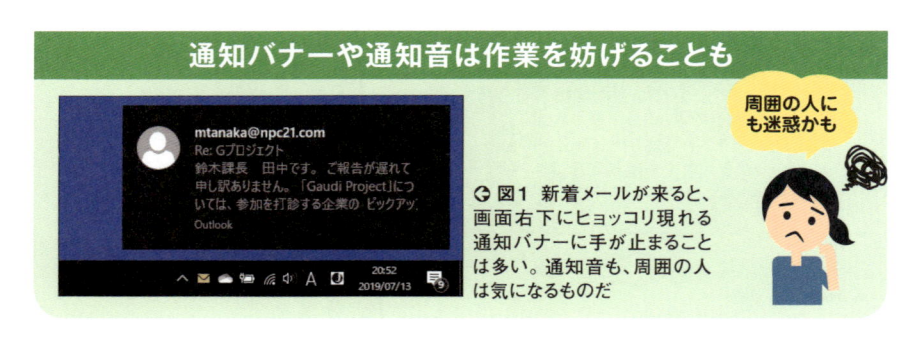

通知バナーや通知音は作業を妨げることも

周囲の人にも迷惑かも

◑ 図1 新着メールが来ると、画面右下にヒョッコリ現れる通知バナーに手が止まることは多い。通知音も、周囲の人は気になるものだ

●受信時の通知は最小限に

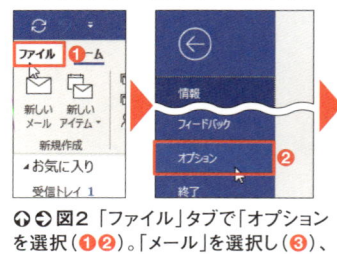

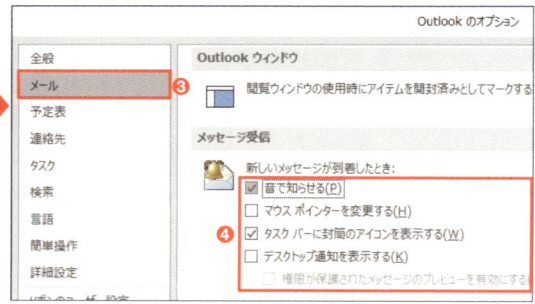

◐ ◑ 図2 「ファイル」タブで「オプション」を選択（❶❷）。「メール」を選択し（❸）、「メッセージ受信」で不要な通知をオフにする（❹）

●プレゼン中は通知しない

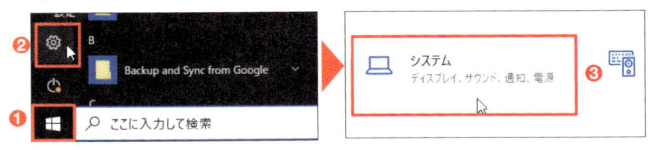

↩図3 スタートメニューから「設定」を選択(❶❷)。「システム」をクリックする(❸)

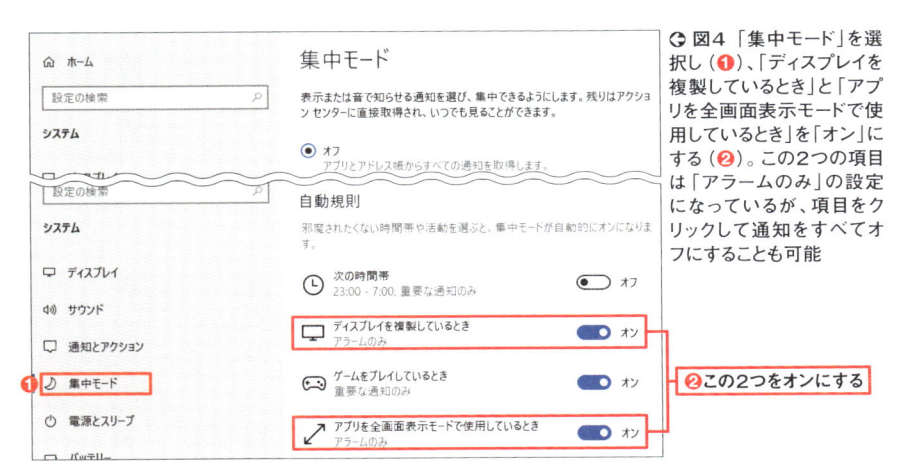

↩図4 「集中モード」を選択し(❶)、「ディスプレイを複製しているとき」と「アプリを全画面表示モードで使用しているとき」を「オン」にする(❷)。この2つの項目は「アラームのみ」の設定になっているが、項目をクリックして通知をすべてオフにすることも可能

❷この2つをオンにする

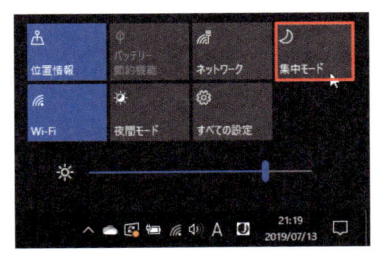

↩図5 一時的に集中モードにするには、ウィンドウズ10の画面右下隅にある吹き出しアイコンをクリック。開くアクションセンターで「集中モード」をクリックする。1回クリックするとアラームのみ、2回クリックすると全通知をオフにできる。なお、集中モードの間に来た通知は、アクションセンターで確認すればよい

●ロック画面の新着メール通知はオフにして情報漏洩防止

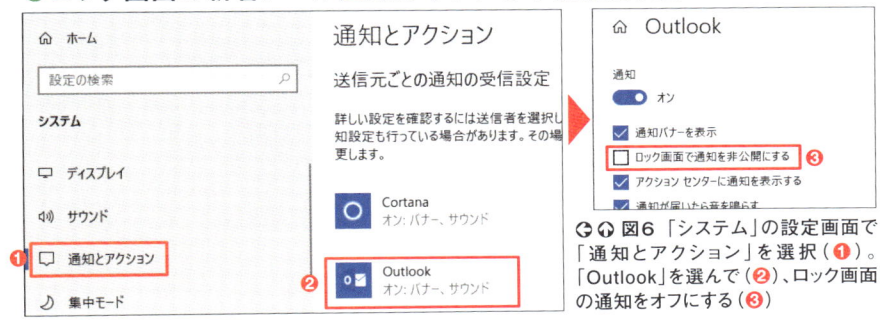

↩↩図6 「システム」の設定画面で「通知とアクション」を選択(❶)。「Outlook」を選んで(❷)、ロック画面の通知をオフにする(❸)

削除済みメールは
自動で既読に

1分
時短

　件名などで不要と判断すれば、メールを開かずに削除することもある。「削除済みアイテム」に未読メールが表示されると「なんだか気になる」という人もいるだろう（**図1**）。そんな人は、削除と同時に既読になるよう設定することで、作業に集中しよう（**図2**）。

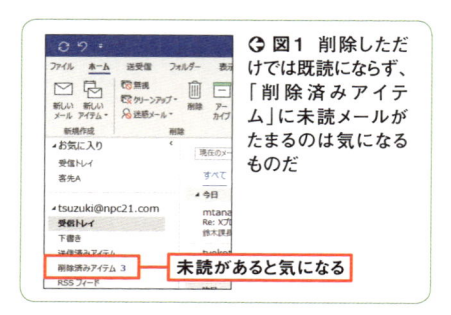

⊙ **図1** 削除しただけでは既読にならず、「削除済みアイテム」に未読メールがたまるのは気になるものだ

未読があると気になる

●削除すれば既読になる設定に

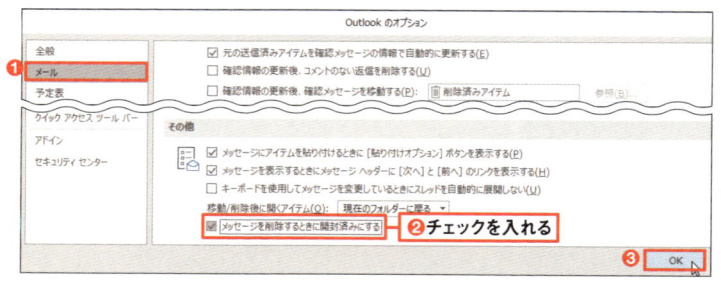

❶メール
❷チェックを入れる
❸OK

⊙ **図2**「ファイル」タブで「オプション」を選択。「メール」を選択し（❶）、「メッセージを削除…開封済みにする」にチェックを入れ、「OK」を押す（❷❸）

Memo

狭い画面で効果的な「シンプルリボン」

　2019年6月のアップデートから一部のアウトルックで搭載された「シンプルリボン」という新機能（**図A**）。少ないボタンは選びやすく画面も広く使えるのが利点。もし使えるようなら試してみて、使いやすい表示を選ぼう。

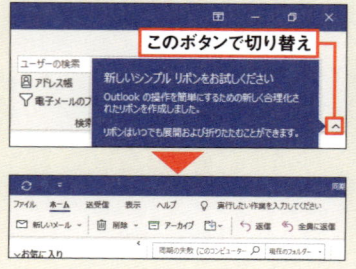

このボタンで切り替え

⊙ **図A** リボンの右下隅のボタンをクリックすることで、通常のリボンとシンプルリボンを切り替えられるバージョンもある

第2章

最強の効率化ツール「クイック操作」フル活用

本章では受信したメールを効率良く処理するための機能を紹介する。フォルダーへの仕分け、上司やチームメンバーへの転送、迷惑メールの除外など、受信メールの処理は同じ操作の繰り返しが多いもの。よく繰り返す作業を簡略化できれば、かなりの時短を期待できる。

- ● 受信トレイをタスクリスト化し仕事管理
- ● 「クイック操作」で移動も転送も一発
- ● 「ルール」で受信メールを自動処理
- ● 大事なメールを迷子にしない検索術
- ● 不要メール、古いメールをラクラク整理

受信トレイをタスクリスト化
残すのは未処理メールのみ

メールで最も面倒な作業は、受信したメールの処理ではないだろうか。受信トレイにたまっていく未読メールを1通ずつ確認し、適切なフォルダーに移動したり、不要なメールは削除したり、返信しづらいメールに頭を悩ませたりと、受信メールに多くの時間を費やしているビジネスパーソンのなんと多いことか。

そこで本章では、受信メールをいかに効率良く処理するかについて考えていく。その基本方針となるのが、「受信トレイのタスクリスト化」だ。

受信トレイを"タスクリスト"にする仕事術

メールを受信トレイにためていると大事なメールが埋もれてしまう。そこで多くの人が始めるのが、フォルダーでの仕分けだ。客先や部署ごとのフォルダーに該当するメールを分ければ、「あの話、どうなったっけ?」という場合にメールを探しやすい。

ただし、いったんメールをフォルダーに移してしまうと、そこを開かない限り目に留まらないので、うっかり返信などの処理を忘れてしまいかねない。

そこで、その場で処理できないメールは受信トレイに残し、読み終えて処理が不要なメールはフォルダーに仕分ける。二度と見る必要がないメールはごみ箱に入れる。これで受信トレイに残るのは、未処理のメールのみ（**図1**）。受信トレイを見れば、これからやるべきタスクが一覧できるという寸法だ。そして、処理済みのメールを素早くフォルダーに移動したり、転送などの処理をワンタッチでできるようにするのが、54ページ以降で解説する「クイック操作」である。このクイック操作こそ、アウトルックの作業を効率化する最強の武器といってよい。

クイック操作の具体的な機能を紹介する前に、フォルダー分けの考え方を解説しておこう。まずは仕分けに必要なフォルダーから準備していく。客先、社内、プライベートなど、必要なフォルダーを作る（**図2**）。すぐに必要ではないが、時間があるときに見たいメールを保存する「資料」といったフォルダーもあると便利だ。

作成したフォルダーにメールを移動するのはドラッグ操作が基本だが、フォルダーが多すぎて画面に表示しきれない場合は「移動」ボタンでも移動できる（**図3**）。

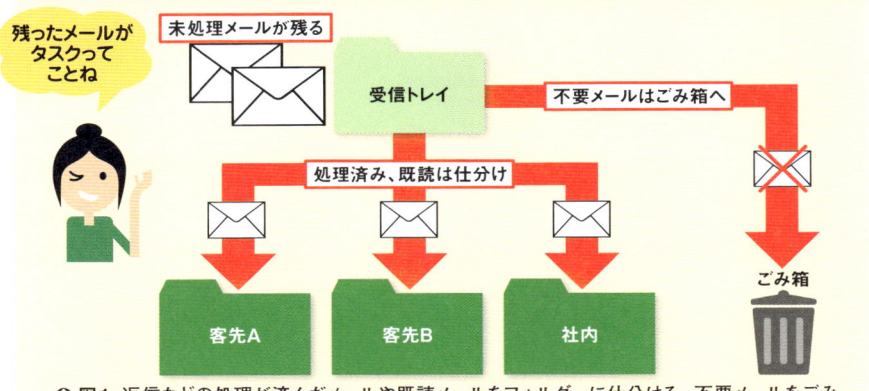

受信トレイに残すのは未処理のメール

残ったメールがタスクってことね

未処理メールが残る

受信トレイ

不要メールはごみ箱へ

処理済み、既読は仕分け

ごみ箱

客先A　客先B　社内

⬆ **図1** 返信などの処理が済んだメールや既読メールをフォルダーに仕分ける。不要メールをごみ箱に入れれば、受信トレイに残るのは未処理のメールのみとなり、受信トレイがタスクリストになる

● 仕分けの基本、フォルダーを作ろう

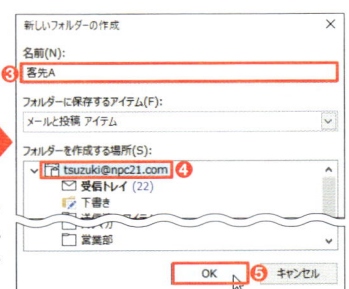

⬆⬆ **図2** 「フォルダー」タブの「新しいフォルダー」をクリック（❶❷）。新しいフォルダーの名前を入力して、どの階層に作るかを選ぶ（❸❹）。受信トレイと同じ階層に作るなら、メールアカウントを選択して、「OK」をクリックする（❺）

● フォルダーへの移動はドラッグかメニューで

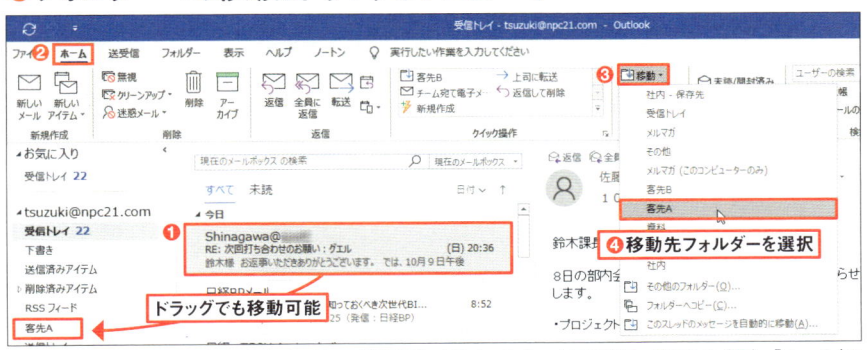

⬆ **図3** メールをフォルダーに入れるには、一覧画面にあるメールをマウスでドラッグするか（❶）、「ホーム」タブの「移動」から移動先のフォルダーを選ぶ（❷〜❹）

処理に困ったらアーカイブフォルダーへ

メールの内容によっては、どのフォルダーに保管するか、削除してもよいか、迷ってしまうこともある。処理に迷うメールが多いなら、「アーカイブ」フォルダーを作ってみてはいかがだろう。アーカイブ（archive）は重要な文書などを保管する場所のことだが、アウトルックでは過去メールの保管場所といった意味合いが強い。処理をする必要はないが仕分けたり削除したりするのが難しいメールを取りあえずアーカイブフォルダーに入れれば、受信トレイはスッキリ片付き、迷う時間が減って時短になる（**図4**）。

アーカイブフォルダーは特殊なフォルダーだ。「ホーム」タブの「アーカイブ」ボタンをクリックするだけでメールは既読になり、アーカイブフォルダーに移動する。アーカイブフォルダーは検索も可能なので、「あのメールどこに入れたっけ?」という場合も心配ない。

POP方式やIMAP方式を使用している場合、「アーカイブ」フォルダーを作成するか、既存のフォルダーをアーカイブフォルダーとして指定する（**図5**）。これで「アーカイブ」ボタンが機能するようになる（**図6**）。Office 365、Outlook.com、Exchangeアカウントの場合は、既定で表示される「アーカイブ」フォルダーを使って同様のことができる。

第2章　最強の効率化ツール　「クイック操作」フル活用

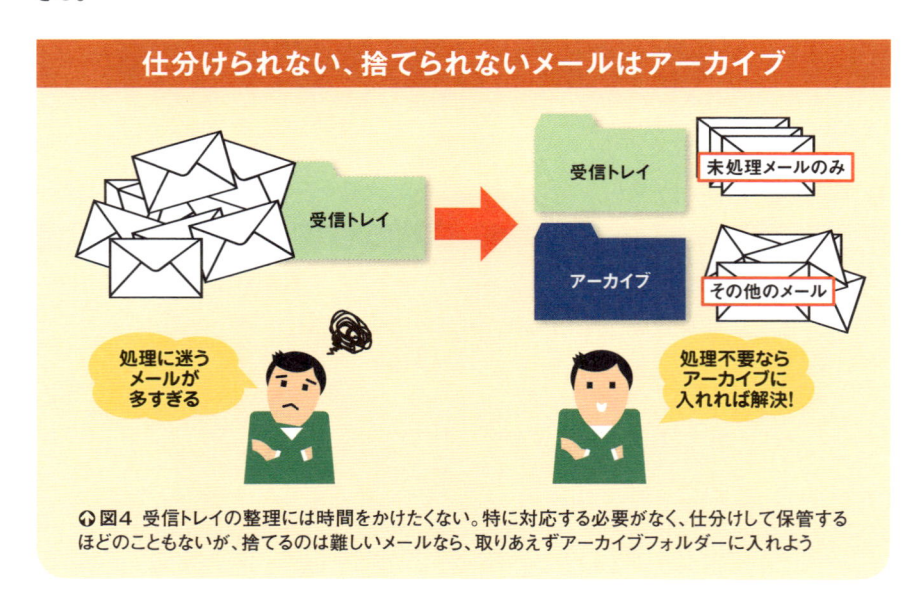

仕分けられない、捨てられないメールはアーカイブ

受信トレイ

受信トレイ　　未処理メールのみ

アーカイブ　　その他のメール

処理に迷うメールが多すぎる

処理不要ならアーカイブに入れれば解決!

⚲ **図4** 受信トレイの整理には時間をかけたくない。特に対応する必要がなく、仕分けして保管するほどのこともないが、捨てるのは難しいメールなら、取りあえずアーカイブフォルダーに入れよう

●アーカイブ用のフォルダーを作る

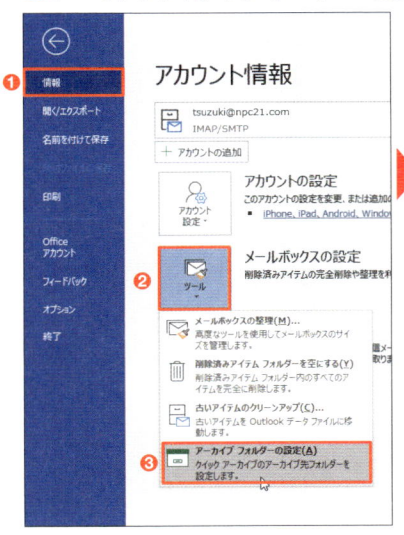
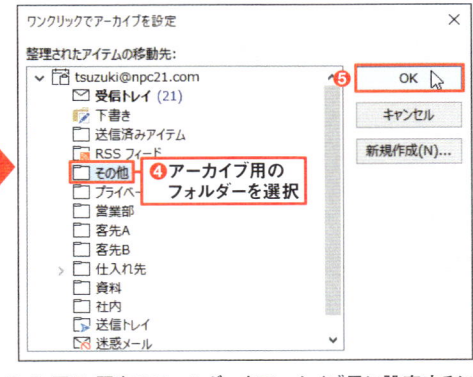

◐◑ **図5** 既存のフォルダーをアーカイブ用に設定するには、「ファイル」タブの「情報」にある「ツール」を選択し、「アーカイブフォルダーの設定」を選ぶ（❶～❸）。アーカイブ用のフォルダーを選択し、「OK」をクリックする（❹❺）

●「アーカイブ」ボタンで既読＆移動

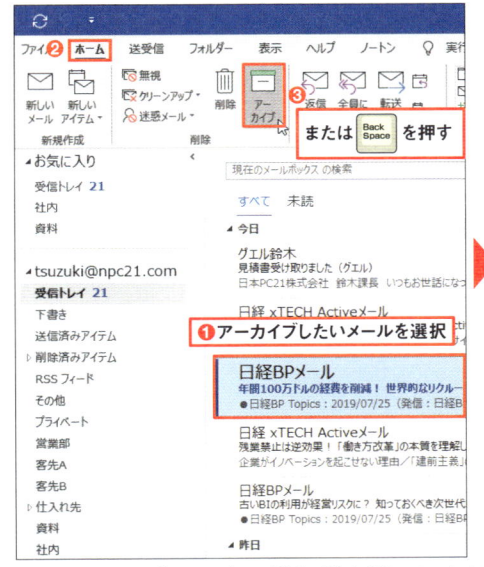
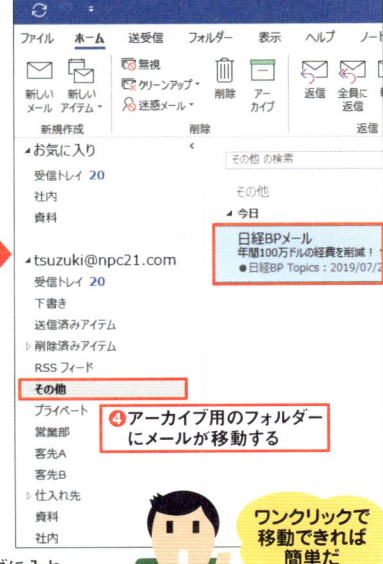

◑ **図6** アーカイブフォルダーの設定が済んだら、アーカイブに入れたいメールを選択（❶）。「ホーム」タブの「アーカイブ」をクリックするか、「BackSpace」キーを押す（❷❸）。アーカイブ用のフォルダーを開いてメールが移動したことを確認しよう（❹）

「既読にして移動」は「クイック操作」でワンクリック

　仕分けするフォルダーを用意し、「受信トレイのタスクリスト化」の準備が整ったところで、「クイック操作」の解説に入ろう。メールの仕分けのような「頻繁に行う操作」こそ、時短できればその効果は大きい。

　メールの移動はドラッグでも簡単にできるが、未読のまま残ると気になるので、既読にしてから移動する人は多いはず（図1）。5秒もあれば済む操作だが、移動先のフォルダーを探してスクロールしたり、移動先を間違えてやり直したりすることを考えれば、無駄にしている時間は意外に多い。手間やミスを減らし、ワンクリックで確実に操作できるようにするクイック操作の出番だ。

　クイック操作は、一連の操作を自動化して、ボタンやショートカットキーで実行する機能。やりたい操作を選ぶだけなので、登録は簡単にできる。頻繁に行う操作を登録することで、メール操作の手間を半分以下に減らせる。さらに移動先のフォルダーを間違えるようなミスも排除できるので一石二鳥だ。

一連の操作をワンクリックで

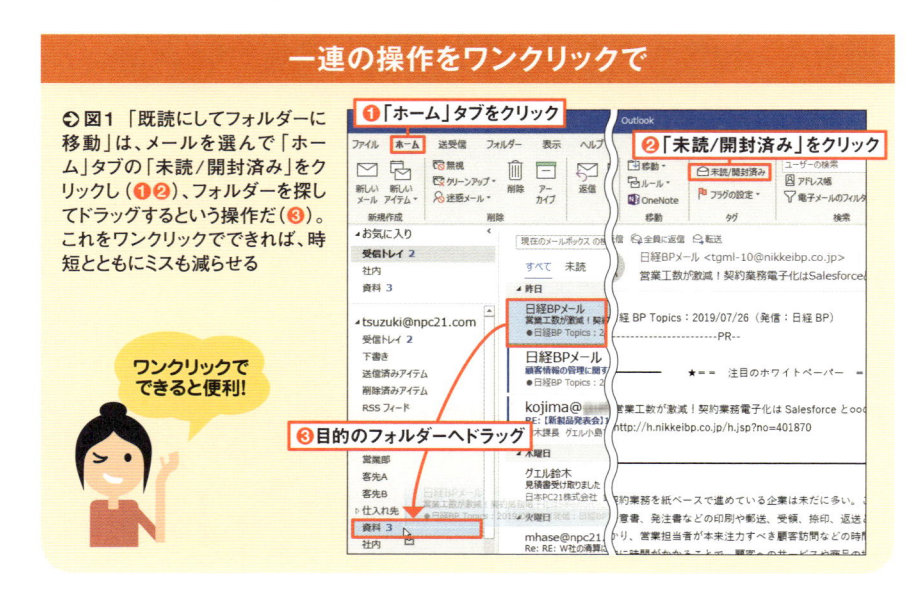

❷ 図1 「既読にしてフォルダーに移動」は、メールを選んで「ホーム」タブの「未読／開封済み」をクリックし（❶❷）、フォルダーを探してドラッグするという操作だ（❸）。これをワンクリックでできれば、時短とともにミスも減らせる

❶「ホーム」タブをクリック

❷「未読／開封済み」をクリック

❸目的のフォルダーへドラッグ

ワンクリックでできると便利!

既定のクイック操作で簡単登録

　クイック操作にはアウトルックでよく使われる操作が「既定の操作」として登録されている。「既読にしてフォルダーに移動」もその1つ。既定の操作から「移動:?」を選び、移動先のフォルダーを選ぶだけで設定完了だ（**図2**）。

　登録後は移動したいメールを選び、登録した操作をクリック（**図3**）。メールは既読になり、指定したフォルダーに移動する。どのフォルダーに入れるか迷うメールはアーカイブ機能（52ページ）で処理することで、返信などが必要なメール以外の処理をワンクリックで済ませられるようになる。

●「既読にしてフォルダーに移動」をクイック操作に登録

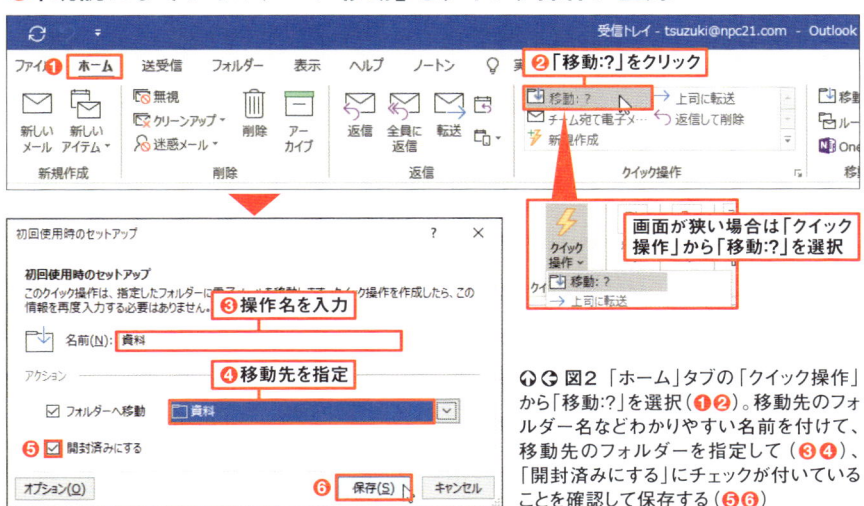

❷「移動:?」をクリック

画面が狭い場合は「クイック操作」から「移動:?」を選択

❸操作名を入力

❹移動先を指定

◐◑ 図2 「ホーム」タブの「クイック操作」から「移動:?」を選択（❶❷）。移動先のフォルダー名などわかりやすい名前を付けて、移動先のフォルダーを指定して（❸❹）、「開封済みにする」にチェックが付いていることを確認して保存する（❺❻）

●登録したクイック操作を使う

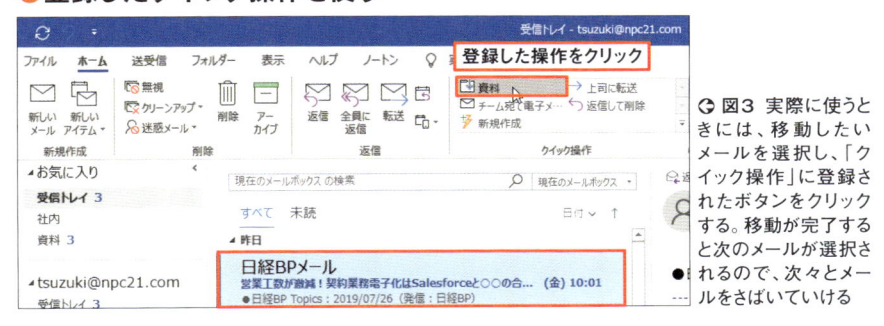

登録した操作をクリック

◑ 図3 実際に使うときには、移動したいメールを選択し、「クイック操作」に登録されたボタンをクリックする。移動が完了すると次のメールが選択されるので、次々とメールをさばいていける

上司へのメール転送をワンクリックで完了

「クイック操作」でできるのはメールの仕分けだけではない。例えば、==重要なメールを上司に転送する操作もクイック操作に登録することで自動化できる==。転送するだけなら、既定のクイック操作から「上司に転送」を選び、上司のメールアドレスを指定すればよい（図1）。これで「上司に転送」をクリックするだけで転送できるようになる。

ただし、相手は上司なので、転送するメールにはひと言書き添えたい。作成済みのクイック操作を修正するときは、その操作を右クリックして、「…を編集」を選ぶ（図2）。本文に書き足したいときには、「オプションの表示」をクリックして、「メールを転送します。」といった一文を入れる（図3）。これで「上司に転送」をクリックするだけで上司のメールアドレス宛てにメールが転送され、本文先頭には追加した一文が表示されるようになる。

ほかの上司にも同様に転送したいなら、「上司に転送」を複製し、メールアドレスを書き換えればよい（図4）。

● 既定のクイック操作から「上司に転送」

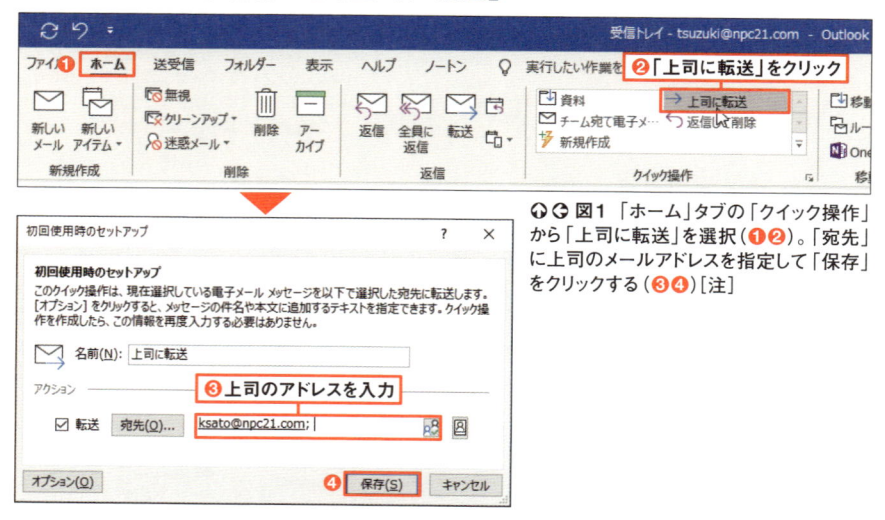

図1「ホーム」タブの「クイック操作」から「上司に転送」を選択（❶❷）。「宛先」に上司のメールアドレスを指定して「保存」をクリックする（❸❹）［注］

［注］会社があらかじめ「上司に転送」の宛先を指定している場合、そのまま使うか図2の方法で編集する

●既定のクイック操作を編集して本文を追加

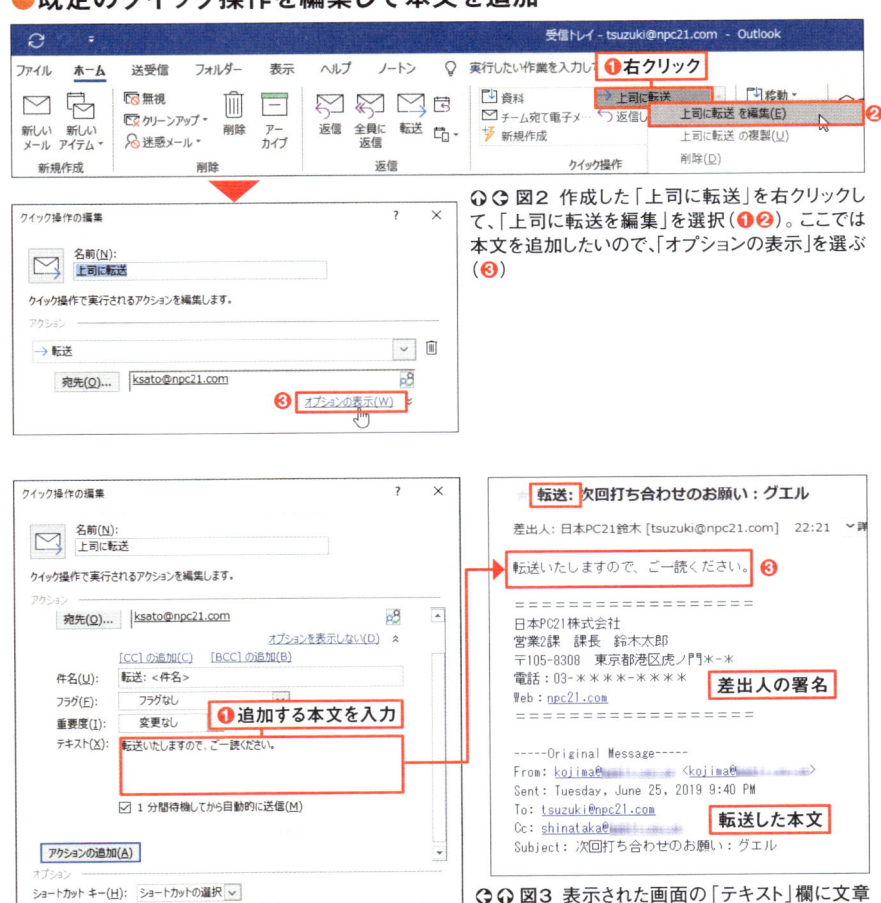

図2 作成した「上司に転送」を右クリックして、「上司に転送を編集」を選択（❶❷）。ここでは本文を追加したいので、「オプションの表示」を選ぶ（❸）

図3 表示された画面の「テキスト」欄に文章を入力して「保存」をクリック（❶❷）。このクイック操作を実行すると、追加した文章が転送されたメールの先頭に表示される（❸）

Section 03

上司へのメール転送を
ワンクリックで完了

●同じ操作はクイック操作の複製で簡単作成

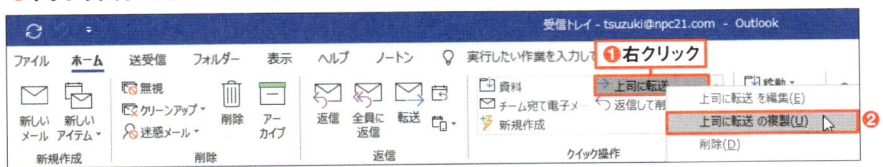

図4 同様のクイック操作を作成したければ、そのクイック操作を右クリックして「…の複製」を選択（❶❷）。メールアドレスを変更するだけで簡単に作成できる

共有したい情報を
チーム全員に送信、転送

　同じ部署や、一緒に作業をしているプロジェクトチームのメンバーには、同報メールを出す機会が多い。複数の人に同じメールを出すなら、既定のクイック操作で「チーム宛て電子メール」を選択（図1）。宛先に全員のメールアドレスを指定する。

　これで「チーム宛て電子メール」をクリックすると、全員のメールアドレスが宛先に入力されたメール作成画面が開く（図2）。

●クイック操作で「チーム宛て電子メール」を一発作成

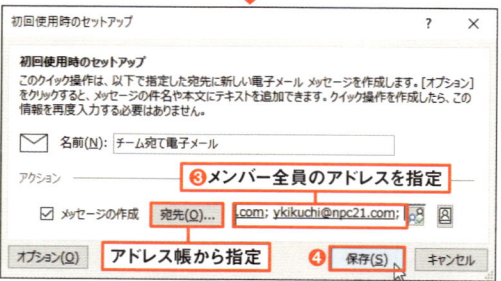

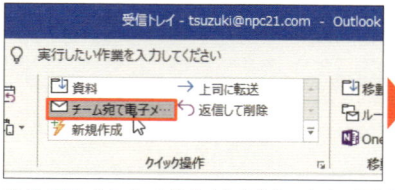

◑◐ 図1　「ホーム」タブの「クイック操作」にある「チーム宛て電子メール」を選択（❶❷）。「宛先」にメンバーのメールアドレスを指定して「保存」をクリック（❸❹）。いつもメールを送っているメンバーであれば、「宛先」ボタンでアドレス帳からメールアドレスを選ぶこともできる

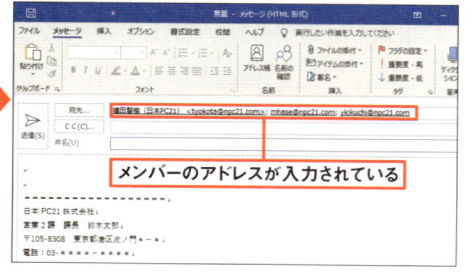

◑◐ 図2　「クイック操作」から「チーム宛て電子メール」を選択すると、チームメンバー全員の宛先が入力された新規作成画面が開く

「全員に転送」はクイック操作を新規作成

　プロジェクトに役立ちそうなメールは、チーム全員に転送して情報を共有したい。==既定のクイック操作にピタリと当てはまる操作がなければ、「新規作成」から作る。==

　「クイック操作」の一覧から「新規作成」を選択（**図3**）。わかりやすい操作名を付け、操作の一覧から「転送」を選び、全員のメールアドレスを指定する（**図4**）。

　既定の「上司に転送」（56ページ）ではワンクリックで転送されたが、「新規作成」からの転送では指定したアドレスなどが入力されたメール転送画面が開く（**図5**）。確認してから送信しよう。

●チーム全員に転送するクイック操作を作成

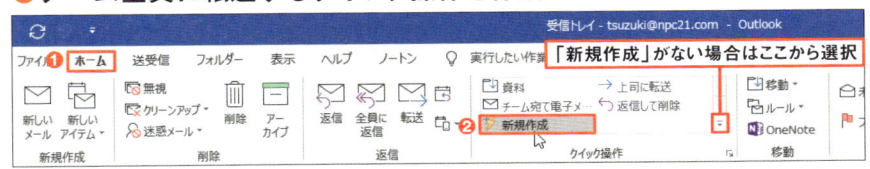

↷ 図3 「ホーム」タブの「クイック操作」から「新規作成」を選択（❶❷）。「新規作成」がない場合は、右下の三角矢印をクリックしてメニューから選択する

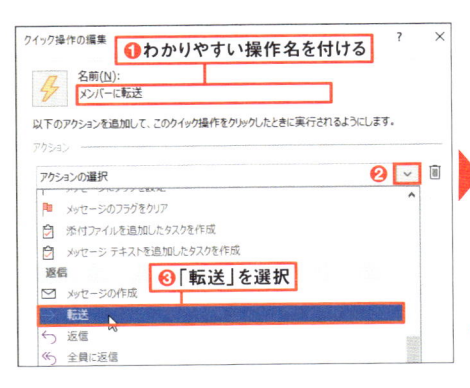

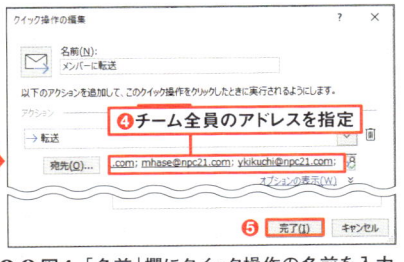

↷↷ 図4 「名前」欄にクイック操作の名前を入力し、「アクションの選択」欄で「転送」を選択（❶～❸）。メンバーのメールアドレスを指定して「完了」をクリックする（❹❺）

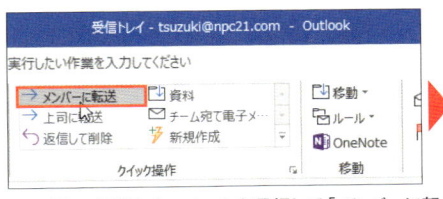

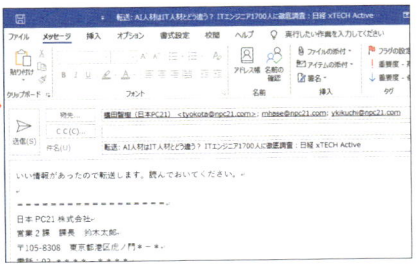

↷↷ 図5 転送したいメールを選択して「メンバーに転送」を選択。チーム全員の宛先が入力された転送画面が開くので、必要なら本文などを追加して送る

上司をBCCに追加して返信を作成

上司への報告は大切だ。上司にも読んでおいてもらいたいメールは、CCやBCC（41ページ）に上司のメールアドレスを入れて送るべきだが、急いでいると面倒だったり、ついうっかり忘れてしまったりもする。そんな不手際がないよう、返信時にBCCとして上司を追加するクイック操作を作っておこう。

返信にCCやBCCを追加するクイック操作は、「新規作成」から登録する（**図1**）。アクションとしては「全員に返信」を選択すればよい（**図2**）。

BCCを追加するには、「オプションの表示」画面で「［BCC］の追加」を選択する（**図3**）。上司のアドレスを指定したら、動作チェックをしてみよう（**図4、図5**）。

第2章

最強の効率化ツール「クイック操作」フル活用

●「全員に返信」するクイック操作を作成

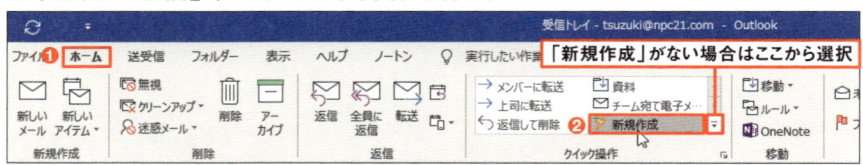

↑図1 「ホーム」タブの「クイック操作」から「新規作成」を選択（❶❷）。「新規作成」がない場合は、右下の三角矢印をクリックしてメニューから選択する

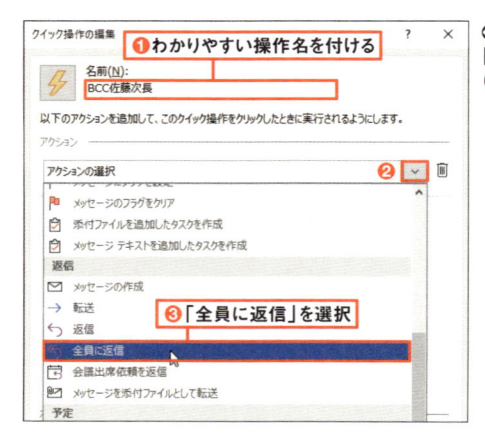

○図2 「名前」欄にクイック操作の名前を入力し、「アクションの選択」欄で「全員に返信」を選択する（❶～❸）

●BCCに上司のメールアドレスを指定

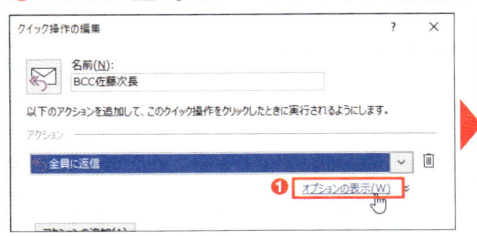

⬆ 図3 クイック操作の設定画面にはBCCの入力欄が表示されないので、「オプションの表示」を選択し、「[BCC]の追加」を選ぶ（❶❷）

❷「[BCC]の追加」を選択

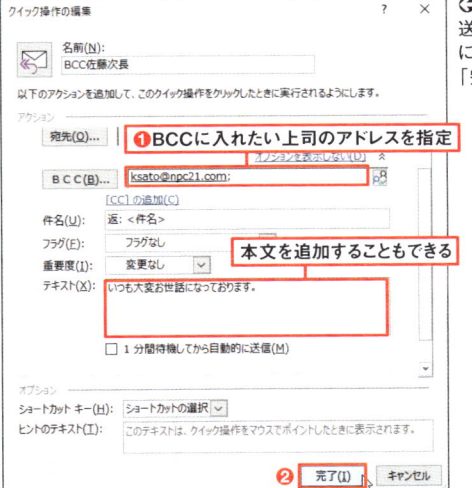

➜図4 BCCの入力欄が表示されるので、BCCを送る上司のメールアドレスを指定する（❶）。必要に応じて件名や本文を入力してもよい。最後に「完了」をクリックする（❷）

❶BCCに入れたい上司のアドレスを指定

本文を追加することもできる

BCCだけ追加できるのか

●動作をチェックする

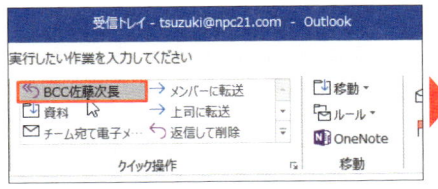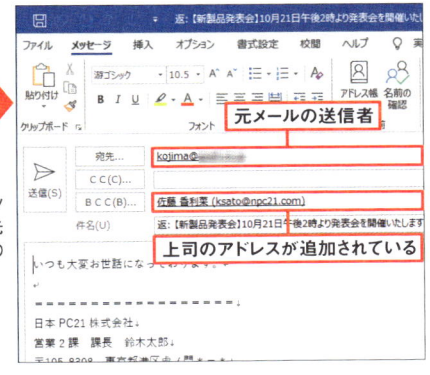

元メールの送信者

上司のアドレスが追加されている

⬆➜図5 返信したいメールを選択して、作成したクイック操作を選ぶ。返信なので、元メールの送信者が宛先として指定された返信作成画面が開く。BCCに上司のアドレスが入っていることを確認しよう

期限付きの検討課題は
タスク登録後フォルダー移動

クイック操作では、20種類以上のアクションから操作を選ぶことができ、複数の操作を組み合わせることも可能だ（**図1**）。複雑な操作ほどワンクリックでできれば時短になる。日ごろの作業でクイック操作に登録できそうなものを探してみよう。

例えば、受信メールの課題を翌週までに検討する場合、受信トレイに残すだけでは処理期限がわかりづらい。メールを期限付きのタスクとして登録すれば、アラーム設定や進捗状況の管理がしやすいのだが、新規のタスクとしてゼロから登録するのは面倒だ。

そこでクイック操作の出番。「メッセージテキストを追加したタスクを作成」と「フォルダーへ移動」を組み合わせてクイック操作を作る（**図2、図3**）。受信メールを選んでこのクイック操作を実行すると、受信メールの内容が入った新規タスク作成画面が開くので、期限やアラームだけを設定すればタスクとして登録完了（**図4**）。元メールは自動的に指定したフォルダーに移動するので手間いらずだ。

選べる操作は20種類以上

組み合わせて
クイック操作
に登録

◉**図1** クイック操作で使えるアクションは20種類以上。複数のアクションを組み合わせることもできるので、多くの操作を自動化できる

●複数のアクションを自動化するクイック操作を作成

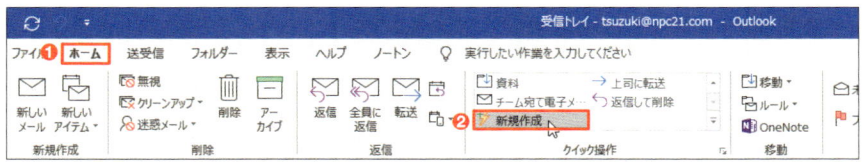

○図2 「ホーム」タブの「クイック操作」から「新規作成」を選択（❶❷）

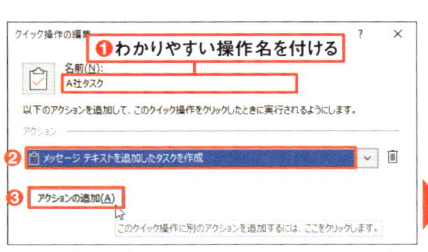

○図3 「名前」にクイック操作の名前を入力し、「アクションの選択」で「メッセージテキストを追加したタスクを作成」を選択する（❶❷）。別のアクションを追加するので「アクションの追加」をクリックする（❸）。元の受信メールを客先フォルダーに移動するアクションを追加して完了する（❹❺）

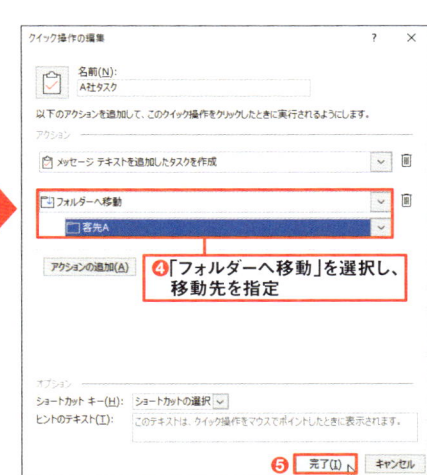

●クイック操作を使ってメールをタスクに登録

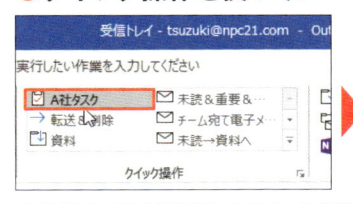

○○ 図4 タスクに登録したいメールを選択して、作成したクイック操作を選ぶと新規タスクの作成画面が開く。件名や本文はメールから自動的にコピーされているので、「期限」や「アラーム」を設定して保存すればタスクに登録できる

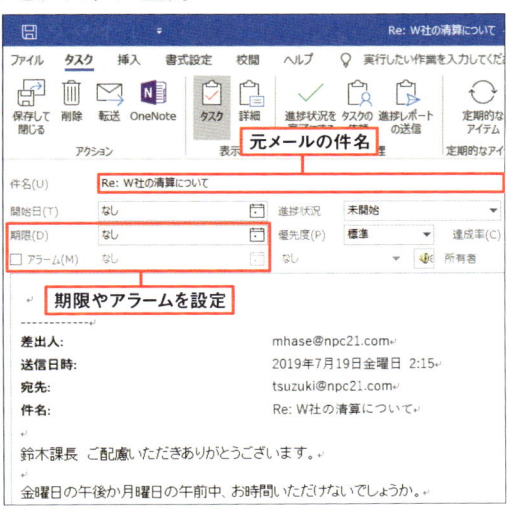

使いやすく整理してこそ クイック操作の本領発揮

　便利なクイック操作には、あれもこれも登録したくなる。しかし、クイック操作の一覧に表示できる数は通常6つ。画面サイズによっては3つ以下のこともある。表示しきれないクイック操作は2回クリックしないと選べない（**図1**）。ワンクリックで実行できてこそのクイック操作なので、選びやすくしていこう。

　クイック操作全体の編集は管理画面で行う（**図2、図3**）。使用頻度の高い操作を選びやすい場所に移動し、使わない操作は削除する。

　画面に表示しきれない操作には、ショートカットキーを設定する。「Ctrl」+「Shift」に「1」から「9」までの数字を組み合わせた9個のショートカットキーが使える（**図4**）。これで表示できないクイック操作も一発で実行可能。キーボード派の人にお勧めだ。

増えすぎたクイック操作は編集でスッキリ

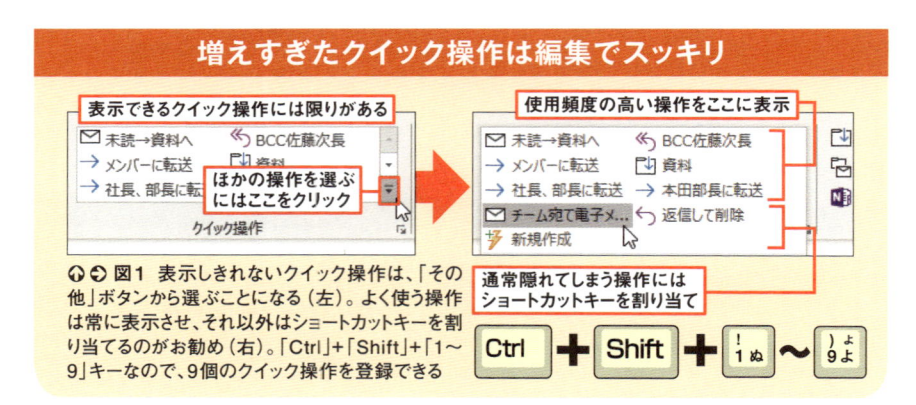

◐◑ 図1　表示しきれないクイック操作は、「その他」ボタンから選ぶことになる（左）。よく使う操作は常に表示させ、それ以外はショートカットキーを割り当てるのがお勧め（右）。「Ctrl」+「Shift」+「1～9」キーなので、9個のクイック操作を登録できる

●管理画面で順序を変更

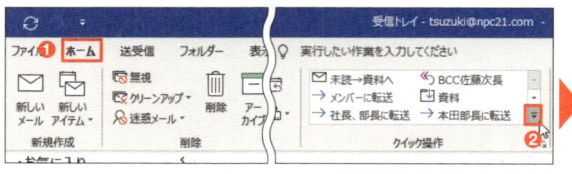
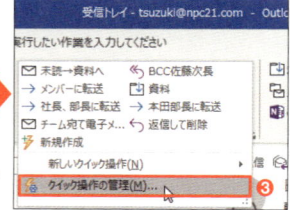

◐◑ 図2　「ホーム」タブの「クイック操作」で「その他」ボタンをクリックする（❶❷）。メニューから「クイック操作の管理」を選ぶ（❸）

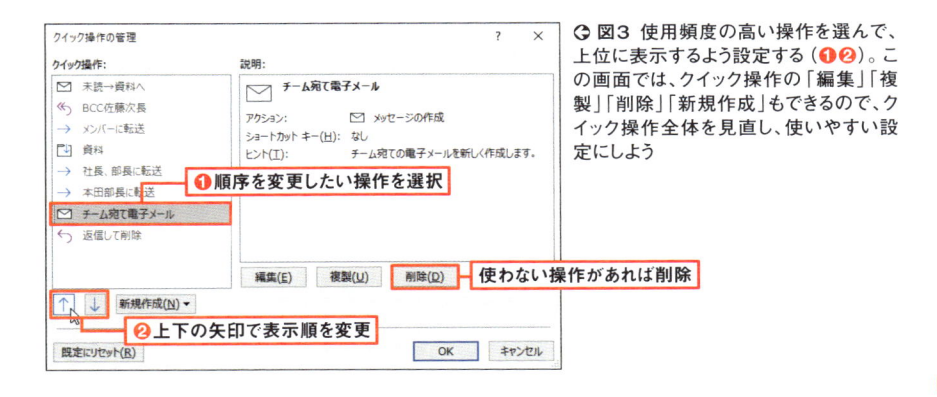

○ 図3 使用頻度の高い操作を選んで、上位に表示するよう設定する（❶❷）。この画面では、クイック操作の「編集」「複製」「削除」「新規作成」もできるので、クイック操作全体を見直し、使いやすい設定にしよう

❶順序を変更したい操作を選択

使わない操作があれば削除

❷上下の矢印で表示順を変更

●表示しきれないクイック操作はショートカットキーを割り当て

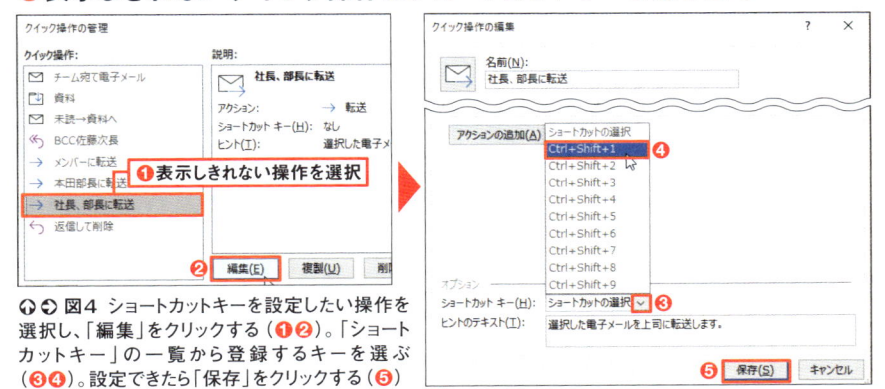

❶表示しきれない操作を選択

○○ 図4 ショートカットキーを設定したい操作を選択し、「編集」をクリックする（❶❷）。「ショートカットキー」の一覧から登録するキーを選ぶ（❸❹）。設定できたら「保存」をクリックする（❺）

Memo

リボンから選べるクイック操作を増やして快適操作

よく使うクイック操作が「6つじゃ足りない!」という人は、リボンの設定を変えて、クイック操作の表示数を増やしてはいかがだろう。「ホーム」タブであまり使わないボタンを非表示にすることで、クイック操作の表示領域を広げることができる。「移動」「検索」「音声読み上げ」などのグループを非表示にすれば、ノートパソコンでも12個のクイック操作が表示できた（図A）。リボンの設定方法は、26ページを参照。

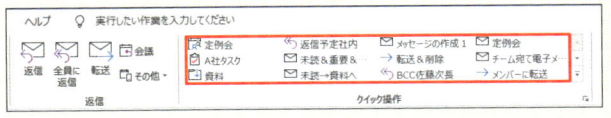

○ 図A 設定によってはクイック操作の表示数を増やせる

受信トレイをスルーして別フォルダーへ直送

　ここまではクイック操作を使って仕分けを楽にする方法を紹介してきたが、それでも1日数十件を超えるメールを手作業で仕分けするのはひと苦労だ。その手間を軽くするには、「受信トレイに入るメール」を減らすのが一番。例えば、メルマガやDMなど急を要さないメールは、受信トレイに入れず直接フォルダーに移動できれば、件名や差出人を確認しながら仕分けを行う手間を省き、時間があるときにゆっくり読むことができる（**図1**）。そんな自動仕分けに役立つのが「ルール」機能だ。

　ルールを使うと、指定した条件に合うメールを自動的に処理することができる。36ページでは、「すべての送信メール」を「1分後に送信する」というルールを作ったが、ここでは受信メールを自動仕分けするルールを作成してみよう。

　ルールの作り方はいくつかある。差出人や宛先のメールアドレスで振り分けるなら、手っ取り早いのは相手から来たメールを使う方法。受信メールを選んでから「仕分けルールと通知」画面で仕分け先のフォルダーを選択（**図2**）。この方法なら、メールアドレスの指定ミスも防げる。受信済みのメールも自動的に指定フォルダーに移動するので、後から別フォルダーに分けたいときにも利用できる（**図3**）。

ルールを使って仕分け作業を自動化

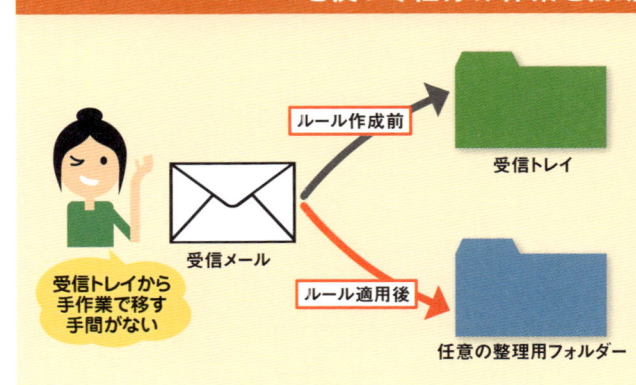

受信トレイから手作業で移す手間がない

受信メール

ルール作成前

受信トレイ

ルール適用後

任意の整理用フォルダー

◐ **図1** 毎日メールが大量に届くなら、早急な処理を要さないメールを自動的に整理用フォルダーに移動する「仕分けルール」を作ると圧倒的に楽。通常はメールを受信すると「受信トレイ」に入るが、ルール適用後はフォルダーに直接入るようになる

●受信メールの差出人を条件にするとルール作成が楽

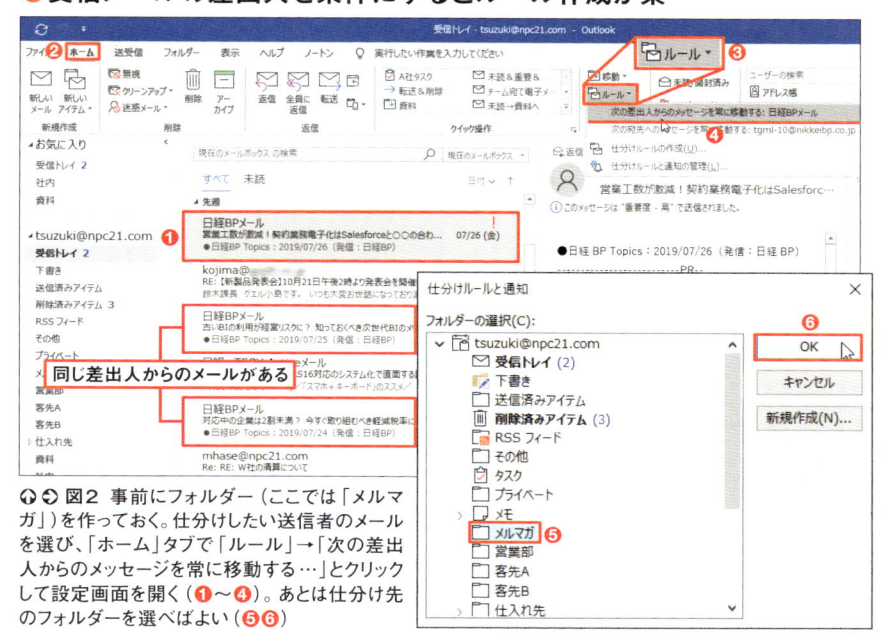

↑↓⊙ 図2 事前にフォルダー（ここでは「メルマガ」）を作っておく。仕分けしたい送信者のメールを選び、「ホーム」タブで「ルール」→「次の差出人からのメッセージを常に移動する…」とクリックして設定画面を開く（❶〜❹）。あとは仕分け先のフォルダーを選べばよい（❺❻）

Section 08

受信トレイをスルーして別フォルダーへ直送

●ルール作成と同時に該当するメールが移動

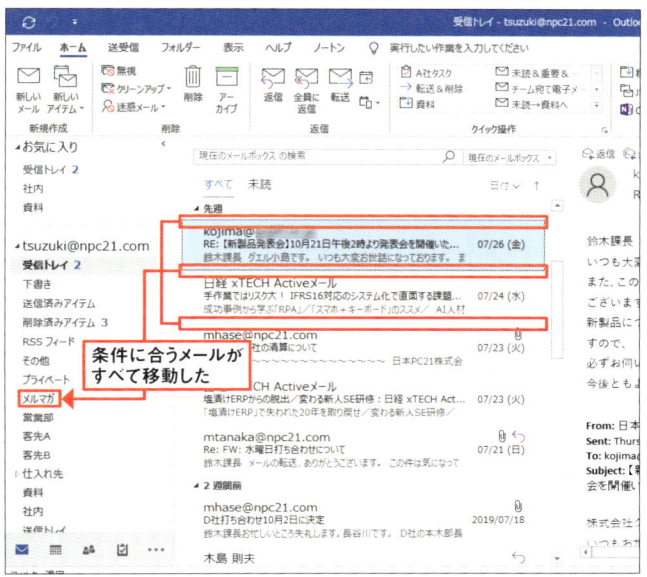

⊙ 図3 既存のメールにも作成したルールが適用され、同じ差出人からのメールがすべて「メルマガ」フォルダーに移動する

件名で仕分けるなら「仕分けルールの作成」から

　件名で自動仕分けするルールも簡単に作れる。件名に「回覧」の文字がある受信メールを後から読むための「資料」フォルダーに移動するなら、「ルール」から「仕分けルールの作成」を選択（**図4**）。「件名が次の文字を含む場合」を選んで、「回覧」と入力する。自動仕分けなら、「アイテムをフォルダーに移動する」を選んで移動先のフォルダーを指定すればよい（**図5**）。

　新規に仕分けルールを作成すると、そのルールを既存のメールにも適用するかどうかを選択する確認画面が表示されるので、適用する場合にはチェックを入れればよい（**図6**）。

●件名に「回覧」を含むメールは「資料」フォルダーに移動

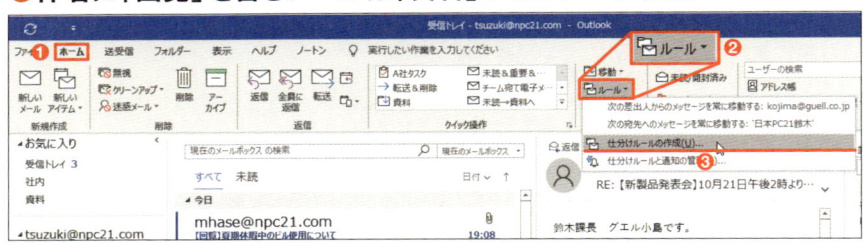

⬆図4 「ホーム」タブで「ルール」→「仕分けルールの作成」とクリックして設定画面を開く（❶〜❸）

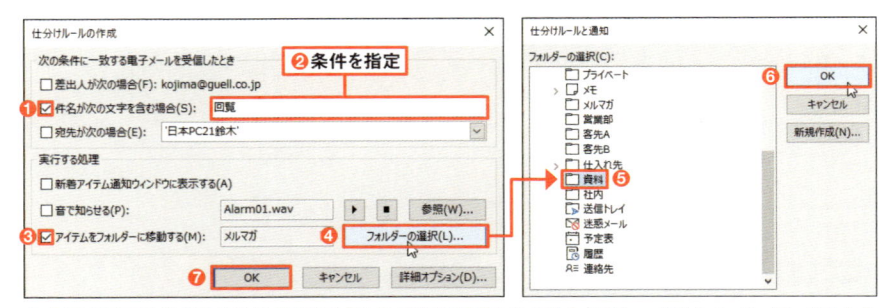

⬆ 図5 ここでは件名を条件にするので「件名が次の文字を含む場合」にチェックを入れ、キーワードを入力する（❶❷）。「アイテムをフォルダーに移動する」にチェックを入れ、移動先のフォルダーを選択（❸〜❼）

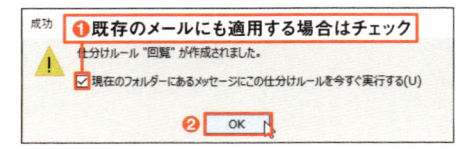

⬆図6 ルールを作成すると表示される確認画面。既存のメールにも作成したルールを適用する場合のみチェックを入れ、「OK」をクリックする（❶❷）

メール作法 ビジネスメールは件名が命

　「受信メールが多い人」＝「多忙なビジネスパーソン」ほど、「メーラーで表示するのは差出人と件名だけ」という人が多い（**図1**）。こうした相手に「すぐに開いてもらえるメール」にするためには、件名がとても重要だ。

　「お世話になります」や「ご連絡」といった件名はもってのほか。「【プロジェクトA】の資料をお送りください」や「9月11日打ち合わせ場所について」といったシンプルで内容がわかる件名にしないと、後回しにされてしまう。

　件名を書いていないメールは論外。アウトルックは件名を書かずに送信しようとすると、親切にも「… 件名なしで送信しますか？」と聞いてくれるので心配いらないが、外出先でスマホからメールを送信する場合などは注意しよう（**図2**）。

　相手に余計な時間をできるだけ使わせないことが、ビジネスメールにおける基本的なマナーであることを考えても、件名は大事だ。

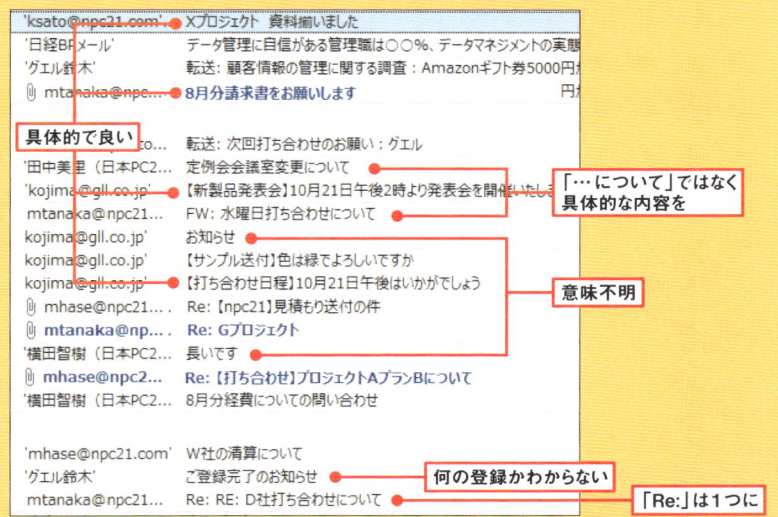

○ 図1 メールの件名を並べてみると、どのような件名が伝わりやすいかよくわかる。自分が送信したメールの件名をチェックしてみよう

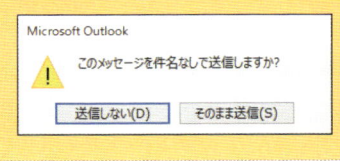

○ 図2 アウトルックでは、件名を入力せずに「送信」ボタンを押すと、このような確認画面が表示される。「送信しない」を選んで件名を書いてから送り直そう

受信メールをドメイン別に自動仕分け

「朝イチでA社からのメールに目を通したい」「社内からのメールはまとめて読みたい」といった場合に、ルールでの自動仕分けを利用するのも一案だ。受信と同時に「A社」や「社内」からのメールをそれぞれのフォルダーに入れるには、メールのドメイン名（メールアドレスやURLの後方に付くxxx.comやxxx.co.jpの部分）を仕分けのキーワードにしたルールを作る。

Section08では差出人や件名を使って簡単にルールを作成する方法を説明したが、条件を細かく指定してルールを作りたいときは「自動仕分けウィザード」の出番だ（図1、図2）。

●「自動仕分けウィザード」でルールをイチから作る

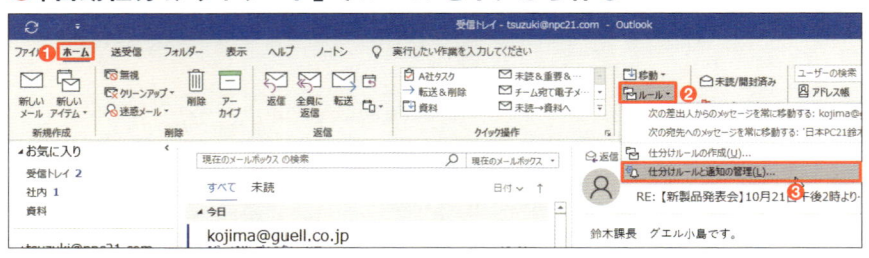

⬆図1 「ホーム」タブで「ルール」→「仕分けルールと通知の管理」をクリックして管理画面を開く（❶～❸）

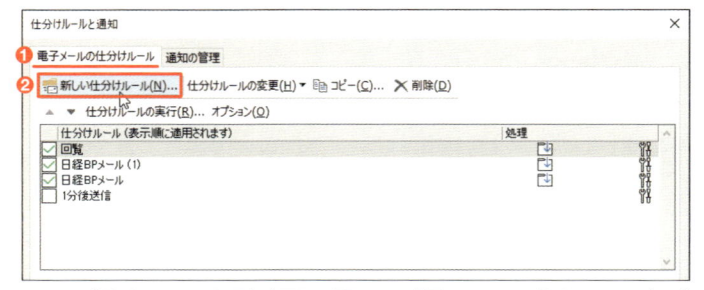

⬆ 図2 「仕分けルールと通知」画面が開いたら、「電子メールの仕分けルール」タブを開いて、「新しい仕分けルール」を選ぶ（❶❷）。これで「自動仕分けウィザード」が起動する

ここでは、「@npc21.com」のように、ドメイン名が共通するメールをすべて同じフォルダーに仕分ける。「自動仕分けウィザード」が起動したら、まずルールを適用するための条件を指定する（**図3、図4**）。「文字の指定」画面でドメイン名を入力するのがポイントだ。

●仕分けの条件にドメイン名を指定

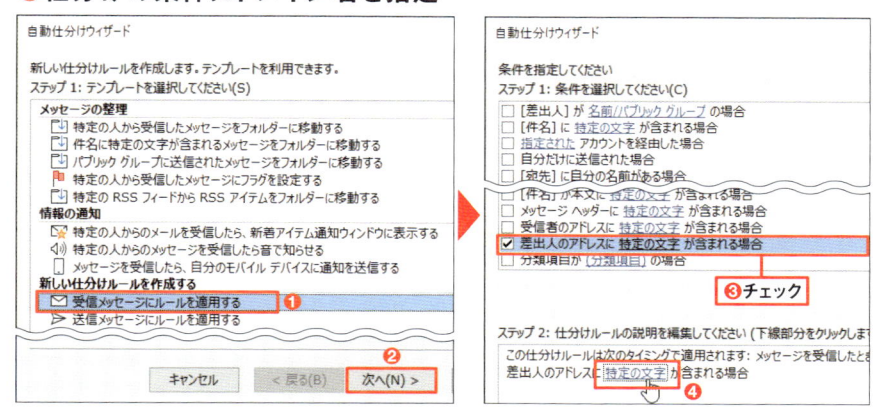

⊕ **図3** ここでは、ドメイン名（「@」より後ろの文字列）が同じメールをすべて「社内」フォルダーに入れるように設定する。「自動仕分けウィザード」画面で「受信メッセージにルールを適用する」を選ぶ（❶❷）。続いて、「差出人のアドレスに特定の文字が含まれる場合」にチェックを入れ、「特定の文字」のリンクをクリックする（❸❹）

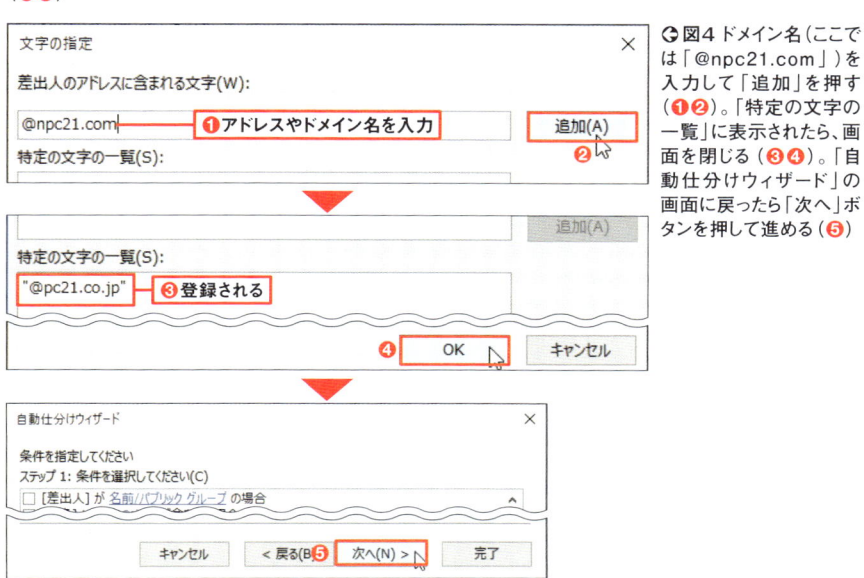

⊙**図4** ドメイン名（ここでは「@npc21.com」）を入力して「追加」を押す（❶❷）。「特定の文字の一覧」に表示されたら、画面を閉じる（❸❹）。「自動仕分けウィザード」の画面に戻ったら「次へ」ボタンを押して進める（❺）

続いて、条件に合うメールをどう処理するかを指定する。ここでは仕分けのルールなので、「指定フォルダーへ移動する」を選び、移動先のフォルダーを選択すればよい（図5〜図7）。

以上でルールは作成できたが、「自動仕分けウィザード」で作成したルールは過去のメールには自動的に適用されないので、過去のメールを移動するために一度だけ手動でルールを実行する（図8、図9）。

これで以降に来る「@npc21.com」からのメールは、すべて「社内」フォルダーに入るようになる。設定に少し手間はかかるが、画面を見ればわかるようにルールの選択肢は多く、さまざまなメール操作に利用できるのでぜひ使い方を覚えたい。

●仕分け先のフォルダーを指定

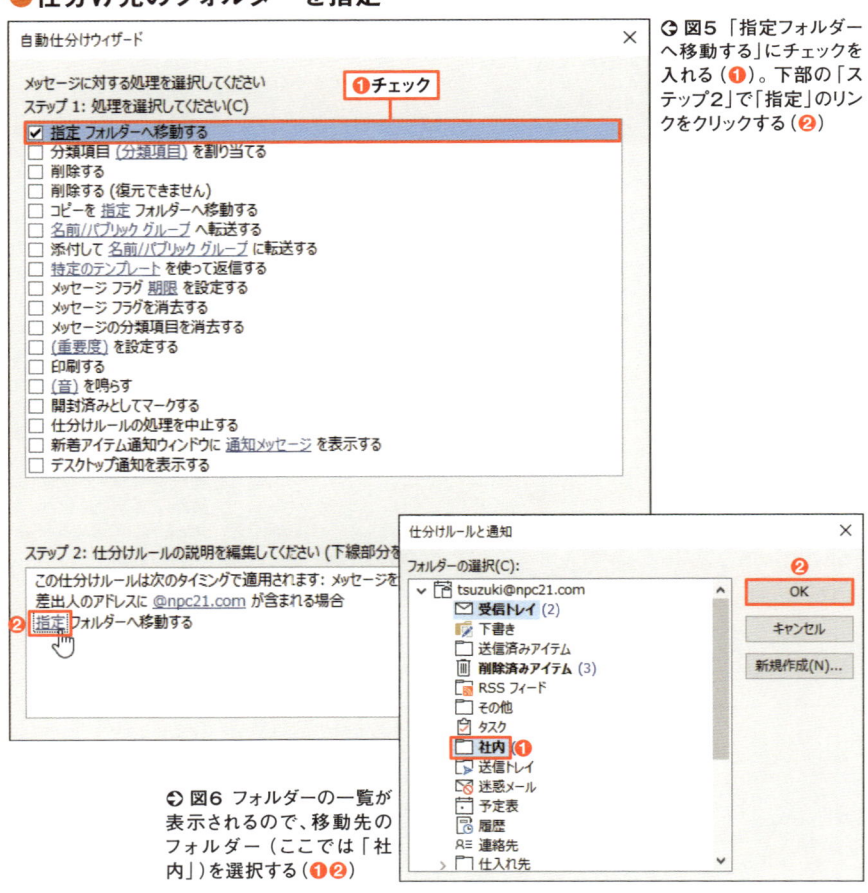

◆図5　「指定フォルダーへ移動する」にチェックを入れる（❶）。下部の「ステップ2」で「指定」のリンクをクリックする（❷）

◆図6　フォルダーの一覧が表示されるので、移動先のフォルダー（ここでは「社内」）を選択する（❶❷）

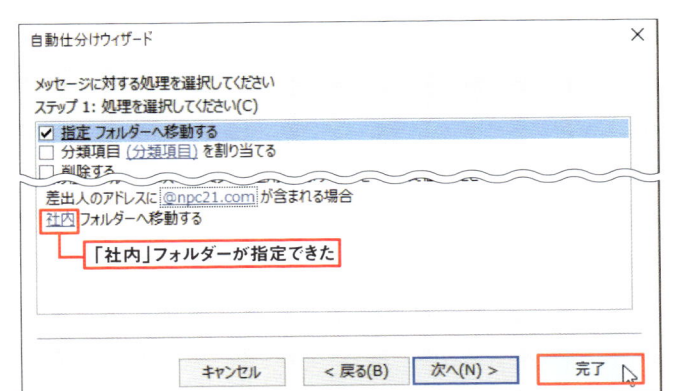

↩ 図7 「自動仕分けウィザード」の画面に戻ったら、仕分け条件を確認し、「完了」を押してウィザードを閉じる

●過去のメールを処理するため、初回だけ手動で実行

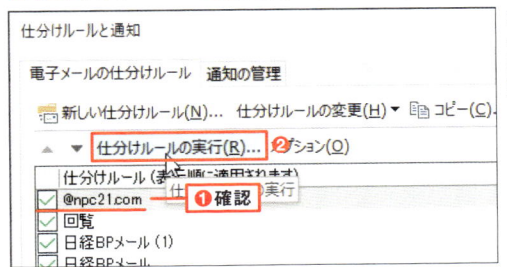

↩ 図8 作ったルールを一度手動で実行しておこう。図2の管理画面に戻ったら、ルールが登録されたことを確認して「仕分けルールの実行」ボタンを押す(❶❷)

↩ 図9 実行したいルールにチェックを入れる(❶)。「対象フォルダー」の「参照」から「フォルダーの選択」画面を開き、「受信トレイ」を選ぶ(❷～❹)。元の画面で「今すぐ実行」をクリックすると、受信トレイ内の該当メールが「社内」フォルダーに移る(❺)

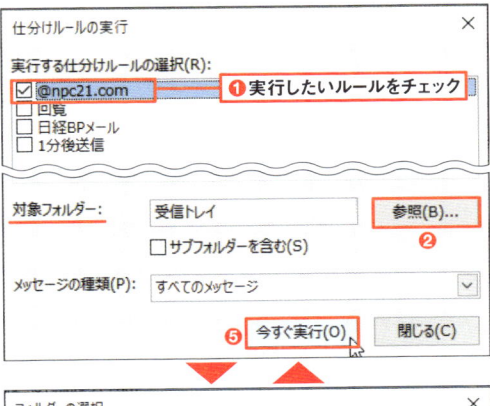

これで過去のメールも整理完了!

ルールは順番に要注意
ほかのパソコンでも使える

3分
時短

ルールは便利な機能だ。受信メールでも送信メールでも利用でき、仕分け以外にも通知の表示、スマホへの転送、コピーや削除など、メールに対するほとんどの操作を自動化できる。

そんな便利なルールだけに、使い始めると増えすぎることがある。ルールが増えてきたときには、注意が必要だ。本書ではここまで、件名に「回覧」を含むメールは「資料」フォルダーへ、「@npc21.com」ドメインのメールは「社内」フォルダーへというルールを作成した。後から作ったルールが優先されるため、本来は「資料」フォルダーに入れたい回覧が「社内」フォルダーに入ってしまうことになる。==ルールは順番も重要なのだ。間違いに気付いたら、管理画面で実行順を変更するとよい==（図1、図2）。

●ルールの実行順は管理画面で修正

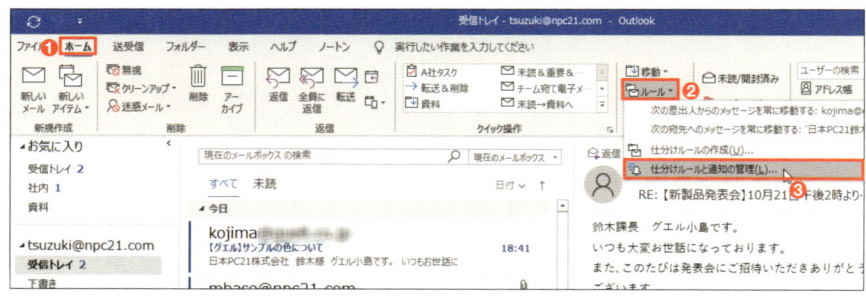

⤴図1 「ホーム」タブで「ルール」→「仕分けルールと通知の管理」をクリックして管理画面を開く（❶～❸）

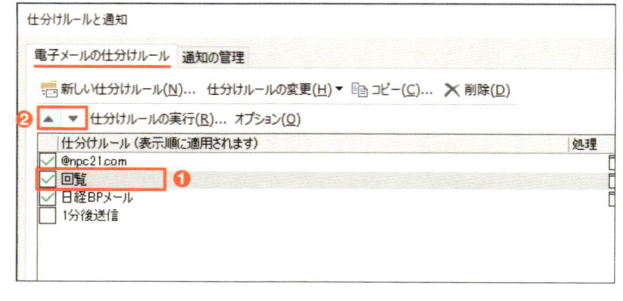

⤵図2 複数のルールがある場合は、管理画面で実行順を変更できる。「電子メールの仕分けルール」タブで順序を変更するルールを選択し、「▲」「▼」を押して実行したい順に上から並べればよい（❶❷）

仕分けルールをほかのパソコンで使う

　最近は外出時、社内、自宅など、複数のパソコンを使い分けている人も多い。また、部内で作成した仕分けルールを共有したいという人もいるだろう。そんなときは、<mark>仕分けルールをエクスポート</mark>すればよい。

　仕分けルールを作成したパソコンで、ルールをエクスポート（**図3、図4**）。同じ要領でほかのパソコンで図4左の画面を開き、「仕分けルールをインポート」を選べば、同じルールを別のパソコンのアウトルックでも利用できる。

●登録したルールをエクスポート

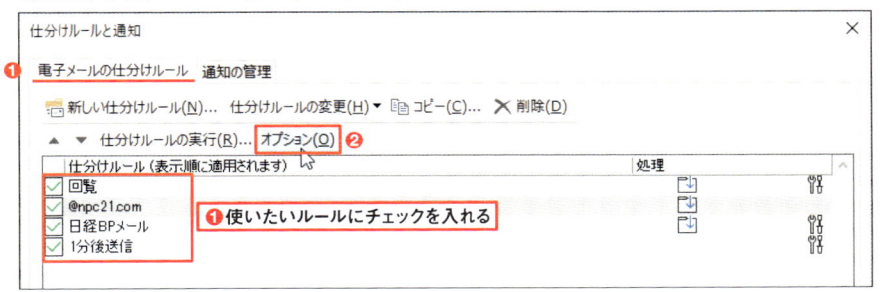

⬆図3　図1の要領でルールの管理画面を開く。「電子メールの仕分けルール」タブでほかのパソコンで使いたいルールにチェックを入れ、「オプション」をクリックする（❶❷）

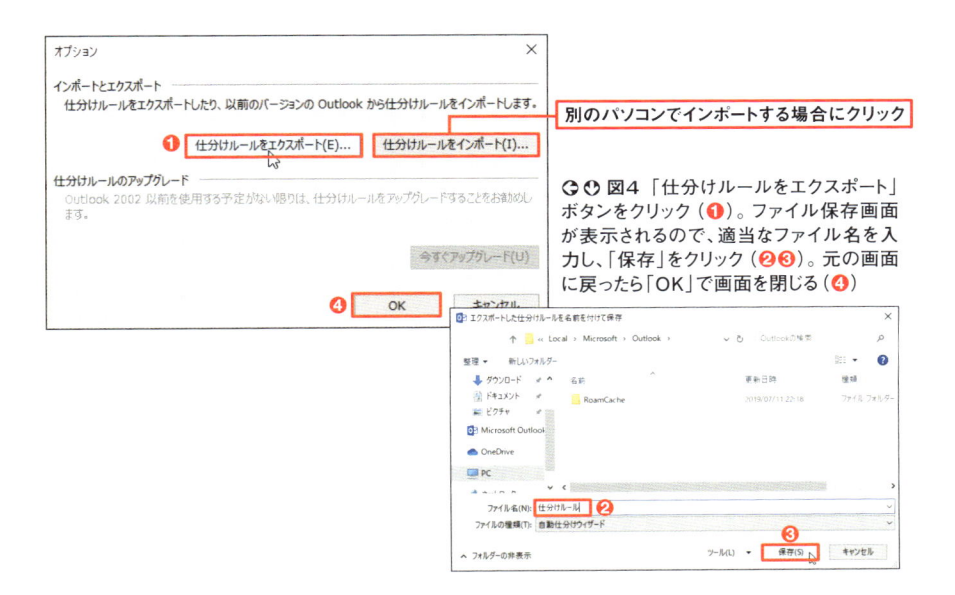

⬆⬅図4　「仕分けルールをエクスポート」ボタンをクリック（❶）。ファイル保存画面が表示されるので、適当なファイル名を入力し、「保存」をクリック（❷❸）。元の画面に戻ったら「OK」で画面を閉じる（❹）

5分 時短

簡易検索より詳細検索で 行方不明のメールを探せ

メールの一覧をスクロールしながら目的のメールを探すのは手間も時間もかかり、見逃す可能性も高い。何度も探すより検索機能を使うのが賢い方法だ（**図1**）。

メールを検索する方法はいくつもあるが、一番簡単な方法は「クイック検索ボックス」に関連するキーワードを入力する「クイック検索」（**図2**）。例えば長谷川さんからのメールを探すなら、「長谷川」と入力する。すぐに検索が始まり、キーワードを含むメールがリストアップされる。

目的のメールが見つからないときは「検索」

クイック検索では、差出人だけでなく、件名や本文、CCや宛先、添付ファイルなど、「どこかにキーワードが入っているメール」が検索される。ここでは「差出人が長谷川さん」のメールを探したいのだが、長谷川さん宛ての送信メールや、文中に長谷川さんが入ったメールまでリストアップされてしまい、目的のメールが見つけにくい。

クイック検索で該当するメールが多すぎるときは、さらにキーワードを追加して絞り込む。新たなキーワードを入力してもよいが、打ち合わせに関するメールを探すなら「件名」に「打ち合わせ」が含まれるメールを探したほうが効率的だ。そんなときは「検索ツール」を利用する。

「検索」タブには、さまざまな検索ツールがそろっている。ここでは「件名」ツールを使って探してみよう（**図3、図4**）。

自力で探すより「検索」機能が速い

条件❶
件名、本文

条件❷
差出人

条件❸
受信時期

ハイ!

⊙**図1** メールが見つからないときは、「検索」機能を使おう。インターネットでウェブページを探すように、複数の条件を組み合わせて目的のメールを探せる

●「クイック検索」で簡単に検索

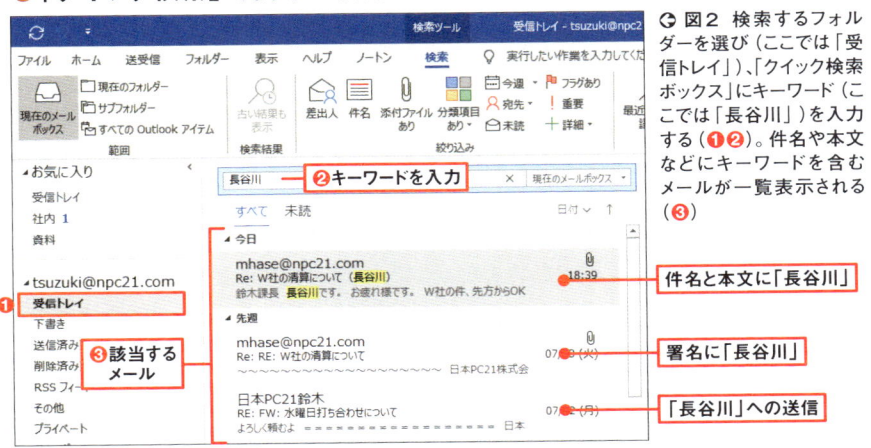

⊙ 図2 検索するフォルダーを選び（ここでは「受信トレイ」）、「クイック検索ボックス」にキーワード（ここでは「長谷川」）を入力する（❶❷）。件名や本文などにキーワードを含むメールが一覧表示される（❸）

●検索ツールを使って検索結果を絞り込み

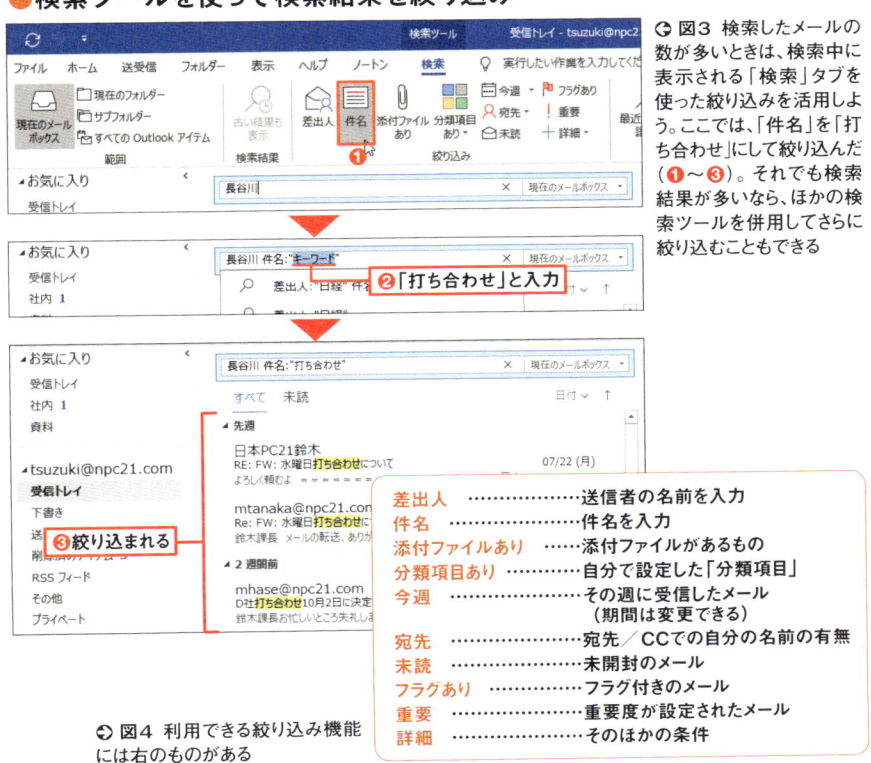

⊙ 図3 検索したメールの数が多いときは、検索中に表示される「検索」タブを使った絞り込みを活用しよう。ここでは、「件名」を「打ち合わせ」にして絞り込んだ（❶〜❸）。それでも検索結果が多いなら、ほかの検索ツールを併用してさらに絞り込むこともできる

差出人	送信者の名前を入力
件名	件名を入力
添付ファイルあり	添付ファイルがあるもの
分類項目あり	自分で設定した「分類項目」
今週	その週に受信したメール（期間は変更できる）
宛先	宛先／CCでの自分の名前の有無
未読	未開封のメール
フラグあり	フラグ付きのメール
重要	重要度が設定されたメール
詳細	そのほかの条件

⊙ 図4 利用できる絞り込み機能には右のものがある

クイック検索の初期設定では、検索場所が「現在のメールボックス」になっており、アカウント内のフォルダー全体が検索対象になる。そのため、「受信トレイ」を選んでいても送信メールなどが含まれてしまう。選択中のフォルダー内で探すなら、「現在のフォルダー」を選ぶと簡単に絞り込める（**図5**）。逆に複数のアカウントを使っていて、「すべてのアカウントで検索したい」という場合は「すべてのメールボックス」、予定表やタスクも含めて検索するなら「すべてのOutlookアイテム」に範囲を広げて検索することも可能だ。

このように、検索では複数の条件を指定してメールを探すことができる。しかし、検索ツールで条件を1つずつ足していくのは少々手間がかかる。そこで検索機能をよく使う人にお勧めなのが、「詳細検索」だ。

「詳細検索」で「差出人」「件名」「宛先」などの条件を選ぶと、クイック検索ボックスの下に条件ごとの入力欄が表示される（**図6**）。この入力欄は、クイック検索ボックスを選択すると自動的に表示されるので、次回からは詳細な検索条件を指定しやすくなる（**図7、図8**）。

●現在のフォルダー内に絞り込み

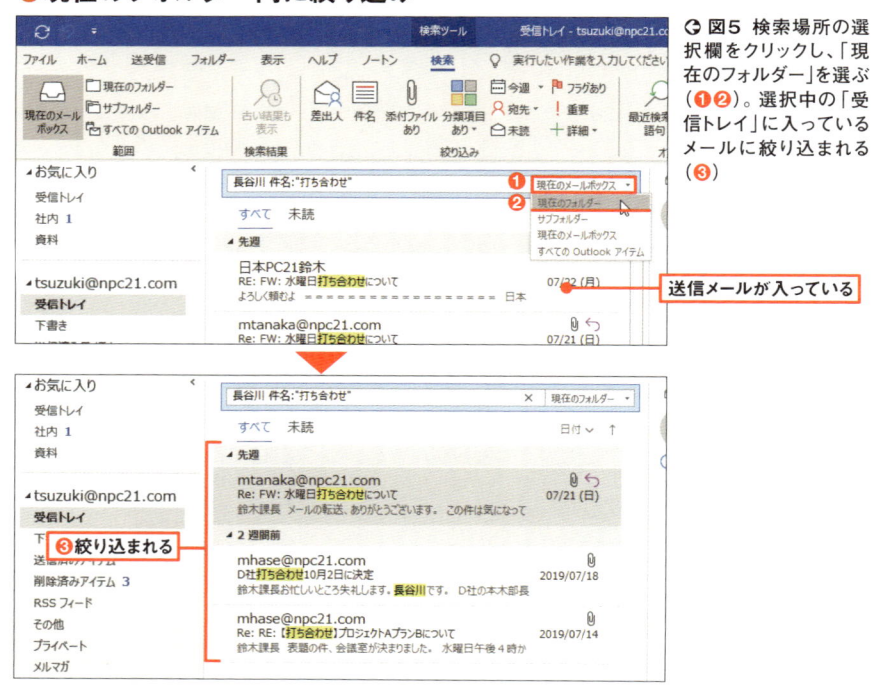

◆ **図5** 検索場所の選択欄をクリックし、「現在のフォルダー」を選ぶ（**❶❷**）。選択中の「受信トレイ」に入っているメールに絞り込まれる（**❸**）

●よく使う条件ごとの入力欄を表示

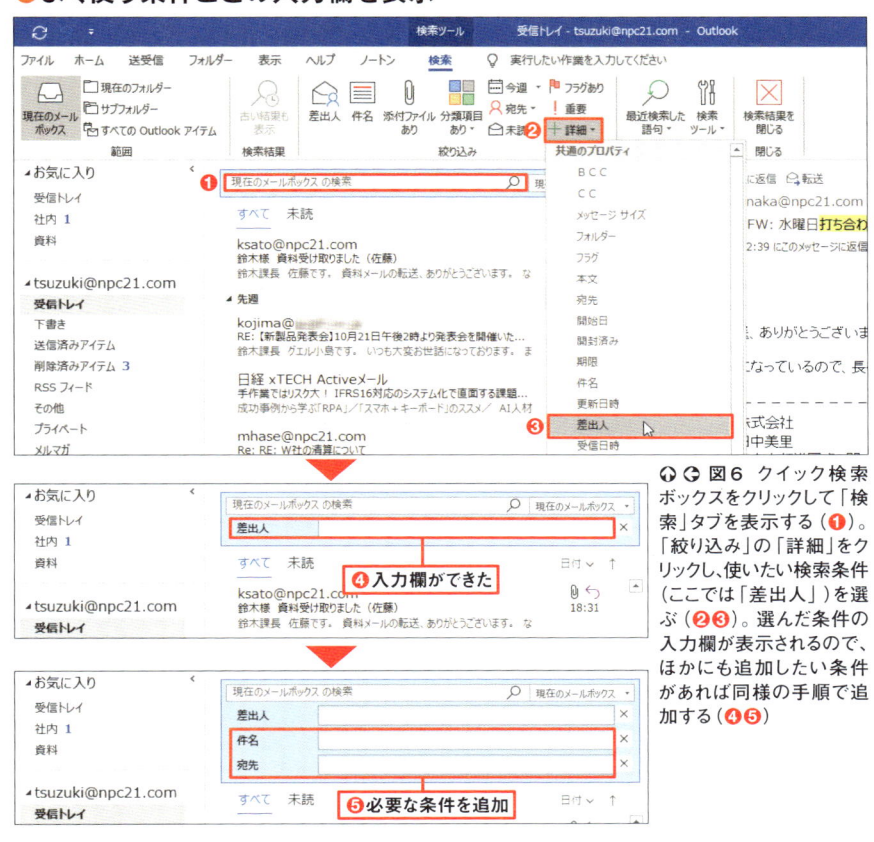

⬆ ⬇ 図6 クイック検索ボックスをクリックして「検索」タブを表示する（❶）。「絞り込み」の「詳細」をクリックし、使いたい検索条件（ここでは「差出人」）を選ぶ（❷❸）。選んだ条件の入力欄が表示されるので、ほかにも追加したい条件があれば同様の手順で追加する（❹❺）

●詳細な検索条件を使ってメールを探す

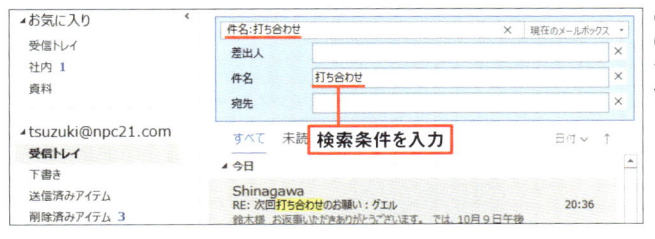

⬅ 図7 表示させた入力欄に検索条件を入力すると、クイック検索ボックスに条件が追加される

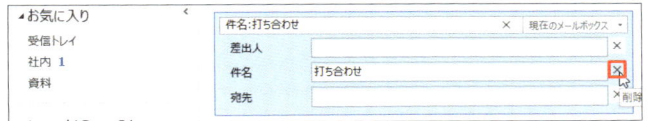

⬅ 図8 入力欄が不要になったら、右端の「×」をクリックすることでいつでも削除できる

**3分
時短**

同じ案件のやり取りを
検索フォルダーで一気読み

　フォルダーでの仕分けは難しい。例えば、同じ「プロジェクトA」に関するメールでも、客先と仕入れ先では受信メールが別のフォルダーに仕分けされていることが珍しくない。さらにチームメンバーからのメールや自分が送信したメールも、別のフォルダーに入るかもしれない。検索機能を使えば、プロジェクトA関連のメールを探せるが、プロジェクトの進行中には何度も同じ検索を繰り返すことになる。そんなときには、検索条件を保存できる「検索フォルダー」を使うのが効率的だ。

　検索フォルダーは、検索条件に一致するメールをまとめて表示する仮想的なフォルダー。実際には別のフォルダーに仕分けされているメールでも、1つのフォルダーに入っているような感覚で操作できる（**図1**）。通常の検索と違い、検索フォルダーは表示させたままにできるので、クリックするだけで検索されたメールをまとめ読みできる便利な機能だ。

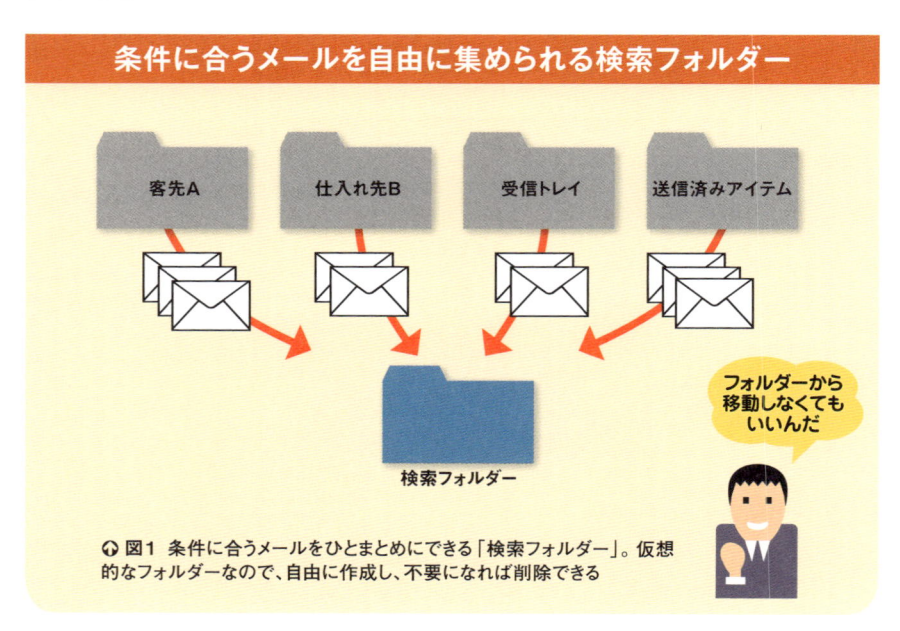

条件に合うメールを自由に集められる検索フォルダー

客先A　　仕入れ先B　　受信トレイ　　送信済みアイテム

検索フォルダー

フォルダーから
移動しなくても
いいんだ

🔍 **図1**　条件に合うメールをひとまとめにできる「検索フォルダー」。仮想的なフォルダーなので、自由に作成し、不要になれば削除できる

検索フォルダーを作るには、「フォルダー」タブで「新しい検索フォルダー」を作成する（**図2**）。ここではプロジェクトAに関するメールをまとめたいので、「特定の文字を含むメール」を検索条件として指定する（**図3**）。

　これで、プロジェクトAに関するメールの一覧が、フォルダーごとに表示される（**図4**）。日付順に並べ替えれば、話の流れがわかりやすい。

　作成した検索フォルダーはフォルダーウィンドウに表示され、クリックするたびに最新の検索結果を表示してくれる。検索フォルダーは仮想のフォルダーなので、不要になれば削除しても、元のメールに影響はない。

●検索フォルダーで「プロジェクトA」に関するメールをリストアップ

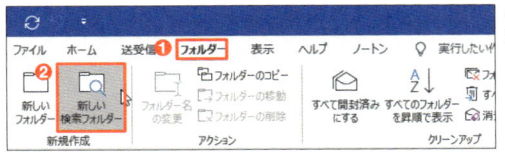

↪ 図2 「フォルダー」タブを開いて、「新しい検索フォルダー」を選択（❶❷）

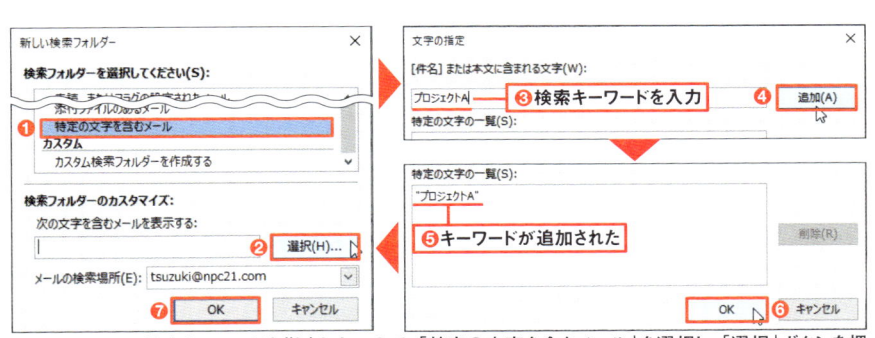

⬆ 図3 ここでは検索キーワードを指定したいので、「特定の文字を含むメール」を選択し、「選択」ボタンを押す（❶❷）。キーワードを入力して「追加」ボタンを押し、追加されたら「OK」をクリックする（❸〜❻）。元の画面に戻ったら「OK」をクリックする（❼）

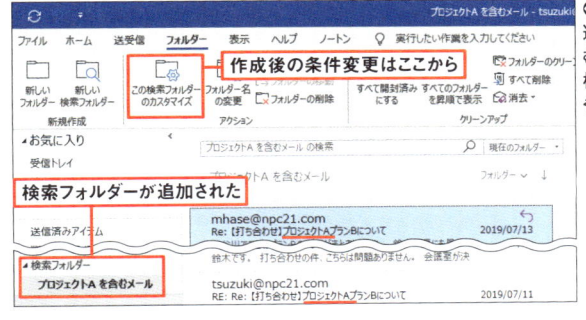

↪ 図4 作成した検索フォルダーを選ぶと、条件（「プロジェクトA」を含む）に合うメールだけが表示される。検索フォルダーは複数登録することも可能だ

不要メール、重複メールは 自動クリーンアップ

3分 時短

受信メールの管理では、「いらないメールを削除する」ことも大切だ。保存するメールの数が増えるほど、アウトルック全体の動作速度にも影響する。

不要メールをマメに削除している人でも、「本当に削除しているか」を確認したほうがよい（**図1**）。メールは「削除済みアイテム」に移動しただけでは削除されず、データが残っているからだ。「削除済みアイテム」を右クリックして「フォルダーを空にする」を選ぶことで完全に削除される（**図2**）。

●ごみ箱に入れただけでは削除されない

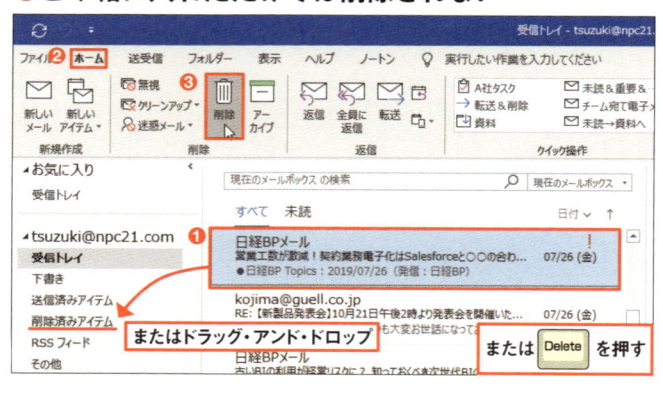

⊙**図1** メールを捨てるには、捨てるメールを選んで「ホーム」タブの「削除」を選択（❶～❸）。「削除済みアイテム」にドラッグ・アンド・ドロップしても、「Delete」キーを押しても削除できる

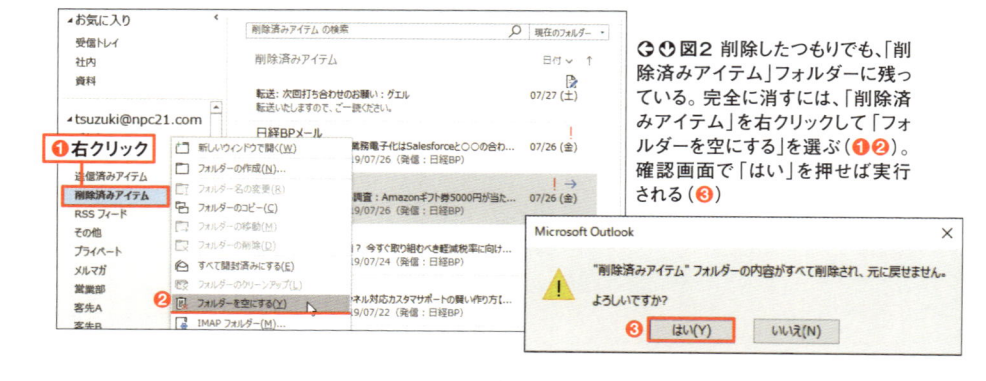

⊙⊙**図2** 削除したつもりでも、「削除済みアイテム」フォルダーに残っている。完全に消すには、「削除済みアイテム」を右クリックして「フォルダーを空にする」を選ぶ（❶❷）。確認画面で「はい」を押せば実行される（❸）

メールが多い人の「削除済みアイテム」には、いつの間にか大量の削除メールがたまっているものだ。ごみがたまるのが気になるなら、アウトルックの終了時に「削除済みアイテム」を自動的に空にするように設定することもできる（**図3、図4**）。

この設定をすると、アウトルックを終了するたびに削除確認画面が表示されるようになる。「はい」を選べば完全に削除できる（**図5**）。

●アウトルック終了時にごみ箱を空にする

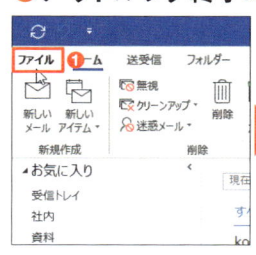

○図3 「ファイル」タブで「オプション」を選択（❶❷）。オプション設定画面が開く

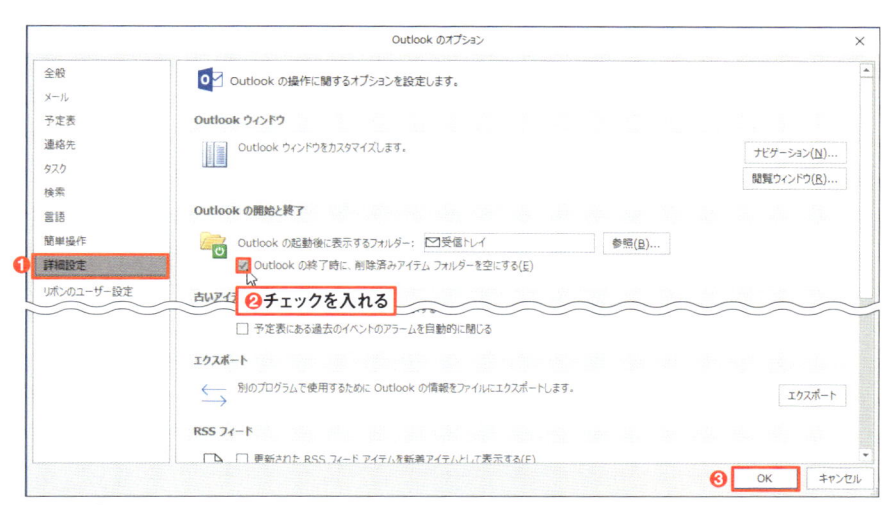

⏷ 図4 「詳細設定」をクリックし（❶）、「Outlookの開始と終了」欄で「Outlookの終了時に、削除済みアイテムフォルダーを空にする」にチェックを入れる（❷）。最後に「OK」をクリックする（❸）

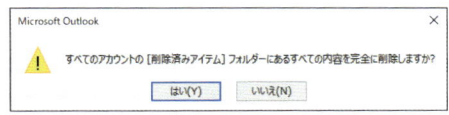

⏷図5 この設定をすると、アウトルックの終了時に削除の確認画面が表示されるので、「はい」を選択すれば「削除済みアイテム」を完全に削除できる

これでごみがたまらないって楽ちん

「削除済みアイテム」フォルダーは、空にするとデータが完全に削除され、元に戻すことができない。古いメールマガジン、各種サービスからのお知らせなど、もう読むことがないメールであれば安心して削除できるが、仕事上のメールや知り合いからのメールは捨ててよいかどうか判断に困る。

　そんなとき便利なのが、<mark>内容が重複するメールを削除する「フォルダーのクリーンアップ」</mark>機能だ（**図6**）。同じ相手とメールのやり取りをしていると、返信の繰り返しになる（**図7**）。返信メールには元メールの内容を付けることが多いので、返信するたびにメールが長くなってしまう。逆にいえば、<mark>返信メールには元メールの内容がすべて残っている</mark>ことが多い。そこで、<mark>フォルダーのクリーンアップ機能を使うと、本文が重複するメールを自動的にピックアップして削除してくれる</mark>。

　操作は簡単。整理したいフォルダーを選び、「フォルダーのクリーンアップ」を選択するだけだ（**図8**）。自動削除したメールは「削除済みアイテム」に移動するので、本当に消してよいかどうか心配なら確認することもできる（**図9**）。

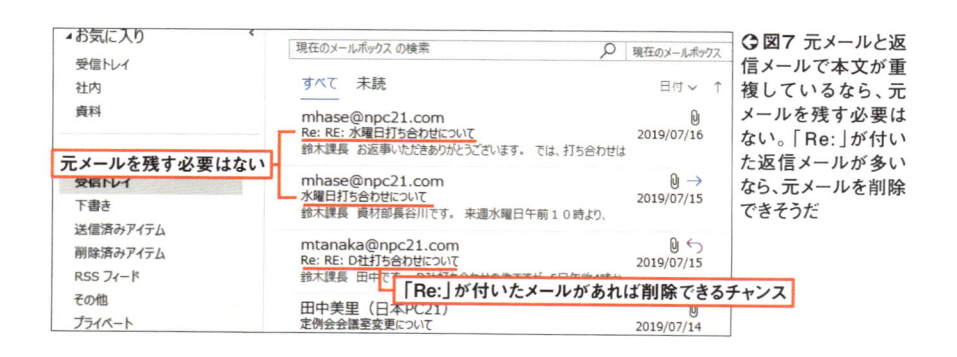

返信の繰り返しは重複の繰り返し

受信メール
返信
受信メール
返信
送信メール
本文
引用文
過去のメールは不要

◑ 図6 メールを相手と何度もやり取りした場合、新しいメールには古いメールが引用されていることが多い。最新のメールさえあればやり取りの内容はわかるので、それ以外の古いメールは削除してもかまわない。そんな不要メールを削除する機能が「フォルダーのクリーンアップ」だ

▲お気に入り
受信トレイ
社内
資料

元メールを残す必要はない

受信トレイ
下書き
送信済みアイテム
削除済みアイテム
RSS フィード
その他
プライベート

現在のメールボックス の検索　　現在のメールボックス
すべて　未読　　　　　　　　日付 ✓　↑

mhase@npc21.com
Re: RE: 水曜日打ち合わせについて　　2019/07/16
鈴木課長　お返事いただきありがとうございます。　では、打ち合わせ

mhase@npc21.com
水曜日打ち合わせについて　　2019/07/15
鈴木課長　資材部長谷川です。来週水曜日午前１０時より、

mtanaka@npc21.com
Re: D社打ち合わせについて　　2019/07/15
鈴木課長　田中です

「Re:」が付いたメールがあれば削除できるチャンス

田中美里（日本PC21）
定例会議室変更について　　2019/07/14

◑ 図7 元メールと返信メールで本文が重複しているなら、元メールを残す必要はない。「Re:」が付いた返信メールが多いなら、元メールを削除できそうだ

●本文が重複する古いメールを自動削除

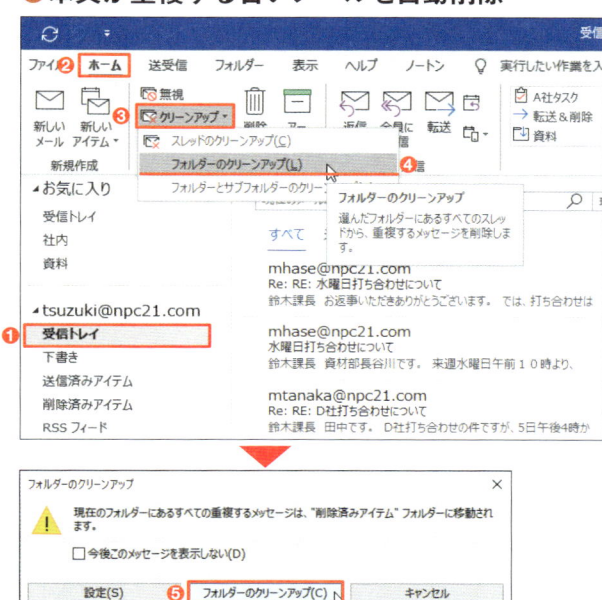

⊖ 図8 フォルダーを選択して、「ホーム」タブにある「クリーンアップ」から「フォルダーのクリーンアップ」を選ぶ（❶～❹）。確認画面で「フォルダーのクリーンアップ」ボタンをクリックすればよい（❺）。これで最新のメールだけ残り、古いメールは自動的に「削除済みアイテム」に移動する

●クリーンアップの結果を確認

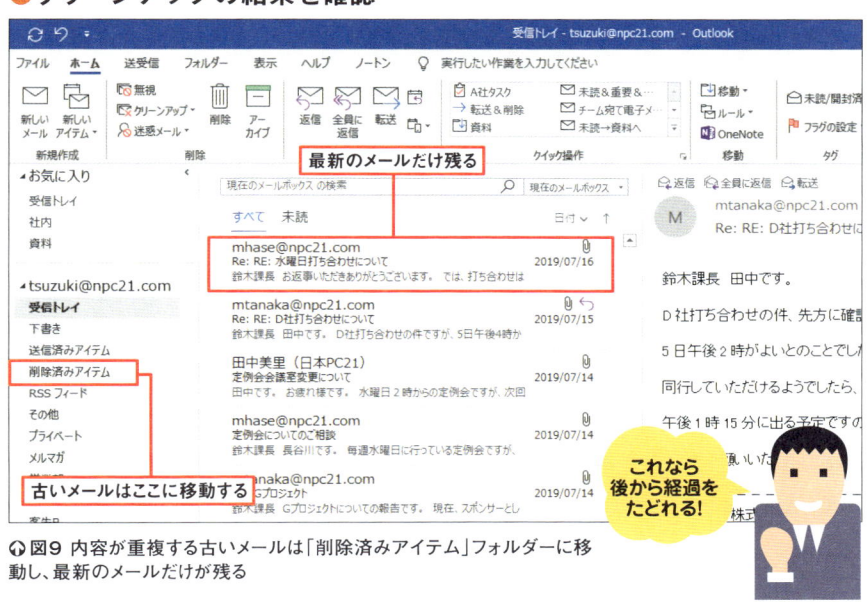

⊕ 図9 内容が重複する古いメールは「削除済みアイテム」フォルダーに移動し、最新のメールだけが残る

古いメールは自動整理
アウトルックを軽快に

「アウトルックの起動が遅い」「フォルダーを開いてもメールがなかなか表示されない」「検索が遅い」などと感じたときは、保存するメールの数が多すぎて、動作が重くなっている可能性がある。アウトルックでは、アカウントごとに「アウトルックデータファイル」（以下、データファイル）という1つのファイルにすべてのメールを格納する仕組みになっている。メールの数が増えるほどデータファイルが肥大化し、読み込みに時間がかかる。送受信したメールが合計数千件というレベルの人は要注意。1万件以上あるなら早急な対策が必要だ。

古いメールは保管庫へ、データサイズを一気に削減

不要なメールの削除は大事だが、削除できるメールには限りがある。メールを削除せず、データファイルを小さくしたいなら、昔のメールを「古いアイテムの整理」機能で"保管庫"に移そう。保管庫に移したメールは、アカウントとは別のファイルで保存されるので、データファイルのサイズを一気に減らせる。

「古いアイテムの整理」を使うには、どのように整理するかをあらかじめ設定する必要がある。オプションの設定画面で「自動整理の設定」を選び、整理対象になるまでの期間とその実行頻度を設定する（**図1～図3**）。

メールが多い人なら、古いアイテムを整理する間隔を短く設定してまめに整理しよう。毎回確認メッセージが表示されるのは手間なので、「自動処理開始前にメッセージを表示する」はチェックを外したほうが時短になる。

何日以上たったメールを整理するかは仕事内容による。長期にわたる仕事が多いのに整理するまでの期間を短くすると、仕事に必要なメールの一部が保管庫に入り、「最初のころのメールがない！」といった事態になりかねないからだ。

「古いアイテムの整理」では、古いメールを削除することもできるが、通常は「古いアイテムを移動する」を選んで、別のメールデータとして残すほうが安全だ。既定では、「ドキュメント」フォルダーの「Outlookファイル」フォルダーに保存される設定になっている。

●2カ月以上前のメールは自動で保管庫へ

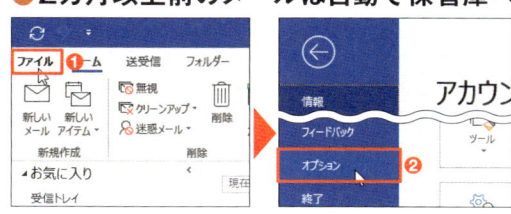

⤴図1 「ファイル」タブで「オプション」を選択（❶❷）。オプション設定画面が開く

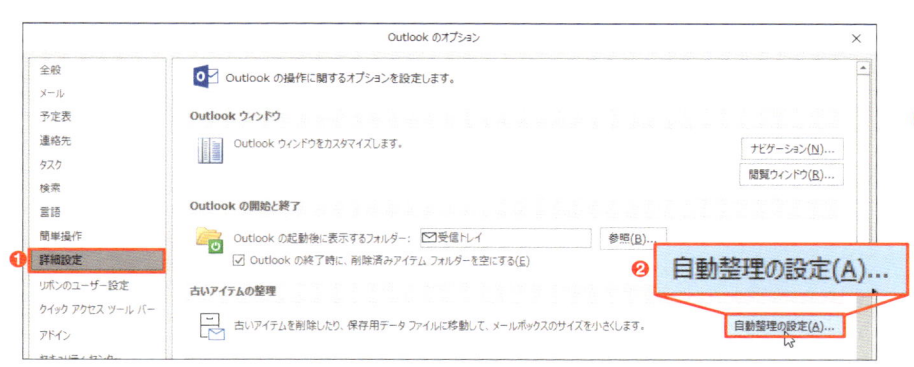

⤴図2 「詳細設定」をクリックし（❶）、「古いアイテムの整理」欄で「自動整理の設定」をクリックする（❷）。「古いアイテムの整理」画面が開く

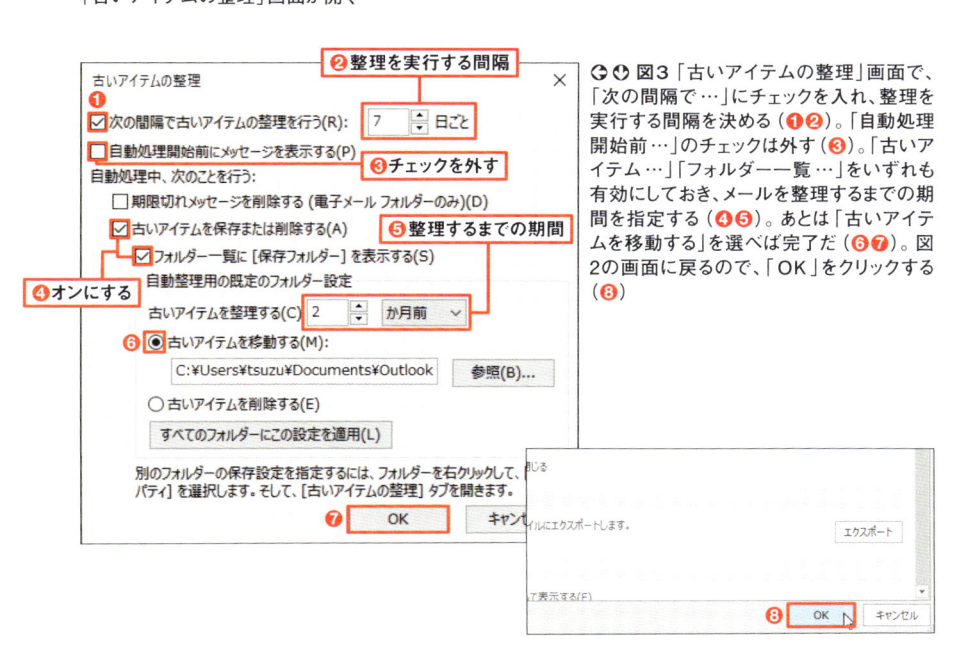

⤴⤵図3 「古いアイテムの整理」画面で、「次の間隔で…」にチェックを入れ、整理を実行する間隔を決める（❶❷）。「自動処理開始前…」のチェックは外す（❸）。「古いアイテム…」「フォルダー一覧…」をいずれも有効にしておき、メールを整理するまでの期間を指定する（❹❺）。あとは「古いアイテムを移動する」を選べば完了だ（❻❼）。図2の画面に戻るので、「OK」をクリックする（❽）

「古いアイテムの整理」は、フォルダーごとに適用するかどうかを指定できる。

整理したいフォルダーのプロパティ画面を開き、整理機能を有効にする（**図4**）。実行のタイミングになれば、利用者が意識することなく自動で整理が進む。

整理されたメールは、フォルダーウィンドウの最下段に表示される「保存先」フォルダーに移る。古いメールを読みたいときはここから開けばよい（**図5**）。

●フォルダーごとに自動整理を適用

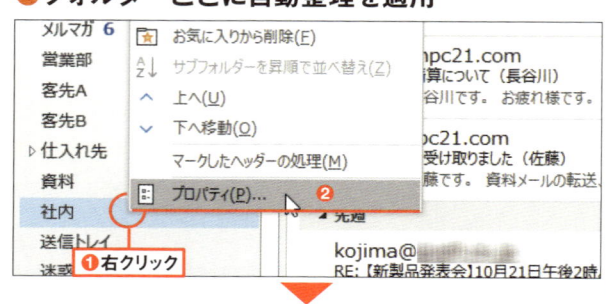

◆図4 フォルダーを右クリックしてプロパティ画面を開く（❶❷）。「古いアイテムの整理」タブにある「このフォルダーのアイテムを既定の設定で保存する」を選ぶ（❸❹）。画面の下にある「OK」を押せばよい（❺）

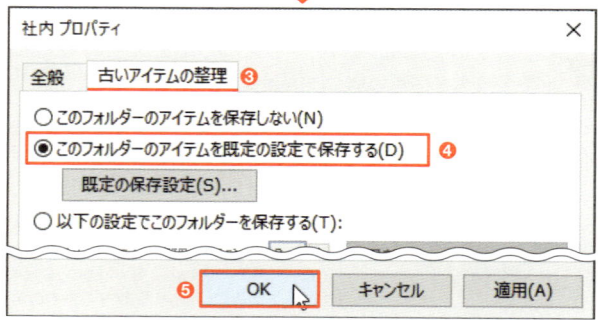

●保管庫のメールもすぐ確認できる

古いメールが自動で移された

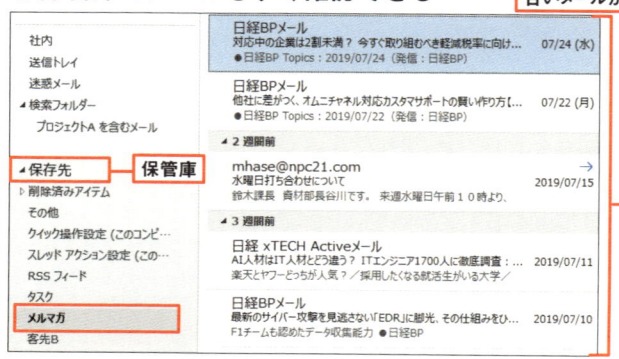

◆図5 図3❷で設定したタイミングになると、アウトルックの起動時などに整理が実行され、図3❺に該当する古いメールが「保存先」に移る。古いメールを読むには「保存先」にある各フォルダーを選べばよい

なお、通常の検索は「現在のメールボックス」内で行われるため、「保存先」フォルダーは対象外になってしまう。過去のメールも含めて検索したいときには、検索対象を「すべてのメールボックス」に広げて探すようにしよう（**図6**）。

●保管庫も含めて検索するには

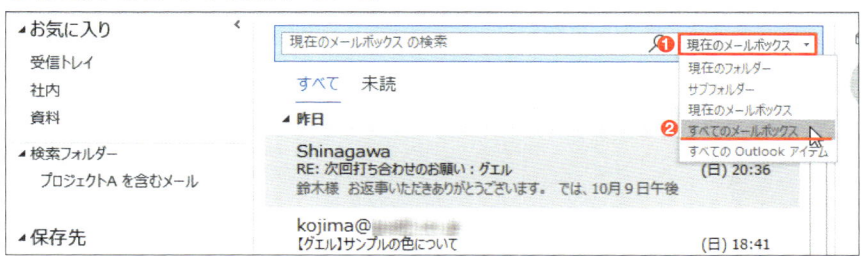

⤴ **図6**　「クイック検索ボックス」での検索は、通常「現在のメールボックス」内で行われる。「古いアイテムの整理」で「保存先」に移動したメールも含めて探すには、「すべてのメールボックス」を選べばよい（❶❷）

アウトルックのデータファイルはどこにある？

　アウトルックのデータファイルには、フォルダー、電子メール、連絡先、予定表、タスク情報など、あらゆるアカウント情報が保存されている。肥大化していないか心配なら、ファイルサイズを確認することもできる。

　POPアカウントを使用している場合、通常は「ドキュメント¥Outlookファイル¥アカウント名.pst」がデータファイルだ。また「保存先」フォルダーのデータは、同じフォルダーに「archive.pst」として保存されている。

　IMAP、Office 365、Exchange、Outlook.comアカウントの場合、メールデータはネット上のメールサーバーに保管されており、アウトルックではその同期コピーをデータファイルとして使用している。保管場所は、「¥Users¥ユーザー名¥AppData¥Local¥Microsoft¥Outlook¥アカウント名.ost」だ（**図A**）。

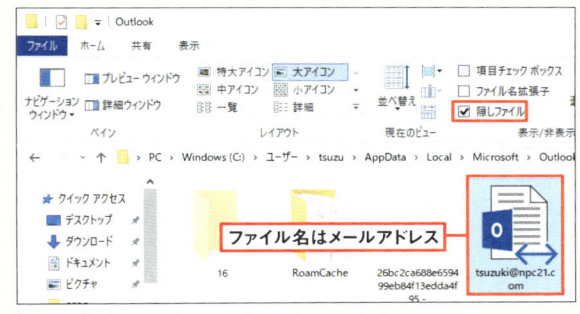

◑ **図A**　「AppData」フォルダーは隠しファイルになっているので、エクスプローラーでは「隠しファイル」を表示する設定にして確認する

最後の仕上げは「データの圧縮」

　スリム化作業でメールの数を減らしても、すぐにはデータファイルが小さくならないことがある。最後の仕上げ データファイルを圧縮しよう。データファイルの管理画面を開いたら、「今すぐ圧縮」ボタンを押せばよい（**図7〜図9**）。すぐに圧縮が実行されて、データファイルのサイズが小さくなる。

●整理後はデータの「圧縮」が必要

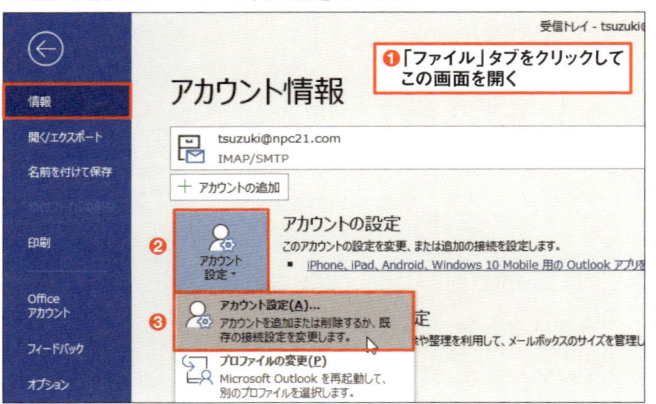

⊖**図7**　仕上げは、メールを保存しているデータファイルの圧縮だ。「ファイル」タブをクリックして「情報」の画面にある「アカウント設定」→、「アカウント設定」を選ぶ（❶〜❸）

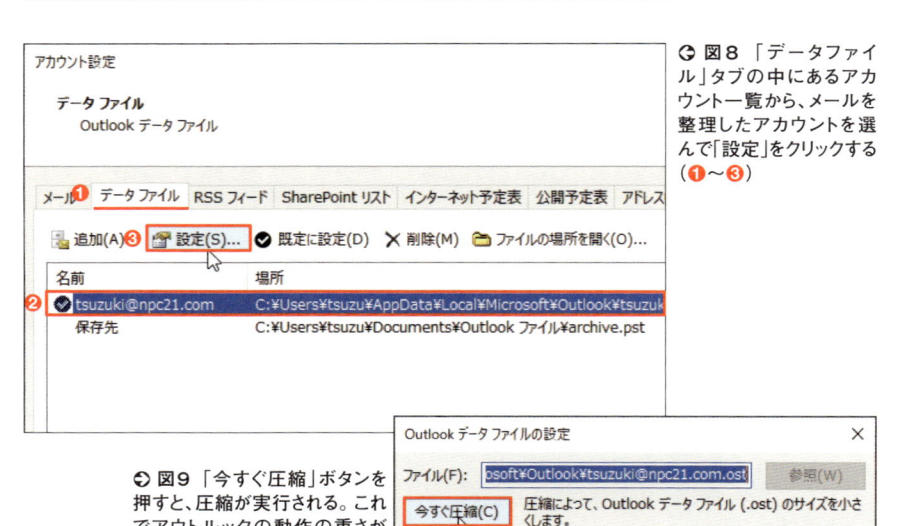

⊖ **図8**　「データファイル」タブの中にあるアカウント一覧から、メールを整理したアカウントを選んで「設定」をクリックする（❶〜❸）

⊖ **図9**　「今すぐ圧縮」ボタンを押すと、圧縮が実行される。これでアウトルックの動作の重さが解消されて、快適に使えるようになる

第3章

超速メール作成術
ドラッグで添付は古い

メール作成はあくまでも文字入力。時短ワザなどないと思っていないだろうか? 時短の基本は「繰り返す作業を自動化する」こと。ビジネスメールの文章は同じパターンの繰り返しが多く、自動化にはうってつけだ。ファイル添付や書式設定といった「慣れた操作」も一度見直してみよう!

- ●定型メールはひな型から自動作成
- ●繰り返す文章は登録して省エネ入力
- ●添付ファイルはドラッグよりメニューから
- ●連絡先は「表示名」が時短の決め手
- ●宛名が違う同一文書を一斉送信

頻繁に出すメールは
クイック操作で一発作成

3分
時短

　チーム全員に定例会の知らせを出すといった場合、同じメンバーに同じ件名でほぼ同じ文面のメールを出すことになる。何度も繰り返す作業は、「クイック操作」（54ページ）に登録するのが一番楽な方法だ。クイック操作なら、同じメールをワンクリックで作成することができる。

　登録するには、「クイック操作」で「新規作成」を選択（図1）。操作名を付け、「メッセージの作成」を選び、宛先が決まっている場合は入力する（図2）。

　宛先以外を登録するには「オプションの表示」をクリックする（図3）。すべての項目を入力する必要はなく、流用できる項目のみ入力すればよい。

　作成したクイック操作をクリックすれば、定型メールが簡単に作成できる（図4）。

●メールを作成する操作を登録

↥図1　「ホーム」タブの「クイック操作」から「新規作成」を選択（❶❷）。「新規作成」がない場合は、右下の三角矢印をクリックしてメニューから選択する

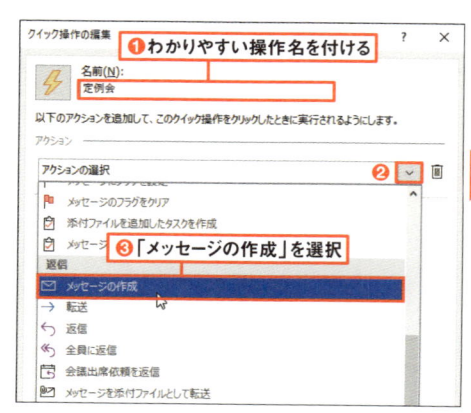

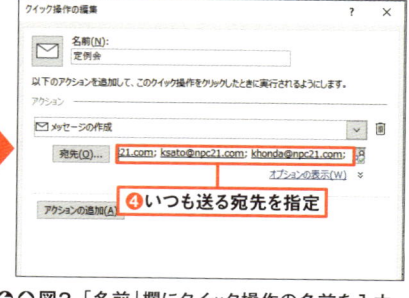

↥↥図2　「名前」欄にクイック操作の名前を入力し、「アクションの選択」欄で「メッセージの作成」を選択（❶～❸）。送る相手が決まっている場合は、「宛先」にメールアドレスを入力する（❹）

●定型メールの内容を指定

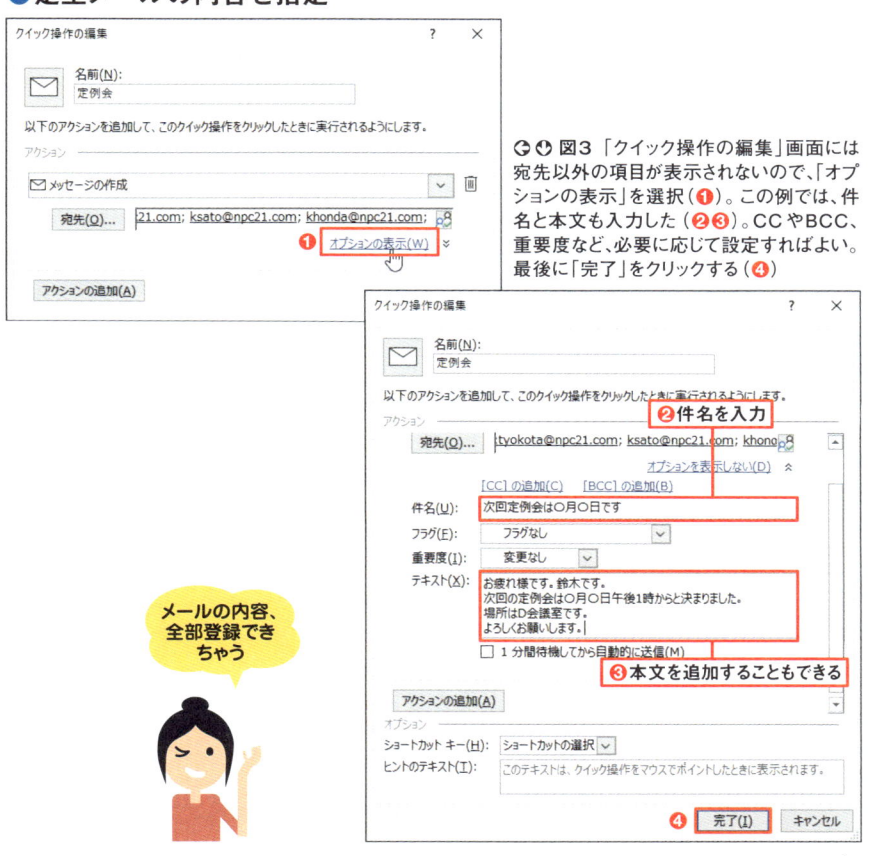

●● 図3 「クイック操作の編集」画面には宛先以外の項目が表示されないので、「オプションの表示」を選択(❶)。この例では、件名と本文も入力した(❷❸)。CCやBCC、重要度など、必要に応じて設定すればよい。最後に「完了」をクリックする(❹)

メールの内容、全部登録できちゃう

❷件名を入力

❸本文を追加することもできる

●クイック操作で定型メールを作成

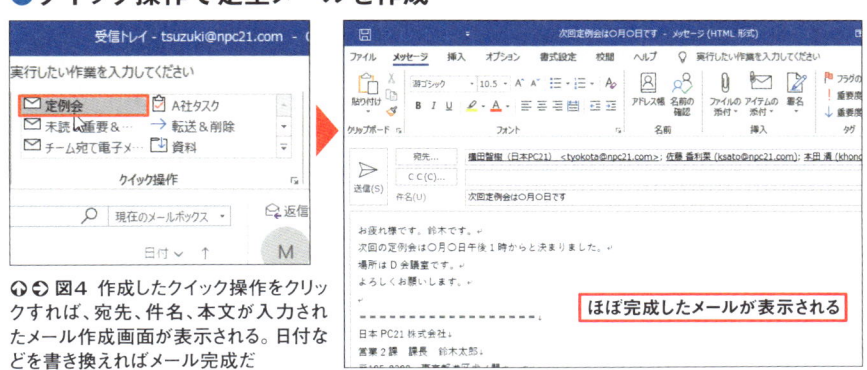

●● 図4 作成したクイック操作をクリックすれば、宛先、件名、本文が入力されたメール作成画面が表示される。日付などを書き換えればメール完成だ

ほぼ完成したメールが表示される

93

定型メールはテンプレートで瞬時に作成

　定型メールはクイック操作で作るのが一番速い。しかし、クイック操作は登録数が増えると選びづらくなる。また、クイック操作で作るメールには書式が設定できないというのも弱点だ。打ち合わせの依頼、見積書やサンプルの送付、展示会の案内、礼状など、ビジネスでは同じような文面を少しずつ変えて使う場面が多いので、すべてをクイック操作に登録するのはかえって効率が悪い。そこで、==使用頻度の高い定型メールはクイック操作に登録し、それ以外のメールや書式設定が必要なメールは「テンプレート」で作成するのがお勧め==。

　テンプレートは「ひな型」とも呼ばれるもので、通常のメールとは違う形式で保存される。==作成したメールをテンプレートとして登録しておけば、いつでも呼び出して利用でき、宛先などはその都度変更することもできる==（**図1**）。HTMLメールでも問題ない。

　テンプレートの作り方は、通常のメールと同じ。「ホーム」タブで「新しいメール」を選び、元になるメールを作成する。宛先や件名は入力しておいてもよいし、同じ本文を多くの人に送るなら宛先は空欄のままでもよい。

必要な部分だけ書き換えて送れるテンプレート

テンプレートとして保存
複数の人に送るなら「宛先」を空欄に

開くと入力済み新規メールに
テンプレートを開き、「宛先」を入力すれば送れる

Aさん
Bさん
Cさん

⬆**図1** テンプレートとして保存したメールを呼び出すと、テンプレート自体はそのまま残り、同じ内容・書式の新規メールを作成できる。通常のメールと同様、宛先などを変更できるので、同じメールだけでなく似たようなメールを作成する際にも利用できる

作成できたら「ファイル」から「名前を付けて保存」を選び、「ファイルの種類」で「Outlookテンプレート」を選択すると、自動的にファイルの拡張子が「.oft」に変わる（**図2、図3**）。デスクトップなど、わかりやすい場所に保存しよう。テンプレートの元にしたメールは、不要なら削除してかまわない（**図4**）。

●テンプレートとして保存

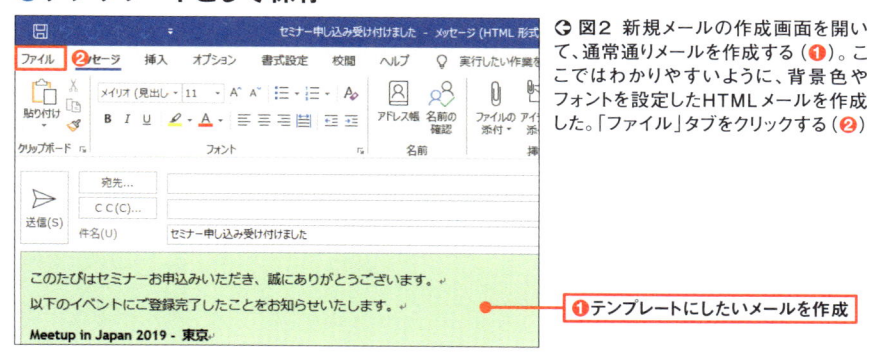

🔄 図2 新規メールの作成画面を開いて、通常通りメールを作成する（**❶**）。ここではわかりやすいように、背景色やフォントを設定したHTMLメールを作成した。「ファイル」タブをクリックする（**❷**）

❶テンプレートにしたいメールを作成

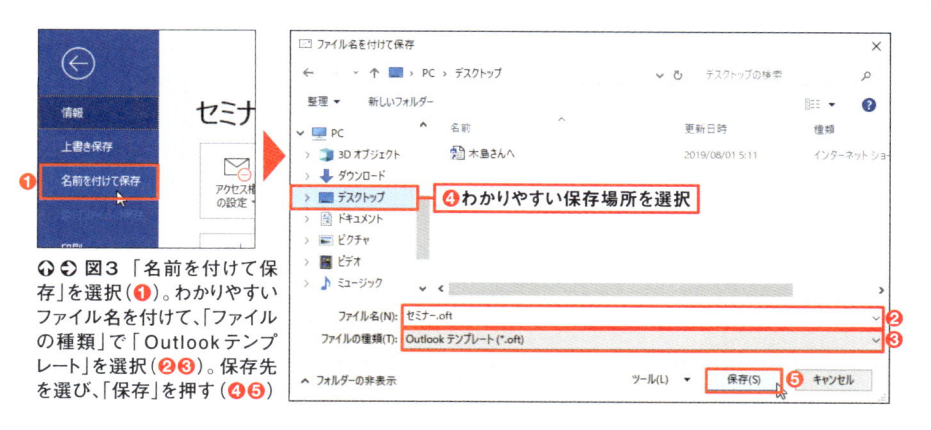

🔼🔄 図3 「名前を付けて保存」を選択（**❶**）。わかりやすいファイル名を付けて、「ファイルの種類」で「Outlook テンプレート」を選択（**❷❸**）。保存先を選び、「保存」を押す（**❹❺**）

❹わかりやすい保存場所を選択

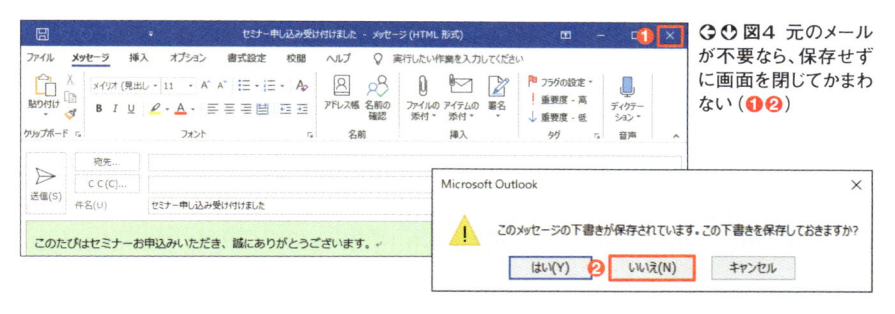

🔄🔄 図4 元のメールが不要なら、保存せずに画面を閉じてかまわない（**❶❷**）

テンプレートを呼び出して使う

テンプレートを使って新規メールを作成してみよう。保存したテンプレートファイルを開くと、新規メール作成画面が開く（**図5、図6**）。変更が必要な箇所だけ書き換えて送信すればOKだ。

●テンプレートからメールを作成

保存したテンプレートを開く

⊙ **図5** テンプレートを使うときには、エクスプローラーなどで保存したテンプレートファイルを開けばよい。この例ではデスクトップに保存したので、そのままダブルクリックで開く

⊙ **図6** テンプレートと同じ内容の新規メール作成画面が表示される。このメールであれば、宛先さえ入力すれば送信できる。なお、アウトルックを起動していなくてもテンプレートからメールを作成できるが、実際に送信されるのはアウトルックの起動時となる

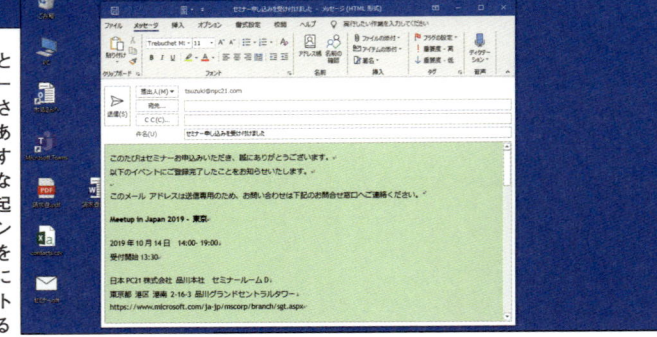

Memo

既定のメールソフトをアウトルックに設定

ブラウザーなどでメールへのリンクをクリックすると、アウトルックではなく別のメールソフトが起動してしまうことがある。普段アウトルックを使っているなら、既定のメールソフトをアウトルックに変更しておこう（**図A**）。

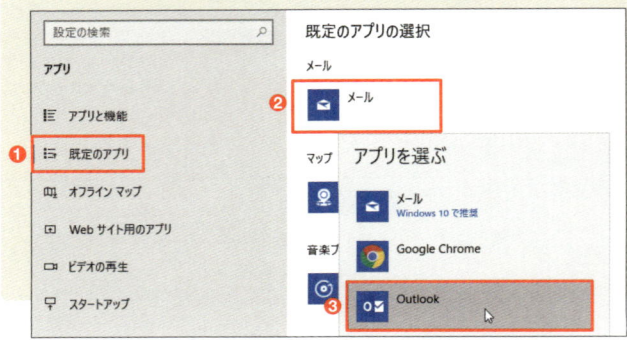

⊙ **図A** ウィンドウズ10の「設定」画面を開き、「アプリ」を選択。「既定のアプリ」を選んで「メール」をクリックし（❶❷）、「Outlook」を選択する（❸）

テンプレートを変更、削除するには

作成したテンプレートを開いてみたら、「間違っている!」ということもある。そんなときは、テンプレートを開いてメール作成画面を表示させ、必要な修正を行う（**図7**）。「ファイル」から「名前を付けて保存」を選択し、元のテンプレートとまったく同じファイル名で上書き保存すればよい（**図8**）。

不要になったテンプレートは、通常のファイルと同様に削除できる（**図9**）。

●テンプレートのミスを修正、不要なら削除

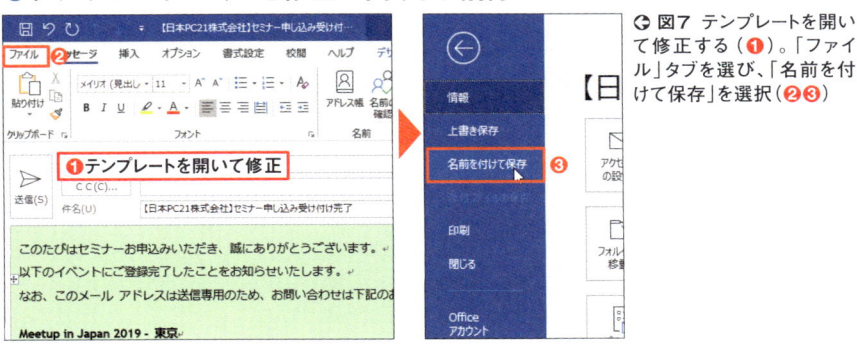

⊖ **図7** テンプレートを開いて修正する（❶）。「ファイル」タブを選び、「名前を付けて保存」を選択（❷❸）

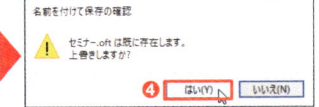

⊖⊕ **図8** 「ファイルの種類」から「Outlookテンプレート」を選択（❶）。修正前のテンプレートと同じ名前を指定し、「保存」を押す（❷❸）。上書き保存の確認画面で「はい」を押す（❹）

⊖ **図9** 不要になったテンプレートはエクスプローラーなどで削除すればよい。デスクトップに保存したテンプレートなら、選択して「Delete」キーを押せば削除できる（❶❷）

Section 03 Outlook

署名機能をフル活用 ひな型的に利用する

メールで使う定型文の代表格といえば、署名だろう。署名機能はすでに使っている人も多いと思うが、最大限時短と仕事に役立つ使い方を考えていこう。

定型文を含めて署名を作成

署名機能は普通に使っても時短になるが、より効果的に使うにはコツがある。

「署名」という名前ではあるが、要は文字列の自動入力機能。署名だけでなく、挨拶文など常に入力する文言をまとめて登録することで、文字入力の手間を省くことができる。

署名を登録するには、「オプション」画面で「メール」を選び、「署名とひな形」の設定画面を呼び出す（**図1～図3**）。定型文も含めて署名を作成してみよう（**図4**）。

最初に作成した署名を保存すると、自動的に既定の署名として設定される（**図5**）。返信や転送メールにも署名を表示したいなら、「返信/転送」でも署名を選択する（**図6**）。これでメール作成画面に自動で署名が表示されるようになる。

●基本の署名を作成

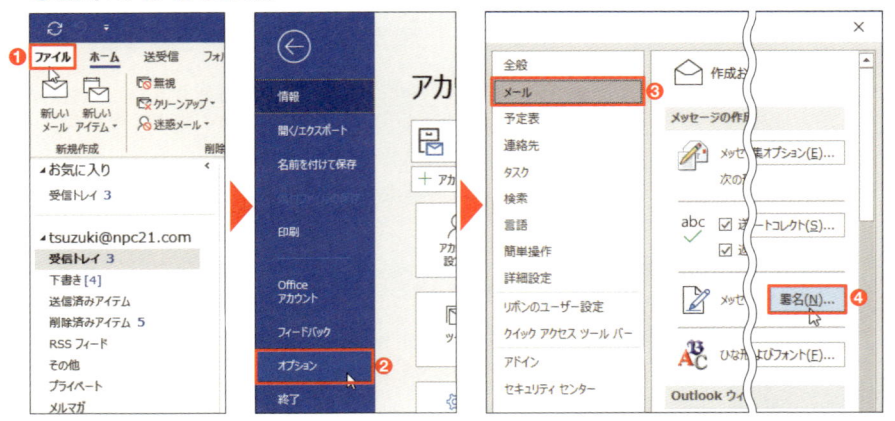

⤴ **図1** 署名の登録や変更を行うには、「ファイル」タブで「オプション」を選択（❶❷）。「メール」の設定画面で「署名」を選択する（❸❹）

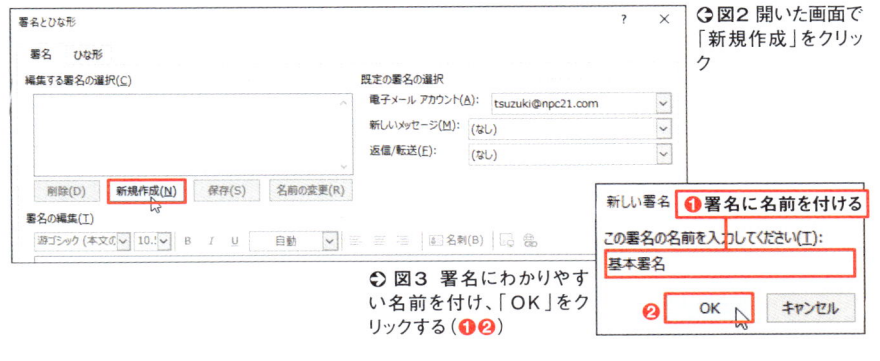

⏎図2 開いた画面で「新規作成」をクリック

⏎図3 署名にわかりやすい名前を付け、「OK」をクリックする（❶❷）

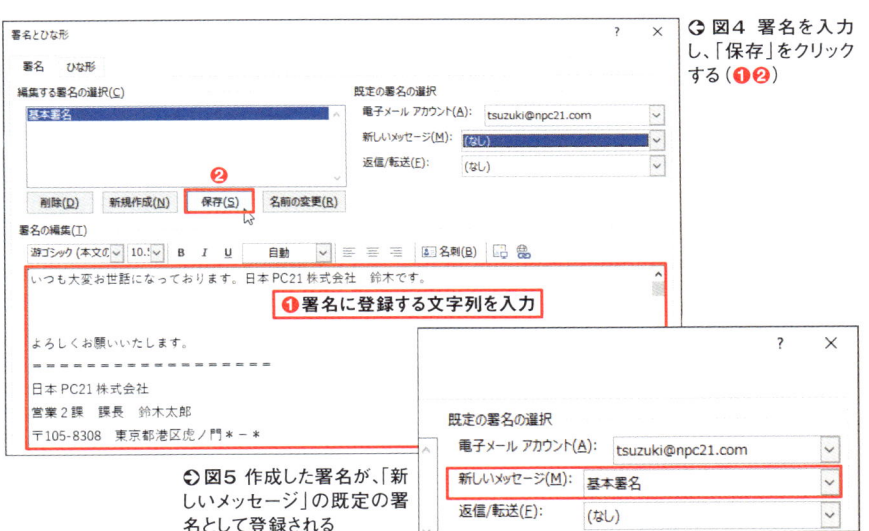

⏎図4 署名を入力し、「保存」をクリックする（❶❷）

❶署名に登録する文字列を入力

⏎図5 作成した署名が、「新しいメッセージ」の既定の署名として登録される

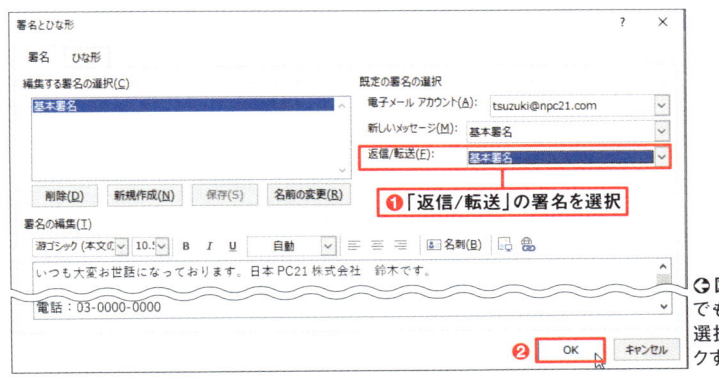

❶「返信/転送」の署名を選択

⏎図6 「返信/転送」でも登録した署名を選択し、「OK」をクリックする（❶❷）

アカウントごとに署名を使い分ける

　署名機能では、複数の署名を登録することができ、<mark>メールアカウントごとに「既定の署名」を指定できる</mark>（**図7**）。プライベートや仕事先以外とのやり取りに使うフリーメールアドレスなどを持っているなら、仕事用の署名の使い回しは情報漏洩にもつながるので避けたい。アドレスの用途に応じて、それぞれ既定の署名を登録すれば、メールの作成がスムーズになる。

●仕事相手以外には別の署名で対応

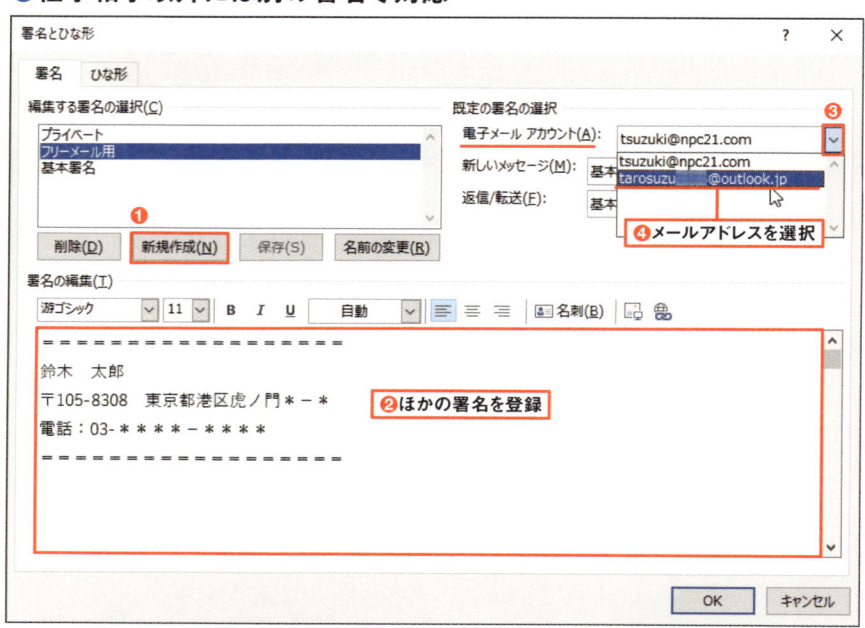

↑↓ **図7** 署名の設定画面を開き、「新規作成」を選んでわかりやすい名前を付け、新しい署名を登録する（❶❷）。「電子メールアカウント」欄で普段とは異なるアドレスを選択する（❸❹）。「新しいメッセージ」と「返信/転送」で、新規に登録した署名を選択する（❺❻）

これで署名は全自動ね

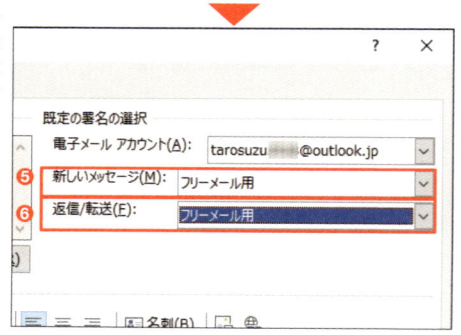

簡単に呼び出せる署名をひな型代わりに利用

　ここまでは「既定の署名」を使って自動入力する方法を説明してきたが、署名はメールごとに手動で切り替えることもできる。同じアカウントでも客先用と社内用の署名を変えるといった使い方が一般的だが、ここではその機能を使って、署名にメールの全文を登録し、テンプレートのように使う方法を紹介する（**図8、図9**）。

　背景色などは指定できないが、文字書式は指定できる。定型メールはテンプレート（94ページ）などでも登録できるので、使いやすい機能で登録しよう。

●署名に定型メールを登録

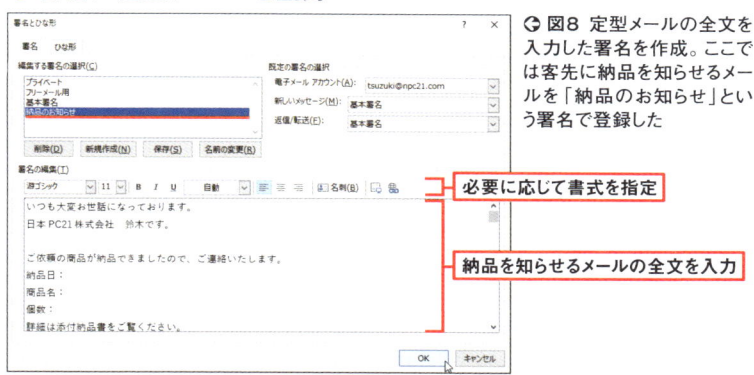

○ **図8** 定型メールの全文を入力した署名を作成。ここでは客先に納品を知らせるメールを「納品のお知らせ」という署名で登録した

必要に応じて書式を指定

納品を知らせるメールの全文を入力

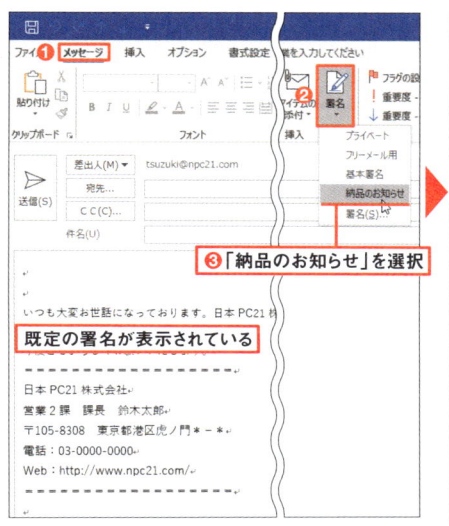

❸「納品のお知らせ」を選択

既定の署名が表示されている

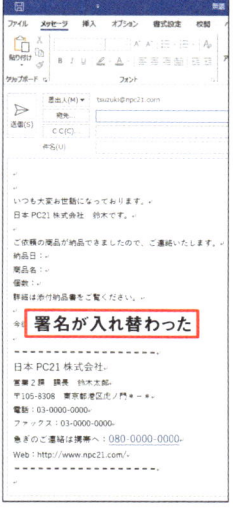

○ **図9** 新規メールの作成画面を開くと、既定の署名が表示される。「メッセージ」タブの「署名」から図8で作成した「納品のお知らせ」を選ぶと（❶～❸）、署名が入れ替わる

署名が入れ替わった

署名なのに本文も入力できた

5分時短

登録方法で変わる定型文使い回し術

　手紙であれメールであれ、ビジネス文書では数多くの定型文が使われる。「気持ちを込めて毎回入力する」という人を止めはしないが、時短を目指すなら同じ文言を何度も入力しない工夫が必要だ。

　メールで定型文を簡単に入力する方法は、主に3つある（**図1**）。メールを作成するたびに入力する挨拶文などは、署名と一緒に登録すれば毎回自動的に表示されるので楽だ（98ページ）。メールの内容次第で必要になる定型文の登録先としては、「IME」か「クイックパーツ」が考えられる。

　メール以外でもよく使う文章であれば、登録先はIME。IMEは日本語のかな漢字変換を行うソフトのこと。IMEの辞書に登録すると、入力時に変換候補として表示されるようになり、アウトルック以外でも利用できる。ウィンドウズ標準の「Microsoft IME」では「単語の登録」という名称だが、単語だけでなく60文字以内の文章も登録できるので、定型文の登録にはもってこいだ。60文字以上の文章や改行などを含む文章なら、クイックパーツというアウトルックの登録機能を使う。

第3章

超速メール作成術
ドラッグで添付は古い

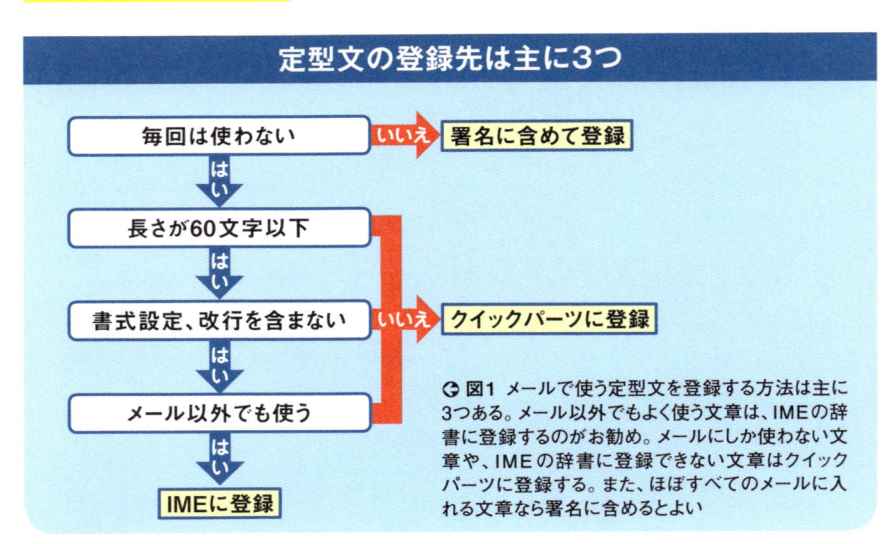

定型文の登録先は主に3つ

毎回は使わない → **いいえ** → 署名に含めて登録
↓ はい
長さが60文字以下
↓ はい
書式設定、改行を含まない → **いいえ** → クイックパーツに登録
↓ はい
メール以外でも使う
↓ はい
IMEに登録

○**図1** メールで使う定型文を登録する方法は主に3つある。メール以外でもよく使う文章は、IMEの辞書に登録するのがお勧め。メールにしか使わない文章や、IMEの辞書に登録できない文章はクイックパーツに登録する。また、ほぼすべてのメールに入れる文章なら署名に含めるとよい

2文字で定型文を入力できるIMEの単語登録

「Microsoft IME」での登録方法から見ていこう。

登録の手間を省きたいなら、メール作成画面などで登録したい文章を選択してから作業を始める（**図2**）。IMEの入力モードボタンから「単語の登録」を選ぶと、選択中の文章が登録する文字列として表示される（**図3**）。

「よみ」には通常漢字の読み仮名を入力するが、定型文の場合は呼び出すためのキーワードと考えよう。「よみ」の文字数が多いと入力時に手間取るので、2～3文字が最適だ。定型文の省略形を登録する場合、「品詞」は「短縮よみ」を選択するとよい。登録が済むと、変換候補に登録した定型文が表示され、簡単に入力できるようになる（**図4**）。

●IMEの単語登録で定型文を登録

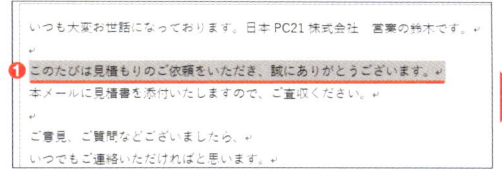
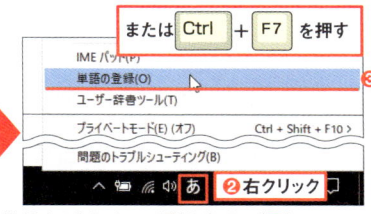

◑ 図2 メール作成画面などで登録したい文章を選択してから登録すると入力の手間を省ける（❶）。IMEの入力モードボタンを右クリックして「単語の登録」を選択（❷❸）

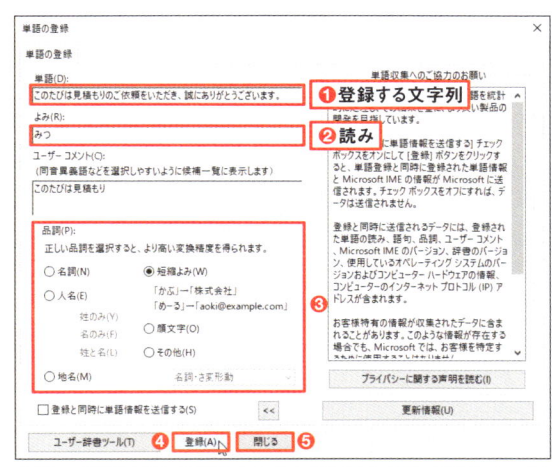

◑ 図3 「単語」欄には選択中の文字列が入る（❶）。覚えやすい「よみ」を入力（❷）。「品詞」は「短縮よみ」を選択しよう（❸）。「登録」→「閉じる」とクリックする（❹❺）

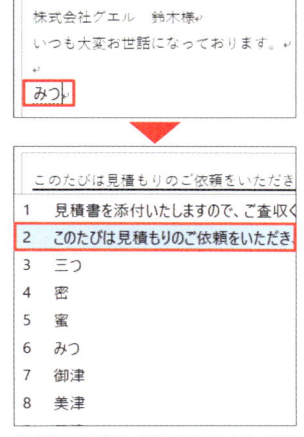

◑ 図4 登録した読みを入力して変換すると、変換候補から定型文が選択できるようになる

長文も書式もOKのクイックパーツ

　アウトルックでのみ使用する定型文や、IMEの文字数制限などを超える定型文は、クイックパーツに登録しよう。クイックパーツは、アウトルックで頻繁に入力する文章を登録するための機能。書式設定した文章や画像も登録できるので、ロゴを含むレターヘッドを登録するといった用途にも使える。ただし、テキスト形式のメールでは書式や画像は使えないので、HTML形式のメールで利用しよう。

　メール作成画面で登録したい文章を選択して登録を始める（**図5**）。「挿入」タブの「クイックパーツ」で「選択範囲をクイックパーツギャラリーに保存」を選択する。クイックパーツのタイトルを入力すれば登録完了（**図6**）。

　登録したクイックパーツを使うには、「挿入」タブの「クイックパーツ」を開いて、使いたいパーツを選択すればよい（**図7**）。

●クイックパーツに定型文を登録

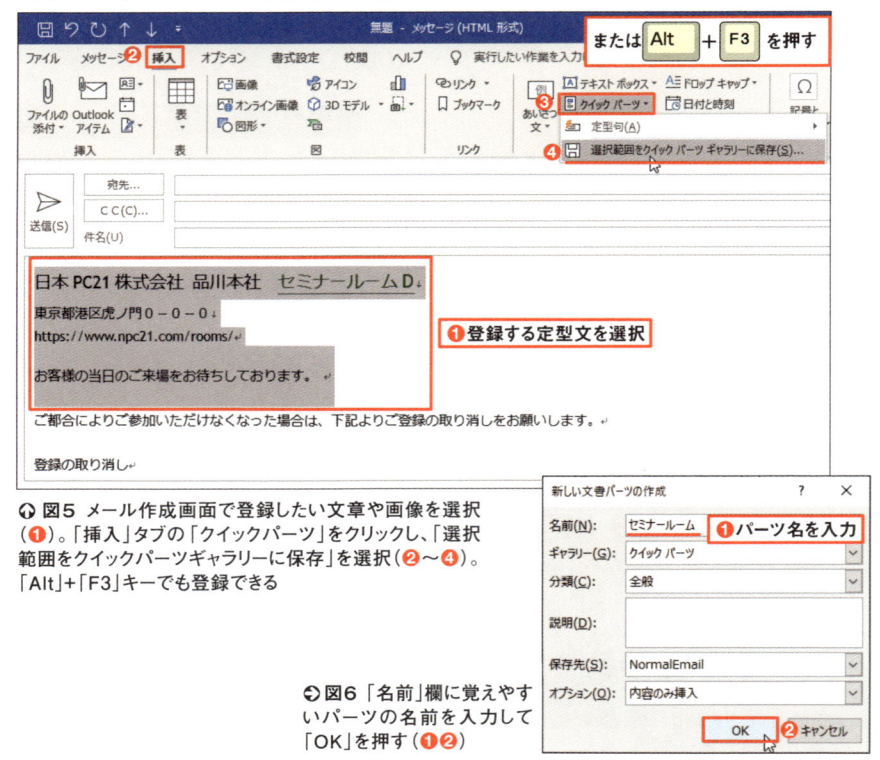

↑ **図5** メール作成画面で登録したい文章や画像を選択（❶）。「挿入」タブの「クイックパーツ」をクリックし、「選択範囲をクイックパーツギャラリーに保存」を選択（❷〜❹）。「Alt」+「F3」キーでも登録できる

↪ **図6** 「名前」欄に覚えやすいパーツの名前を入力して「OK」を押す（❶❷）

●登録したクイックパーツをメールに挿入

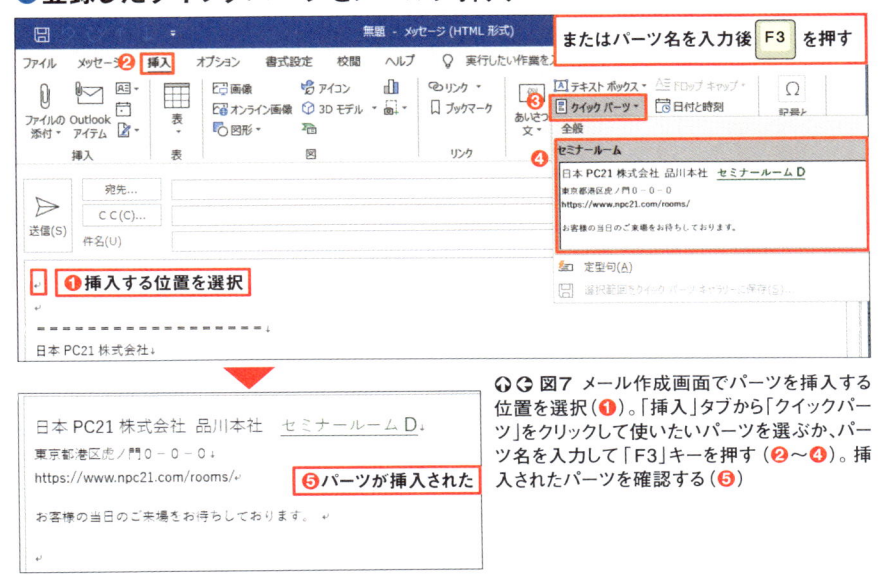

❶挿入する位置を選択

またはパーツ名を入力後 F3 を押す

❺パーツが挿入された

○⊖ 図7 メール作成画面でパーツを挿入する位置を選択（❶）。「挿入」タブから「クイックパーツ」をクリックして使いたいパーツを選ぶか、パーツ名を入力して「F3」キーを押す（❷～❹）。挿入されたパーツを確認する（❺）

　登録したクイックパーツを修正する場合は、正しい定型文を同じ名前で登録することで上書きする。不要なクイックパーツを整理するには、クイックパーツを右クリックし、「整理と削除」を選んで「文書パーツオーガナイザー」から削除する（**図8**）。

●クイックパーツの削除はオーガナイザーから

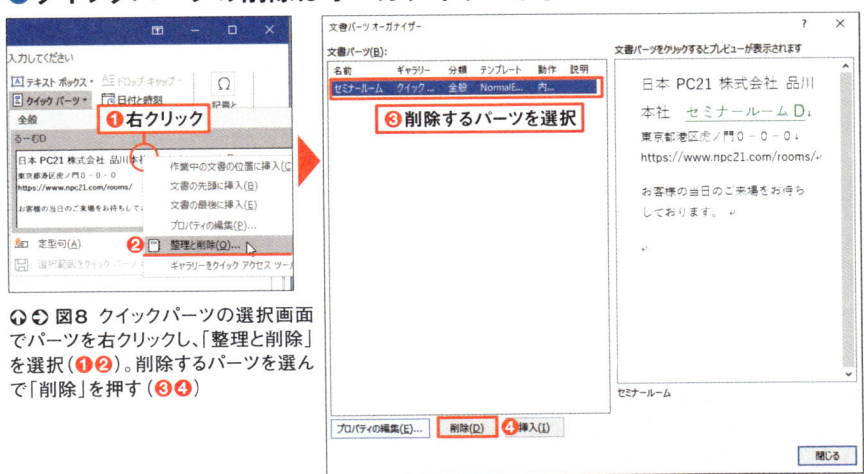

❶右クリック

❸削除するパーツを選択

○⊖ 図8 クイックパーツの選択画面でパーツを右クリックし、「整理と削除」を選択（❶❷）。削除するパーツを選んで「削除」を押す（❸❹）

3分
時短

ファイルの最速添付は「最近使ったアイテム」から

作成した書類のファイルをメールに添付する際は、そのファイルをエクスプローラーで探し、メール作成画面にドラッグする、というのが定番だ（**図1**）。慣れた方法を使うのもいいが、アウトルック2016からはもっと簡単に添付できるのをご存じだろうか。

アウトルックで受信した添付ファイルを別の人に転送する、あるいはワードで作成した文書ファイルを客先へ送るなど、最近使ったファイルを添付する機会は多い。送信メールの作成画面に表示される「ファイルの添付」をクリックすると、最近使ったファイルの一覧から添付するファイルを選べる（**図2、図3**）。

この一覧には、アウトルックで保存したファイルはもちろん、エクセルやワードなどのオフィスソフトで最近使用したファイルが表示される。ワードで文書に貼り付けた画像ファイルまで含まれるので、送りたいファイルがここから選べる可能性はかなり高い。ドラッグでファイルを添付するより格段に速いので、ぜひ試してほしい。

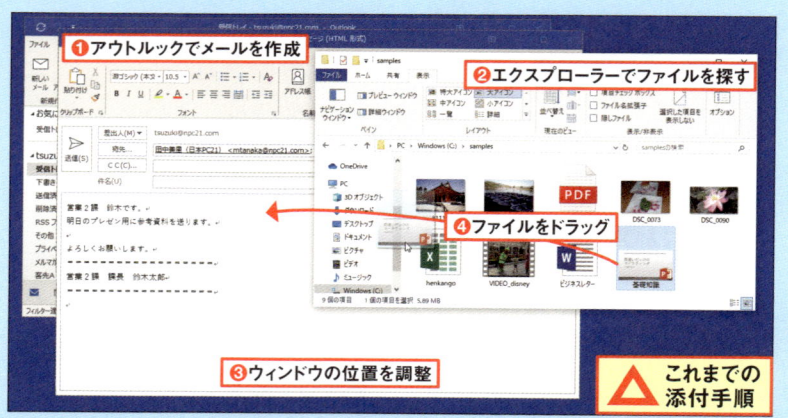

ドラッグでのファイル添付は手間がかかる

❶アウトルックでメールを作成
❷エクスプローラーでファイルを探す
❸ウィンドウの位置を調整
❹ファイルをドラッグ
これまでの添付手順

⬆ **図1** 「ドラッグだけで添付できる」というと簡単そうだが、実際の手順はメールを作成し、エクスプローラーを起動してファイルを探す（❶❷）。両方のウィンドウが見えるように配置を調整して、添付するファイルをドラッグする（❸❹）。添付までの手間がかかりすぎだ

●ファイル添付はアウトルック内で完結

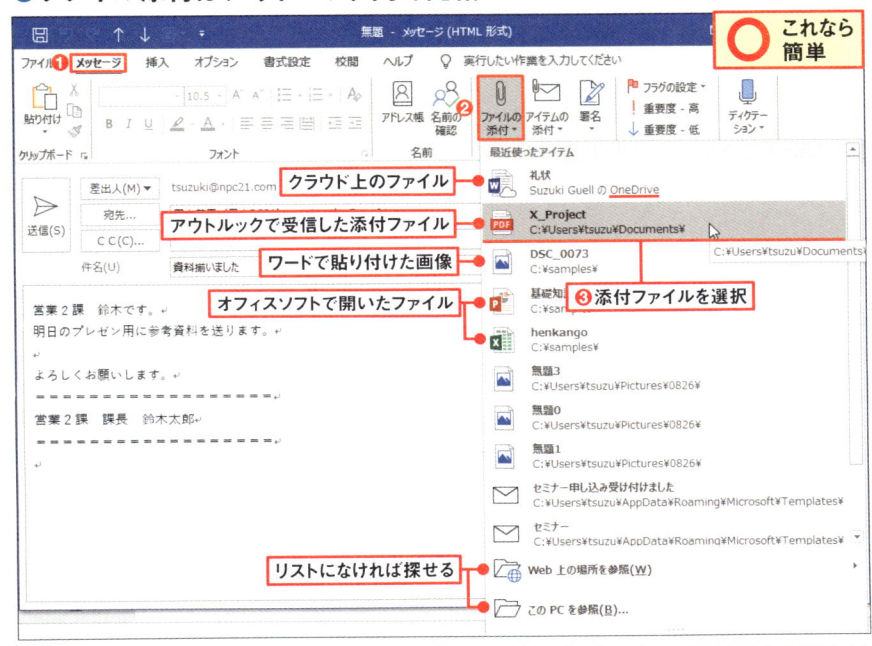

◆図2 アウトルック2016からは、メールを作成したら「メッセージ」タブで「ファイルの添付」（または「挿入」タブから「ファイルの添付」）をクリック（❶❷）。「最近使ったアイテム」がリストアップされるので、送りたいファイルを選ぶだけだ（❸）

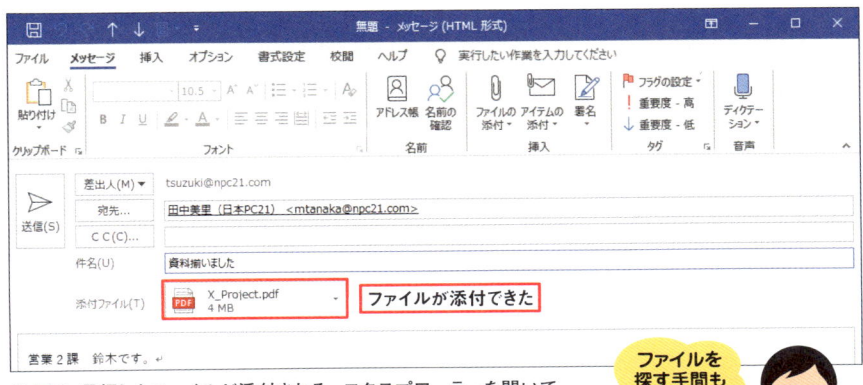

◆図3 選択したファイルが添付される。エクスプローラーを開いてファイルを探す手間がかからないので簡単だ

ファイルを探す手間もいらないわ

3分
時短

ドラッグ添付はもう古い
最初にコピーで簡単添付

前項では「最近使ったアイテム」からのファイル添付方法を紹介したが、添付したいファイルがこのリストにあるとは限らない。リストになさそうなファイルを添付するなら、従来のドラッグによる添付ではなく、コピー・アンド・ペーストがお勧めだ。

前項でも説明したように、添付するファイルをエクスプローラーで探し、メール作成画面にドラッグするのは定番の方法だが、この方法ではドラッグ操作でミスをしたり、両方のウィンドウが見えるようにウィンドウを整理したりと手間がかかる。添付するファイルをコピーし、メール作成画面に貼り付ければ、ドラッグより確実に、そして簡単に添付ファイルを指定できる。

「コピー・アンド・ペーストのファイル添付は常識だよ」という人でも、最初にメールを書いてから添付ファイルを選んでいるなら、まだまだ時短の余地はある。新規作成画面を開き、メールを書いて、エクスプローラーでファイルをコピーし、メール作成画面に戻って貼り付ける、という操作は、こうして文章にするだけでも手間がかかることがわかるだろう（図1）。より時短するには、最初に添付ファイルをコピーしてからメールを作る。その方法を説明していこう。

コピー・アンド・ペーストで時短するには手順が大事

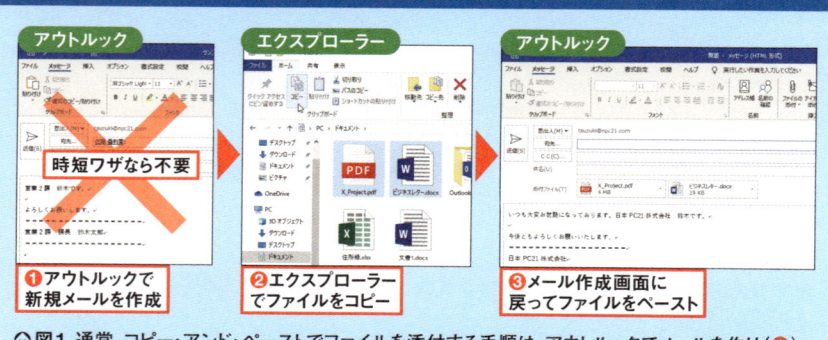

❶アウトルックで
新規メールを作成

❷エクスプローラー
でファイルをコピー

❸メール作成画面に
戻ってファイルをペースト

⬆図1 通常、コピー・アンド・ペーストでファイルを添付する手順は、アウトルックでメールを作り（❶）、エクスプローラーを起動してファイルをコピーしてから（❷）、アウトルックに戻ってメール作成画面でペーストする（❸）。ここで紹介する時短ワザを使えば、画面の切り替えは1回で済む

添付するファイルが決まったら、そのファイルをエクスプローラーなどでコピーする（**図2**）。次にアウトルックの画面を表示し、受信トレイのどこかを選択して貼り付け操作を行う（**図3**）。この2ステップで、ファイルが添付された新規メールの作成画面を開くことができる（**図4**）。この方法なら、添付忘れのままメールを送ることもない。

●最初に添付ファイルをコピー

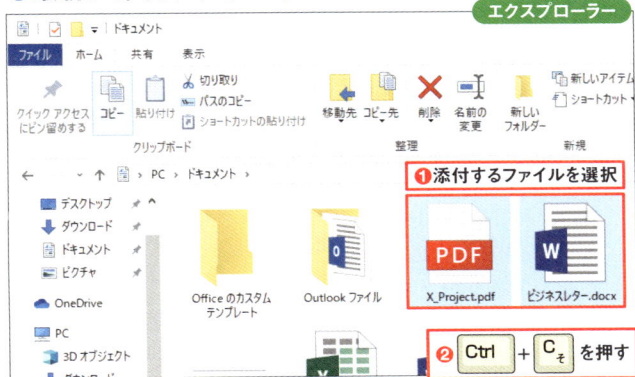

⊖ **図2** エクスプローラーで添付するファイルを選択（**❶**）。添付ファイルは1つでも複数でもかまわない。「Ctrl」+「C」キーを押してコピーする（**❷**）

●ペースト先は受信トレイ!?

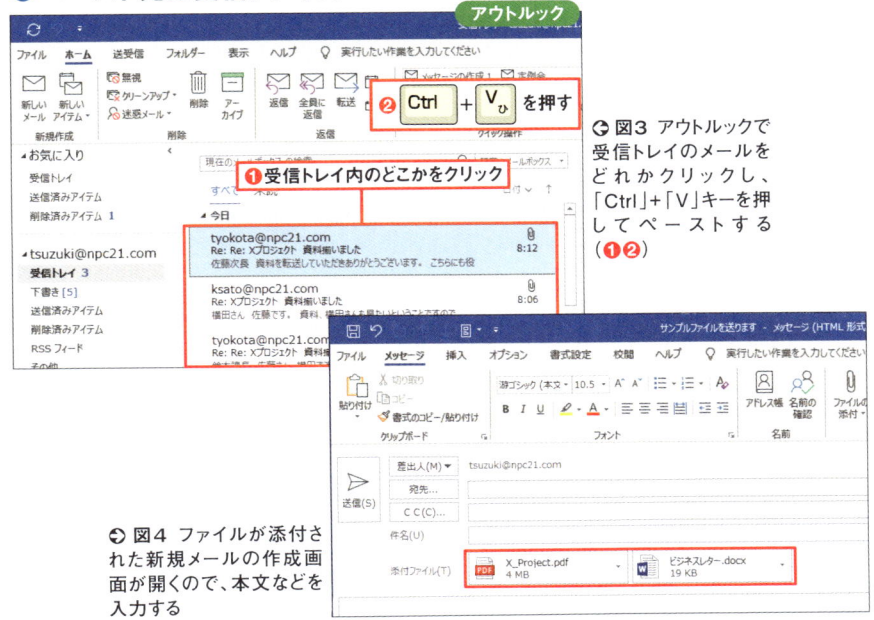

⊖ **図3** アウトルックで受信トレイのメールをどれかクリックし、「Ctrl」+「V」キーを押してペーストする（**❶❷**）

⊖ **図4** ファイルが添付された新規メールの作成画面が開くので、本文などを入力する

画像は「送る」から添付
添付忘れ防止＆自動圧縮

5分
時短

出張先で撮影した写真や商品の画像を添付ファイルとして客先や関係者に送るといったことはよくある。しかし、最近の写真は解像度が高く、通常のファイル添付では「メールで送るには大きすぎる！」という場合も多い（**図1**）。そうなると、いったん添付を取り消し、画像処理ソフトなどでファイルサイズを小さくしてから添付し直すことになり、二度手間どころではない。

お勧めは、エクスプローラーから直接メール作成画面に送る方法だ（**図2**）。この方法では、添付前に画像サイズの縮小ができ、ファイルサイズを確認してから添付することができる（**図3**、**図4**）。複数ファイルをまとめて送ることもでき、先に添付ファイルを選択することで添付忘れも防げる。

なお、この操作でアウトルックではなくほかのメールソフトが起動してしまう場合は、ウィンドウズの既定のアプリを変更しておくとよい（96ページ）。

第3章
超速メール作成術
ドラッグで添付は古い

添付後にサイズが気になる画像ファイル

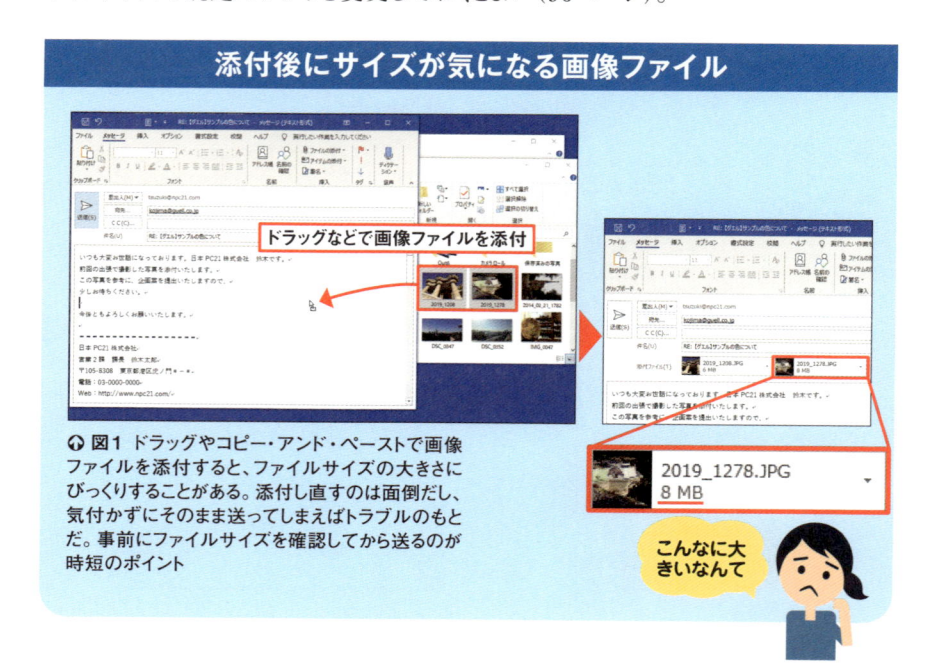

ドラッグなどで画像ファイルを添付

2019_1278.JPG
8 MB

こんなに大きいなんて

⚠ 図1 ドラッグやコピー・アンド・ペーストで画像ファイルを添付すると、ファイルサイズの大きさにびっくりすることがある。添付し直すのは面倒だし、気付かずにそのまま送ってしまえばトラブルのもとだ。事前にファイルサイズを確認してから送るのが時短のポイント

●「送る」メニューから添付でサイズも指定

⬆図2 エクスプローラーで送りたい写真をすべて選択し、その中の1枚を右クリック（❶）。「送る」メニューから「メール受信者」を選択する（❷❸）

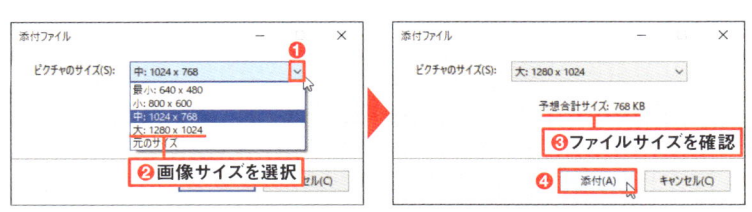

⬆図3 画像サイズの選択画面が表示されるので、送りたい画像サイズを選ぶ（❶❷）。ファイルサイズが表示されるので確認し、大きすぎるようなら選択し直してから「添付」を押す（❸❹）

⬅ 図4 アウトルックが起動し、添付ファイル付きの新規メール作成画面が開く。確認し、件名や本文を修正して送信する

大きいファイルは
クラウド経由で楽々送受信

**5分
時短**

添付ファイルには大きな注意点がある。送信側、受信側のメールサーバーなどの環境によって、<mark>送れるファイルの最大容量が制限される</mark>ことだ。企業のメールサーバーでは、1通当たりの受信サイズを3メガバイト前後にしていることが多い。<mark>安心して送れるのは、2メガバイト以内</mark>というイメージだ。

特に最近はスマートフォンでメールを見る人も増え、受け取れないことや、受信に時間がかかりすぎることがよくある。添付ファイルが途中ではじかれてしまうと、<mark>メール自体も届かない</mark>。相手はメールが来たことに気付かず、送信側は送ったと思い込んでいるので始末が悪い。大きなファイルは送り方に注意しないと、トラブルのもとだ。

ウィンドウズ標準のワンドライブはアウトルックと相性抜群

<mark>大きなファイルは、添付ファイルではなく、クラウドストレージの共有機能やファイル転送サービスを使う手がある</mark>（**図1**）。こうしたサービスでは、ファイルをクラウド上にアップロードし、リンク先を書いたメールを送るのが一般的。添付ファイルがないメールならスマホでも受信でき、手が空いたときにパソコンでダウンロードできる。

ただし、クラウドサービスによっては企業での使用が制限されていたり、知らないサービスにアクセスすることを嫌う人もいる。そうした制限を受けにくいのが、マイクロソフトが運営する「OneDrive」（ワンドライブ）だ。

ワンドライブはウィンドウズ標準のクラウドストレージ。ウィンドウズ10にマイクロソフトアカウントでサインインしていれば、エクスプローラーからサインイン不要でアクセスできることもあり、ビジネスでも利用する人は多い［注］。マイクロソフトアカウントさえあれば無料で5ギガバイト、「オフィス365」ユーザーなら1テラバイトまで利用できる。

通常、ワンドライブでファイルを共有する場合は、ワンドライブのウェブサイトにアクセスし、ファイル共有の設定をするのだが、<mark>アウトルックなら簡単にワンドライブ上のファイルを送信できる</mark>。

準備として、エクスプローラーを使い、送信するファイルをワンドライブにアップロードしておく（**図2**）。

［注］ウィンドウズ10にマイクロソフトアカウントでサインインしていなくても、図2の「OneDrive」フォルダーをクリックし、開く画面でサインインして設定すれば利用できる

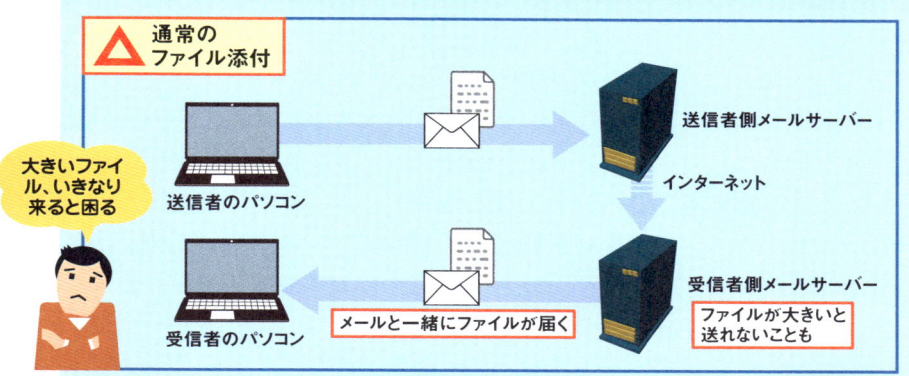

添付ファイルとリンクファイルはここが違う

△ 通常の
ファイル添付

送信者のパソコン → 送信者側メールサーバー

インターネット

大きいファイル、いきなり来ると困る

受信者のパソコン ← 受信者側メールサーバー

メールと一緒にファイルが届く

ファイルが大きいと送れないことも

○ ファイルは
クラウド経由

送信者のパソコン → ワンドライブ → 送信者側メールサーバー

インターネット

受信者のパソコン ← 受信者側メールサーバー

リンクが記されたメールが届く

⬆ **図1** 通常のファイル添付では、メールとファイルが一緒に送られるため、メールサーバーによっては拒否されることもある。また、受信時に自動的にダウンロードされるため、受信者の負担にもなる。クラウド経由ならファイルはクラウド上なので、受信者は手が空いたときにダウンロードすればよい

●送信するファイルをワンドライブにアップロード

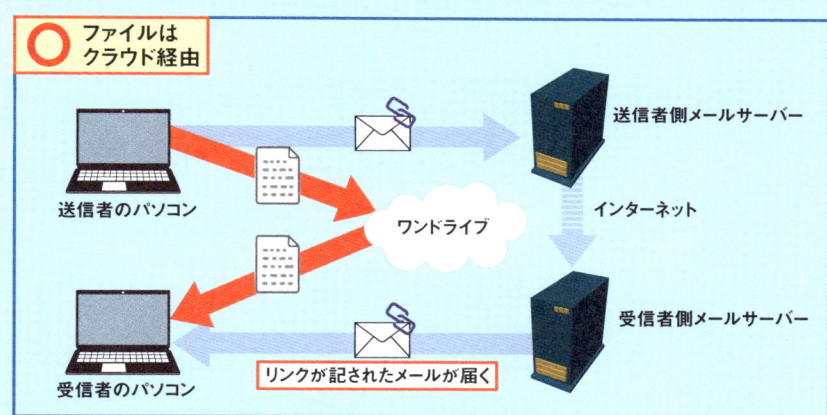

コピーするには Ctrl を押しながらドラッグ

⬅ **図2** エクスプローラーを開き、送信するファイルを「OneDrive」に入れる。ファイルを移動する場合はドラッグ、コピーする場合は「Ctrl」キーを押しながらドラッグする

アウトルックのメール作成画面で「ファイル添付」から「Web上の場所を参照」を選び、「OneDrive」を選択（**図3**）。送りたいファイルを選ぶと（**図4**）、リンクだけ送信するか、通常のファイル添付と同様にファイルのコピーを送るかを選択できる（**図5**）。リンクを選んだ場合も、一見ファイルが添付されたように見えるが、これはただのリンク。アイコンに雲マークが付いているのがその印だ。リンクで送信した場合は誰でも編集可能なファイルとして送られるため、見せるだけのファイルであればアクセス許可を「…表示可能」に変更したほうがよい（**図6、図7**）。

メールにはワンドライブへのリンクファイルが添付されるので送受信に時間がかからず、好きなタイミングでワンドライブからファイルをダウンロードできる（**図8、図9**）。

なお、このリンク送信機能は、メール形式をHTMLにしていないと利用できないので注意しよう。

●ワンドライブにあるファイルを添付する

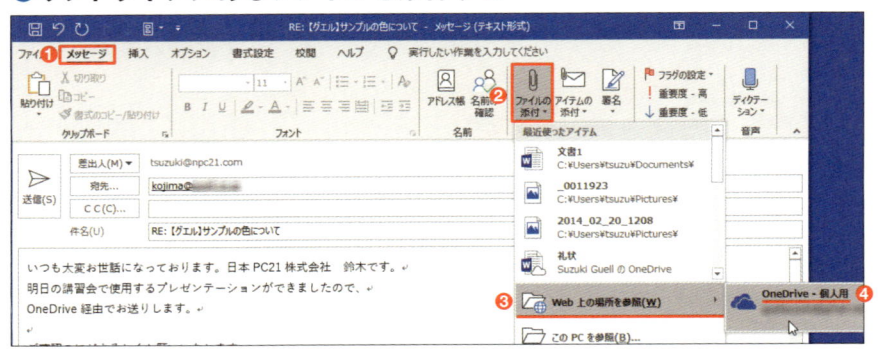

⤴ **図3** メールを作成したら「メッセージ」タブで「ファイルの添付」（または「挿入」タブから「ファイルの添付」）をクリック（❶❷）。「Web上の場所を参照」で「OneDrive」を選択（❸❹）

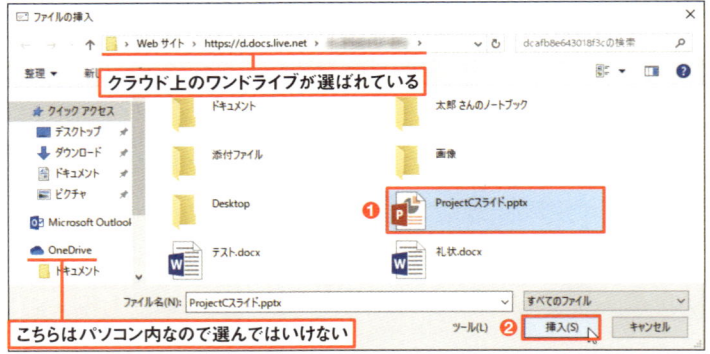

◓ **図4** クラウド上のワンドライブが選択されているので、添付するファイルを選択し、「挿入」をクリックする（❶❷）

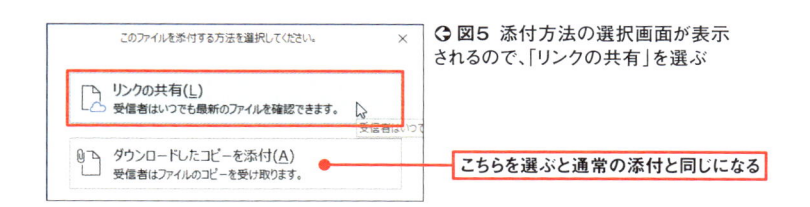

⊕ **図5** 添付方法の選択画面が表示されるので、「リンクの共有」を選ぶ

こちらを選ぶと通常の添付と同じになる

●共同作業をするか、編集不可にするかを選択

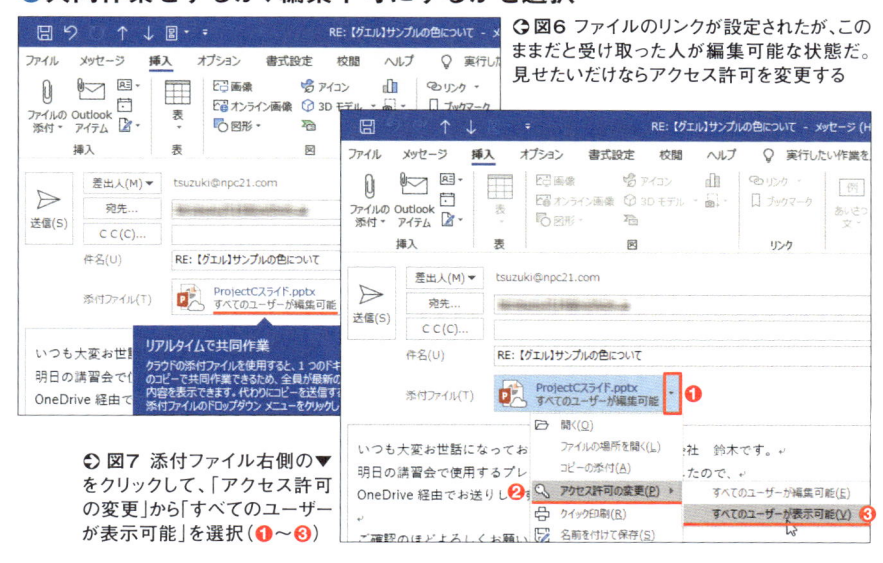

⊕ **図6** ファイルのリンクが設定されたが、このままだと受け取った人が編集可能な状態だ。見せたいだけならアクセス許可を変更する

⊕ **図7** 添付ファイル右側の▼をクリックして、「アクセス許可の変更」から「すべてのユーザーが表示可能」を選択（❶〜❸）

●リンクはアイコンでわかる

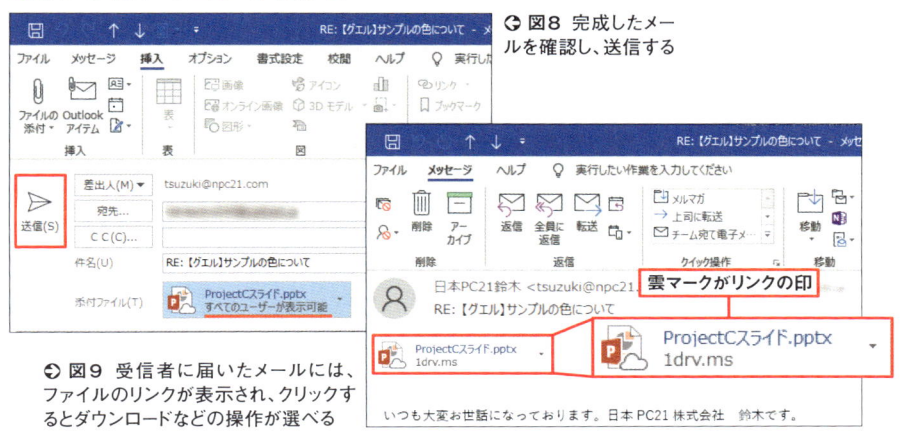

⊕ **図8** 完成したメールを確認し、送信する

雲マークがリンクの印

⊕ **図9** 受信者に届いたメールには、ファイルのリンクが表示され、クリックするとダウンロードなどの操作が選べる

Section
09
Outlook

連絡先は受信メールの
ドラッグで簡単&正確に入力

3分
時短

アウトルックを使ううえで、「連絡先」の登録は欠かせない。宛先などに指定する
メールアドレスは、連絡先に登録することで宛先指定が時短になり、メールアドレスの
入力ミスも防ぐことができる（**図1**）。

　連絡先の登録は、連絡先を開いて「新しい連絡先」を選び、白紙の状態から1件
ずつ入力していくのが基本。しかしこの方法では手間がかかるうえ、入力ミスがあれ
ばメールが届かず、名前が違っていれば失礼になる。

　手間を省き、正確に入力したいなら、受信トレイを開いて連絡先に未登録の人か
らのメールを探し、そのメールを「連絡先」アイコンにドラッグする（**図2**）。これでメー
ルアドレスなど一部の情報が入力済みの状態で新規連絡先の作成画面が開く。適
宜修正すれば、送信時に使えるアドレスとして保存できる（**図3**）。

　メールを開いているなら、差出人などを右クリックして連絡先に登録すれば、同様
に登録可能だ（**図4**）。

第3章

超速メール作成術
ドラッグで添付は古い

スムーズな宛先指定に欠かせない連絡先

❶❷ 図1 メールの作成画
面で「宛先」をクリックすれ
ば、連絡先の一覧が表示さ
れ、選択するだけで宛先指
定ができる（❶❷）

❷選択するだけで宛先指定完了

116

●受信メールを使って正確なメールアドレスを登録

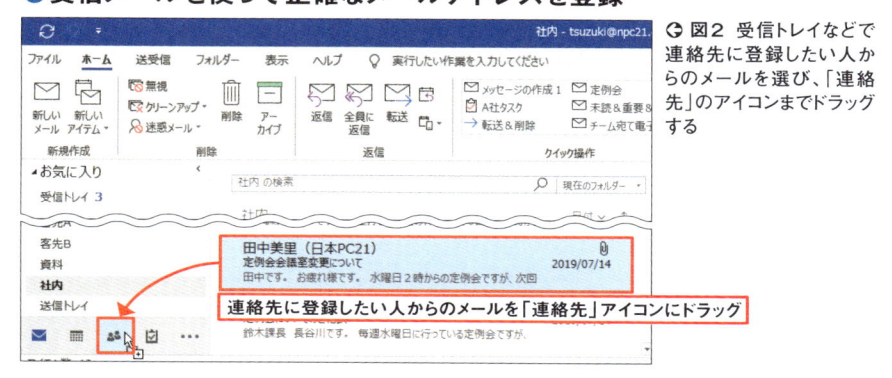

⤷ 図2 受信トレイなどで連絡先に登録したい人からのメールを選び、「連絡先」のアイコンまでドラッグする

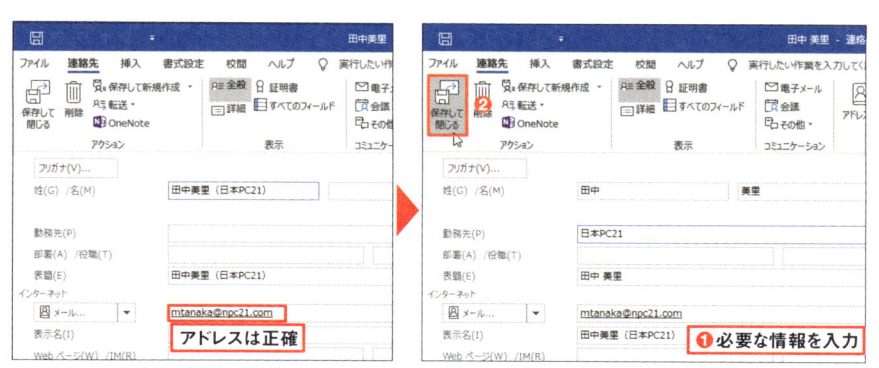

⬆ 図3 新規連絡先の登録画面が開く。メールアドレスは正確だが、名前などは元メールからピックアップされたものなので、必要に応じて修正や追加を行う（❶）。入力が済んだら「保存して閉じる」を押す（❷）。なお、この方法を使うと、「メモ」欄にメールの本文がコピーされるので、署名から住所などをコピーしやすいし、何の用件で知り合ったかの記録にもなる

●メールアドレスから連絡先を登録

⤷ 図4 開いたメールに登録したいメールアドレスがあれば右クリック（❶）。「Outlookの連絡先に追加」を選択して必要な情報を入力する（❷）

宛先は「表示名」の統一で
時短&ミスなし&失礼なし

メールを送信するたびに行うメールアドレスの入力を素早くすることは、間違いなく時短につながる。宛先を入力する際、メール作成画面で「宛先」ボタンをクリックして「連絡先」の画面を開いてアドレスを選ぶ……という手順を毎回踏んでいる人は時間を無駄にしている。宛先欄に送信者の名前の一部を入力して呼び出すほうがずっと速い。名前と一緒にアドレスも表示されれば、似た名前の人がいてもアドレスで確認できる（**図1**）。

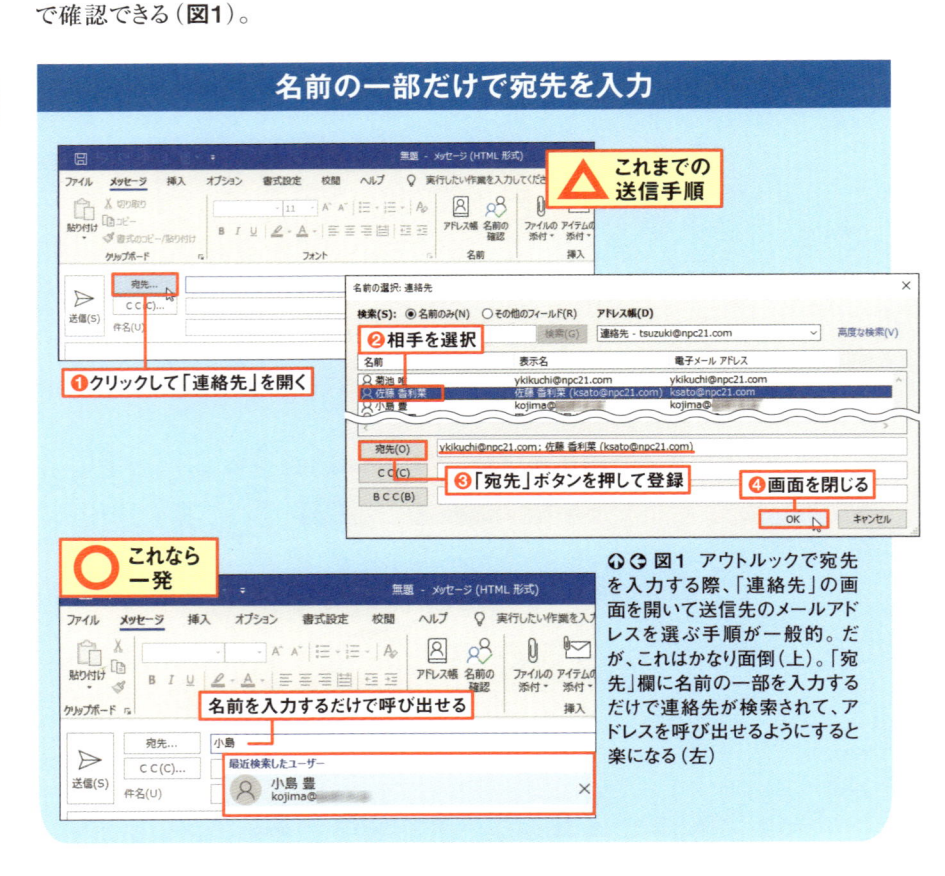

名前の一部だけで宛先を入力

⚠ これまでの
送信手順

❶クリックして「連絡先」を開く

❷相手を選択

❸「宛先」ボタンを押して登録

❹画面を閉じる

⭕ これなら
一発

名前を入力するだけで呼び出せる

🔵🔴 **図1** アウトルックで宛先を入力する際、「連絡先」の画面を開いて送信先のメールアドレスを選ぶ手順が一般的。だが、これはかなり面倒（上）。「宛先」欄に名前の一部を入力するだけで連絡先が検索されて、アドレスを呼び出せるようにすると楽になる（左）

連絡先の最重要項目は「表示名」

　ただし、この方法で宛先を素早く入力するには条件がある。連絡先の「表示名」の登録内容が「名前（メールアドレス）」という表記になっていること（**図2**）。それ以外で登録されていたら、名字を「宛先」欄に入力しても正しく検索できない。

　「名字」「名前」「メールアドレス」をしっかり間違えずに登録する人でも、見過ごしがちなのが「表示名」だ。気にせず連絡先を登録していると、「表示名」がバラバラだったり、メールアドレスのままだったりと、統一感がなく呼び出しづらい。

　「表示名」は宛先の指定時だけでなく、先方に送信されるメールにも表示されることはご存じだろうか（**図3**）。誤字のある状態や、勝手に付けた略称などのまま大切な人へメールを送っているのなら、すぐにでも修正すべきだ。

●重要なのは「表示名」の登録

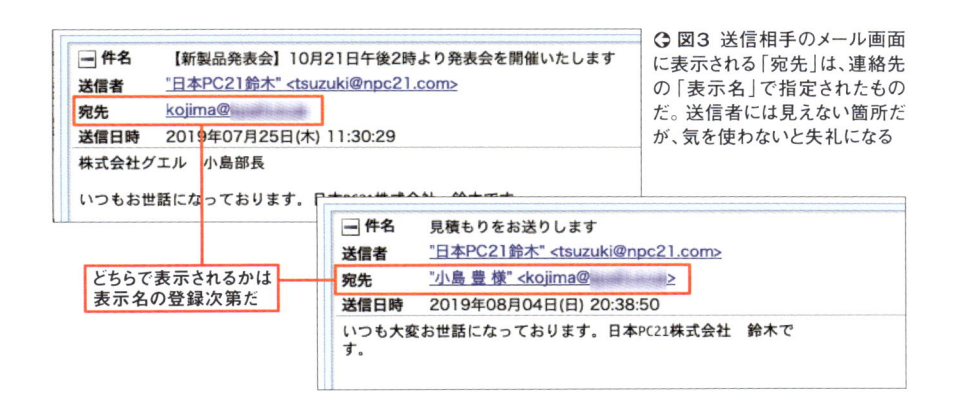

○ 梶田 幸伸（y-kazita@pc21.co.jp）
　　名前とメールアドレスの両方が登録されている

✕ Kazita Yukinobu
　　アルファベット（ローマ字表記）で登録されていると
　　日本語で呼び出せない

✕ y-kazita@pc21.co.jp
　　メールアドレスだけでは日本語で呼び出せない

✕ 課長
　　日本語だが、名前ではないため呼び出せない

○ **図2** メールアドレスを簡単に「宛先」欄に入力するには、入力した名前が連絡先の情報にヒットするようにしておくことが大事。連絡先に登録した人の「表示名」が「名前（メールアドレス）」という表記になっていればよい。これがアルファベットやメールアドレスだけになっている場合は修正する

件名　【新製品発表会】10月21日午後2時より発表会を開催いたします
送信者　"日本PC21鈴木" <tsuzuki@npc21.com>
宛先　kojima@
送信日時　2019年07月25日（木）11:30:29
株式会社グエル　小島部長

いつもお世話になっております。

どちらで表示されるかは
表示名の登録次第だ

件名　見積もりをお送りします
送信者　"日本PC21鈴木" <tsuzuki@npc21.com>
宛先　"小島 豊 様" <kojima@　　　　　>
送信日時　2019年08月04日（日）20:38:50
いつも大変お世話になっております。日本PC21株式会社　鈴木です。

○ **図3** 送信相手のメール画面に表示される「宛先」は、連絡先の「表示名」で指定されたものだ。送信者には見えない箇所だが、気を使わないと失礼になる

連絡先の「表示名」を確認、「名前（メールアドレス）」に修正

　「表示名」を宛先入力でも使えて、相手に見られても恥ずかしくない表示に修正していこう。

　「表示名」を素早くチェックしたければ、新規メールの作成画面で「アドレス帳」をクリック（**図4**）。連絡先の一覧が表示されるので、「表示名」欄を確認しよう。登録方法によっては、氏名やメールアドレスだけの「表示名」になっていることがある。修正したい連絡先を右クリックして、「プロパティ」を選択する（**図5**）。

　連絡先の詳細画面が表示されたら、名前とメールアドレスが正しく入力されているかを確認（**図6**）。問題なければ「表示名」をすべて消して「Enter」キーを押せば、「名前（メールアドレス）」の組み合わせで自動登録される。

　客先の場合など、敬称を付けて表示するには、「表示名」に敬称を入力すればよい（**図7**）。1人ずつ詳細画面を開く必要はあるが、修正自体は短時間で済むのでまとめて直しておこう。

第3章　超速メール作成術　ドラッグで添付は古い

●気になる「表示名」は「プロパティ」で修正

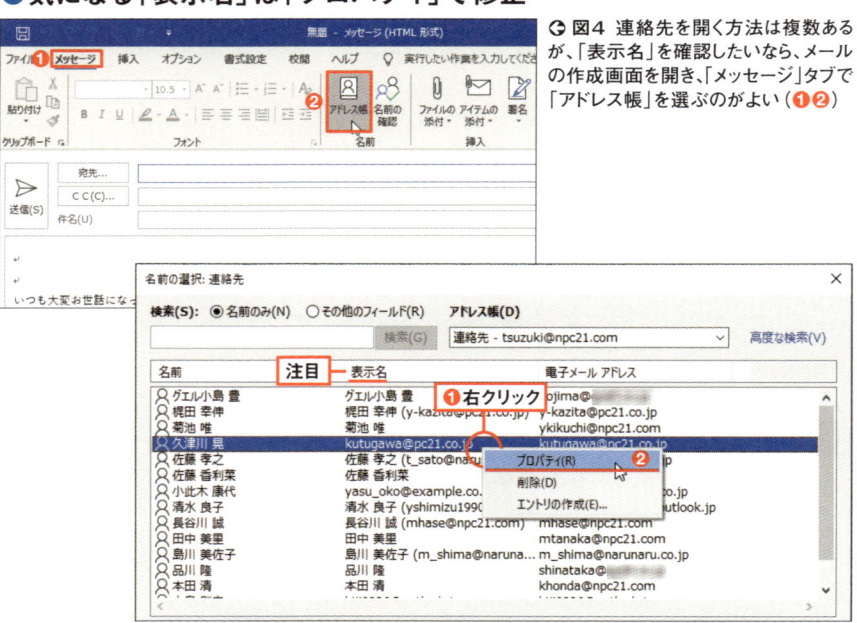

⊙ 図4　連絡先を開く方法は複数あるが、「表示名」を確認したいなら、メールの作成画面を開き、「メッセージ」タブで「アドレス帳」を選ぶのがよい（❶❷）

⬆ 図5　「表示名」欄を見ると、氏名だけのものやメールアドレスのままのものもあり、修正が必要だ。修正する連絡先を右クリックし、メニューから「プロパティ」を開く（❶❷）

●使える「表示名」に修正

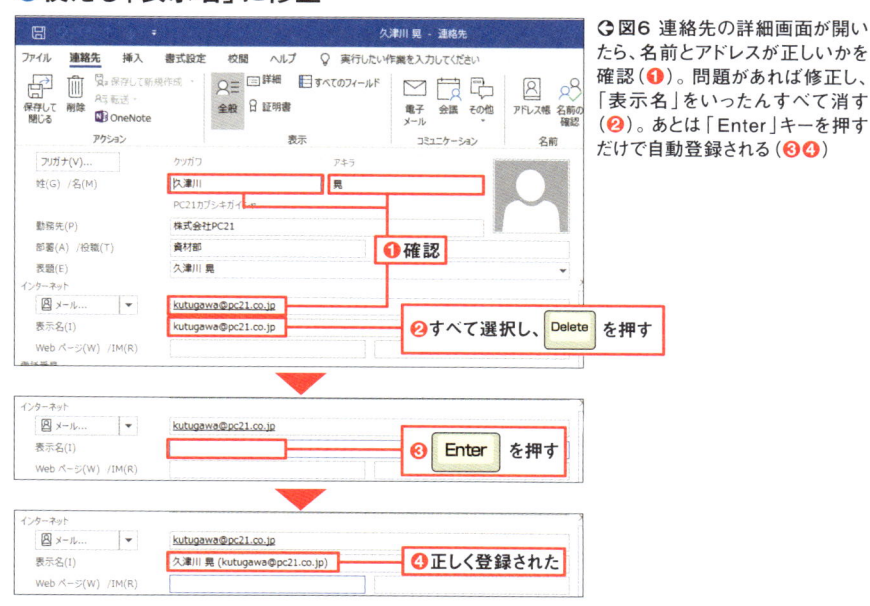

⤴図6 連絡先の詳細画面が開いたら、名前とアドレスが正しいかを確認（❶）。問題があれば修正し、「表示名」をいったんすべて消す（❷）。あとは「Enter」キーを押すだけで自動登録される（❸❹）

●「様」などの敬称も「表示名」に入力

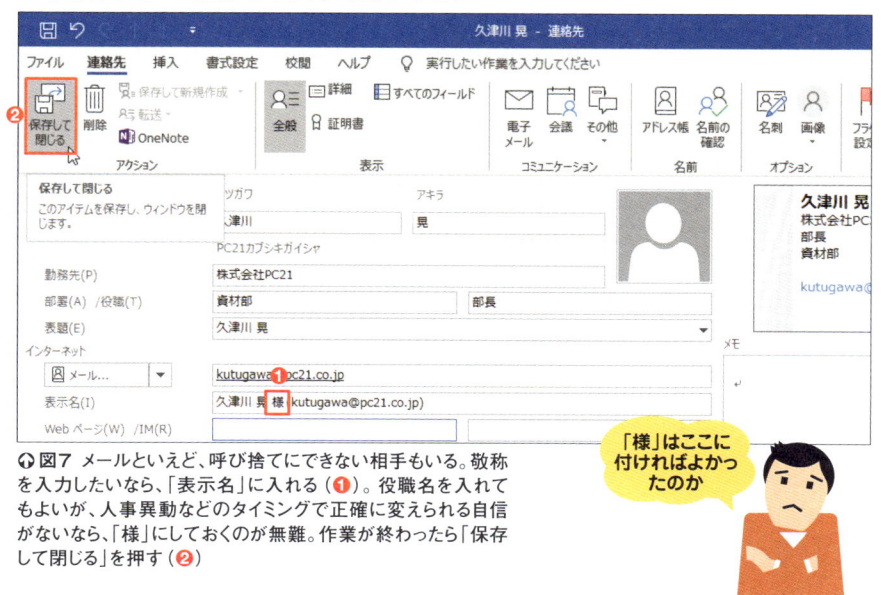

⤴図7 メールといえど、呼び捨てにできない相手もいる。敬称を入力したいなら、「表示名」に入れる（❶）。役職名を入れてもよいが、人事異動などのタイミングで正確に変えられる自信がないなら、「様」にしておくのが無難。作業が終わったら「保存して閉じる」を押す（❷）

「様」はここに
付ければよかっ
たのか

3分
時短

全員を宛先に一発指定
「グループ」登録で楽々同報

　部署のメンバーなど、複数の人に同じ内容のメール（同報メール）を送る機会が多いなら、「連絡先グループ」機能を使おう。全員分のアドレスをいちいち宛先に入力しなくても、事前に作ったグループ名を入力するだけで、全員にメールを送れる（**図1**）。「あ、Aさんに送れていない」というミスも防げる。

　グループは「新しい連絡先グループ」で作る。最初は何もないが、グループの名前を付けて連絡先のリストから1人ずつ選んで追加すればよい（**図2～図4**）。完成したグループは、「連絡先」と同じ場所に保存される。同報メールを送るときは、「宛先」欄にグループ名の一部を入力するだけで自動的に検索されて表示される（**図5**）。宛先として指定した後、個別のアドレスに展開して、一部のメンバーを除外することも可能だ（**図6**）。

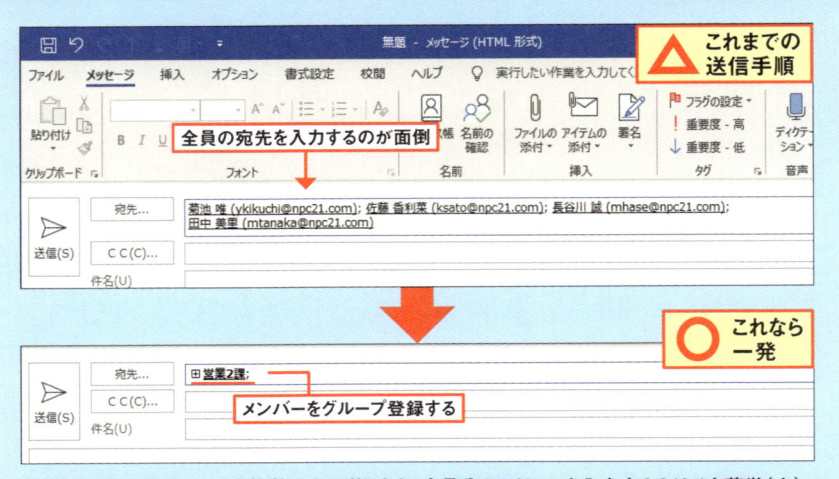

↑ 図1 同じ内容のメールを複数の人に送るとき、全員分のアドレスを入力するのはひと苦労（上）。何度も送る必要があるなら、事前にメンバー全員を登録した「連絡先グループ」を作っておこう。そのグループ名を「宛先」欄に入力するだけで一括送信できる（下）

●わかりやすい名前でグループを作る

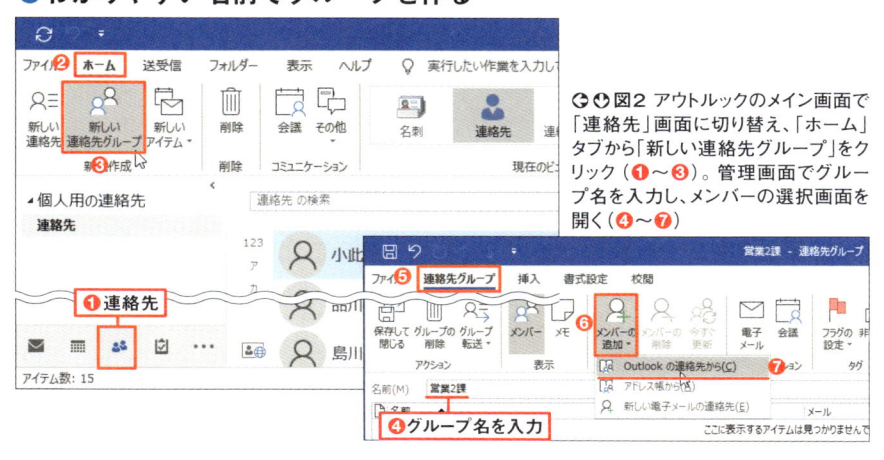

○○図2 アウトルックのメイン画面で「連絡先」画面に切り替え、「ホーム」タブから「新しい連絡先グループ」をクリック（❶～❸）。管理画面でグループ名を入力し、メンバーの選択画面を開く（❹～❼）

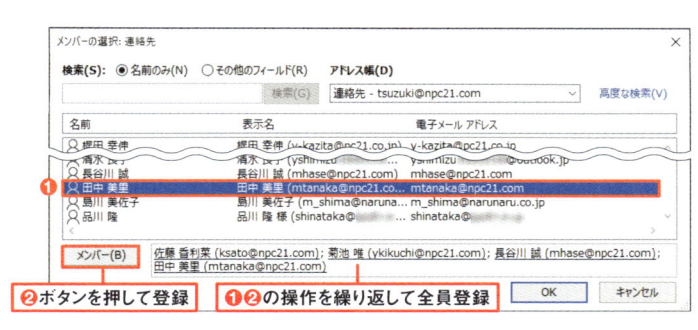

○図3 1人選択して「メンバー」ボタンを押せばリストに追加される（❶❷）。同じ操作を繰り返してメンバー全員を登録する

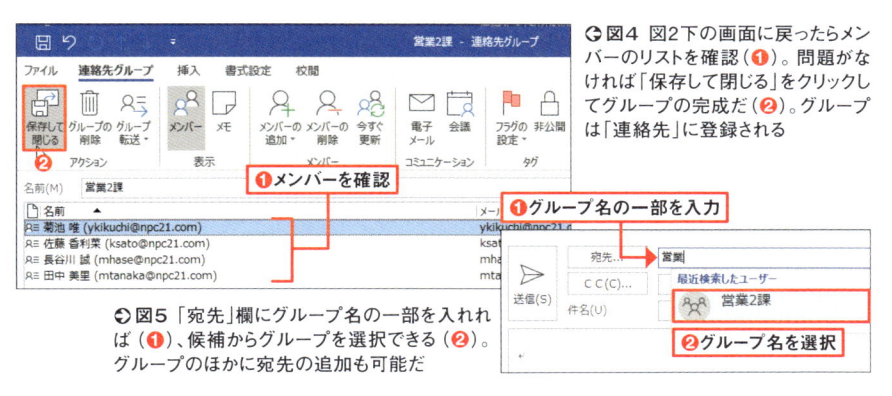

○○図4 図2下の画面に戻ったらメンバーのリストを確認（❶）。問題がなければ「保存して閉じる」をクリックしてグループの完成だ（❷）。グループは「連絡先」に登録される

○○図5 「宛先」欄にグループ名の一部を入れれば（❶）、候補からグループを選択できる（❷）。グループのほかに宛先の追加も可能だ

○図6 「宛先」欄で「+」をクリックすると、個別のアドレスに置き換え、今回だけメンバーを一部削除することもできる

一斉送信は「差し込み」で宛名や文章を自動変更

　同じ内容のメールを複数の宛先に送る「同報メール」。1通ずつ送っていては手間がかかりすぎる。かといって、お互い面識のない人を宛先やCCに並べて入れるのは非常識だ。そこでよく利用されるのが「BCC」。自分を宛先にして、ほかの送信先には表示されないBCC欄に、メールを送りたい人をすべて記入する（**図1上**）。本文には、「BCCの同報メールで失礼いたします。」などと断るのが一般的だ。

　しかし、客先への招待状などをBCCで送ってよいものだろうか。同じ文面の手紙を別の客先に送る際には、「○○株式会社　　△△様」のような宛名を差し込み印刷で入れるものだが、メールでも同じことができる（**図1下**）。アウトルックとワードを連携させれば、手作業で送るより簡単に、礼を失することのないメールを送れる。

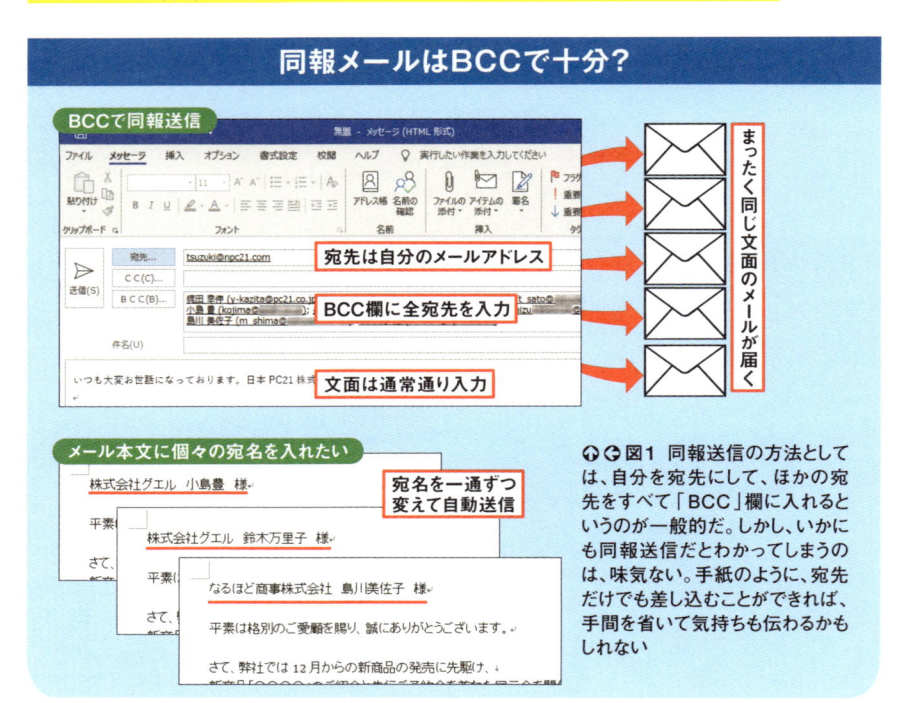

同報メールはBCCで十分？

BCCで同報送信

宛先は自分のメールアドレス

BCC欄に全宛先を入力

文面は通常通り入力

まったく同じ文面のメールが届く

メール本文に個々の宛名を入れたい

株式会社グエル　小島豊　様

宛名を一通ずつ変えて自動送信

株式会社グエル　鈴木万里子　様

なるほど商事株式会社　島川美佐子　様

平素は格別のご愛顧を賜り、誠にありがとうございます。

さて、弊社では12月からの新商品の発売に先駆け、

○❶❷図1　同報送信の方法としては、自分を宛先にして、ほかの宛先をすべて「BCC」欄に入れるというのが一般的だ。しかし、いかにも同報送信だとわかってしまうのは、味気ない。手紙のように、宛先だけでも差し込むことができれば、手間を省いて気持ちも伝わるかもしれない

メールの本文に宛名を入れて同報送信する方法はいくつかあるが、手軽なのはワードを利用する方法だ。<mark>ワードの「差し込み印刷」機能を使って同報メールの内容を作成し、アウトルックの送信機能を利用してメールを送る。</mark>

　用意するものは、次の2つ。

　　（1）メール本文の内容を入力したワード文書

　　（2）アウトルックの連絡先

　順に作成していこう。

　ワード文書には、メールの本文を入力し、後から宛名を表示するための欄を作っておく（**図2**）。アウトルックの連絡先は、送信先全員のデータがそろっていることを確認しておこう（**図3**）。

●準備するのは本文と連絡先

ワード文書

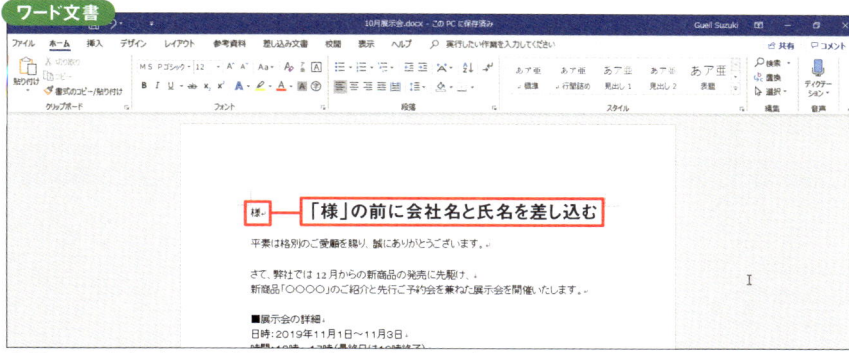

⤴ **図2** ワード（アウトルックと同じバージョンのものがよい）でメールの本文を入力する。この例では最初に宛先の会社名と氏名を差し込み表示させるので、最初の行には「様」だけ入力してある

アウトルックの連絡先

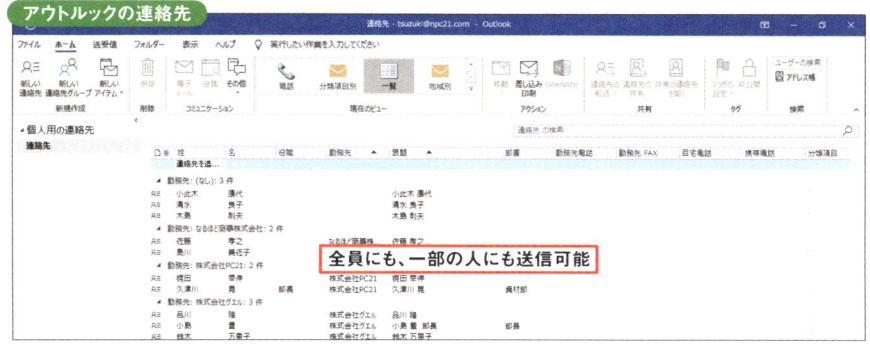

⤴ **図3** メールの宛先すべての情報がわかる連絡先を準備する。この例では、「姓」「名」「勤務先」「メールアドレス」が必要

連絡先から差し込みを指定

　アウトルックとワードを組み合わせて差し込み印刷を行う方法は複数あるが、ここではアウトルックを起点に説明していこう。

　アウトルックで連絡先を開いたら、同報メールの送り先をすべて選択する（**図4**）。連絡先にある全員に送る場合は、選択せずに先に進んでかまわない。

　このとき注意したいのが、通常、アウトルックからの差し込みメール送信は、すぐに送信されてしまうこと。宛先の選び間違いをすると取り返しのつかないことになる。しっかり確認して次に進もう［注］。

　「差し込み印刷」を選ぶと、設定画面が表示される（**図5**）。選択中の送信先のみに送る設定にして、本文になるワード文書を選択しよう（**図6**）。

　「差し込み印刷オプション」の「差し込み先」として「メール」を選ぶと、件名の入力欄が表示される（**図7**）。アウトルックでの設定はここまでだ。終わると関連付けしたワード文書の画面が開く。

●宛先を選んで設定開始

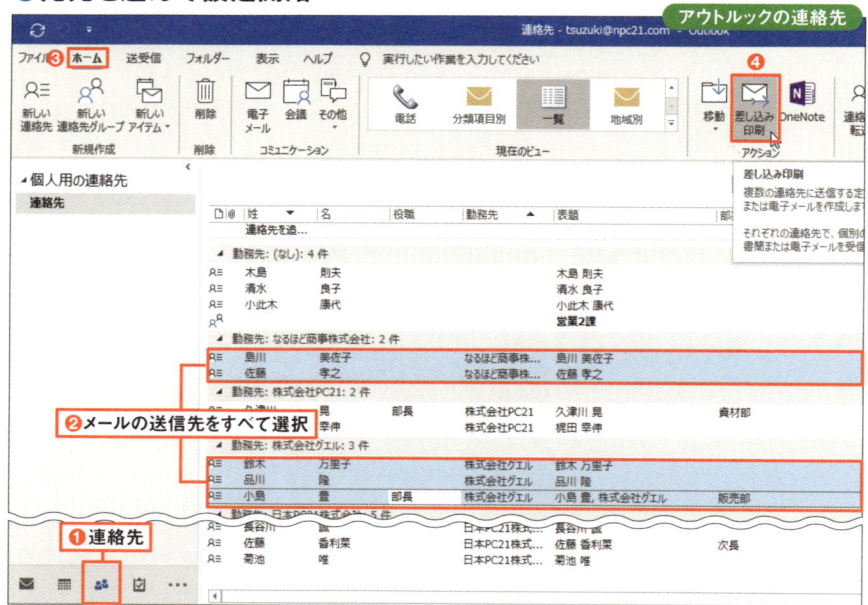

⤴ **図4** アウトルックのメイン画面で「連絡先」画面に切り替え、宛先にする連絡先をすべて選択する（**❶❷**）。飛び飛びに選択する場合は、「Ctrl」キーを押しながら選択すればよい。選択できたら「ホーム」タブで「差し込み印刷」をクリックする（**❸❹**）

［注］メールを確認してから送信したければ、「ファイル」→「オプション」を選んで設定画面を開き、「詳細設定」にある「接続したら直ちに送信する」を一時的にオフにする。この設定がオフの間は、いったんメールが「送信トレイ」に入り、送受信するまでに確認や修正ができる

●ワード文書と関連付け

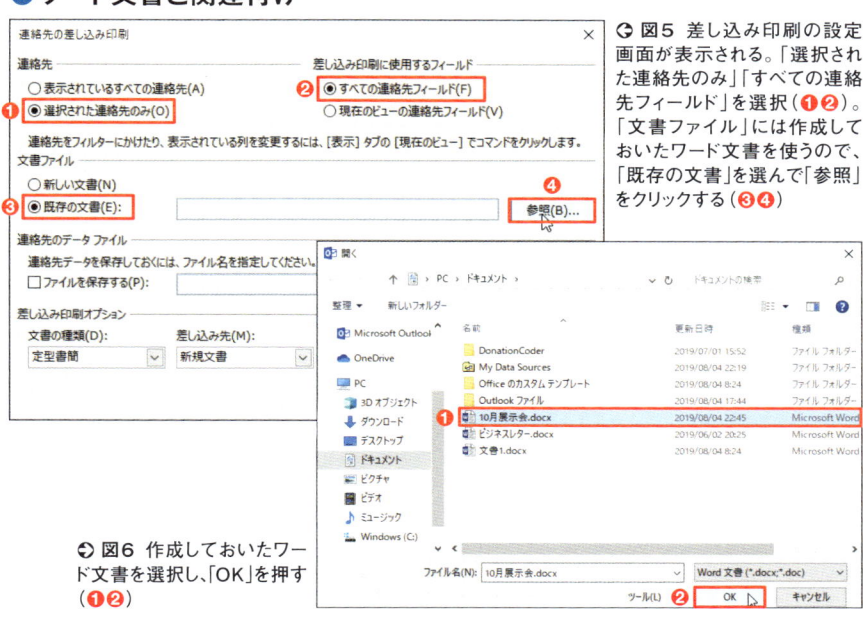

◯ 図5 差し込み印刷の設定画面が表示される。「選択された連絡先のみ」「すべての連絡先フィールド」を選択（❶❷）。「文書ファイル」には作成しておいたワード文書を使うので、「既存の文書」を選んで「参照」をクリックする（❸❹）

◯ 図6 作成しておいたワード文書を選択し、「OK」を押す（❶❷）

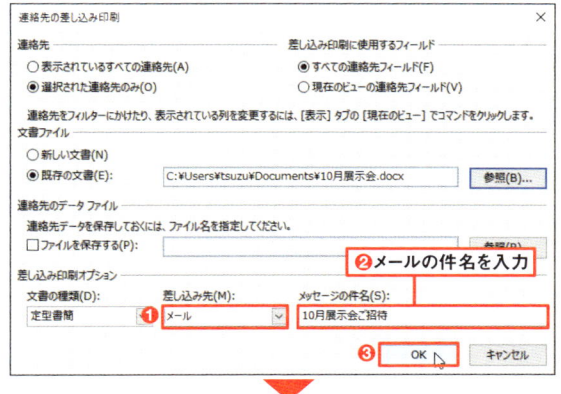

◯◯ 図7 図5の画面に戻ったら、「差し込み先」として「メール」を選び、「メッセージの件名」を入力する（❶❷）。設定できたら「OK」を押す（❸）。指定したワード文書が開く。「差し込み文書」タブが選択されていることを確認（❹）

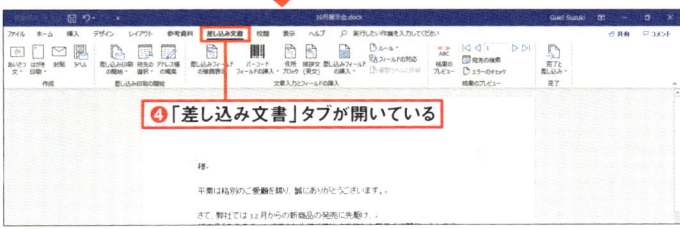

宛名用の「差し込みフィールド」を作る

　連絡先ごとに異なる会社名や氏名を自動表示させるために設定するのが「差し込みフィールド」だ。この文書では、連絡先の項目の中で「勤務先」「姓」「名」を「差し込みフィールド」に入れるように設定していく。

　挿入場所としてページの先頭に文字入力カーソルを置き、「差し込みフィールドの挿入」から、まず「勤務先」を選ぶ（**図8**）。「《勤務先》」のように《》でくくられて表示される。メール本文では、「《勤務先》」が実際の会社名になって入力される。続いて同様の手順で「姓」と「名」のフィールドも作る（**図9**）。

●必要な「差し込みフィールド」を挿入

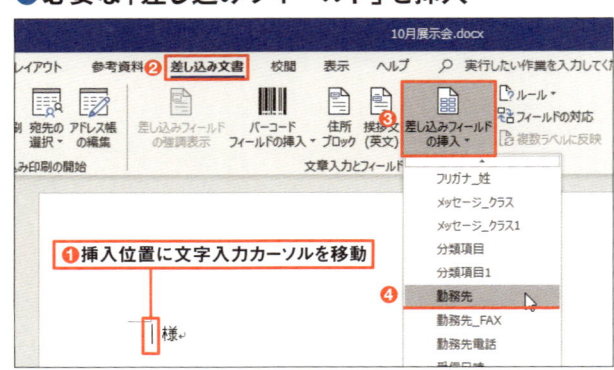

➡図8 まず「差し込みフィールド」を挿入する位置にカーソルを移動する（❶）。この例では文頭に入力済みの「様」の文字の手前だ。移動できたら「差し込み文書」タブの「差し込みフィールドの挿入」から「勤務先」を選択（❷〜❹）

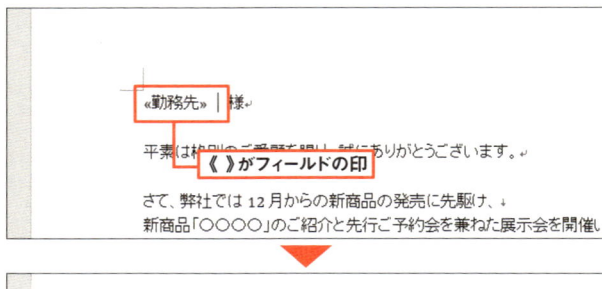

➡ 図9 「《勤務先》」というフィールドが挿入される。同様の手順で「姓」と「名」のフィールドも挿入する。「勤務先」と「姓」の間は少し空けたいので、スペースを入力している

プレビューで差し込み結果を確認

　差し込みフィールドに実際のデータが入るとどうなるかを確認する。

　「結果のプレビュー」をクリックしてオンにすると、差し込みフィールドにデータが入って表示される（**図10**）。確認が済んだら「電子メールメッセージの送信」を選んで一斉送信を行う（**図11**）。

●差し込み結果を確認する

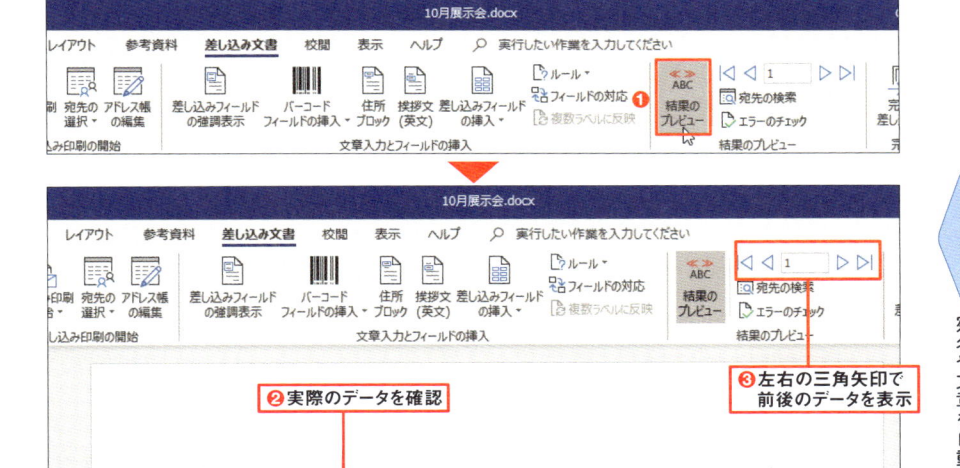

⤷ **図10**「結果のプレビュー」をクリック（**❶**）。最初のデータが差し込みフィールドに入るので確認する（**❷**）。左右の三角矢印をクリックすることで、ほかのデータも確認できる（**❸**）

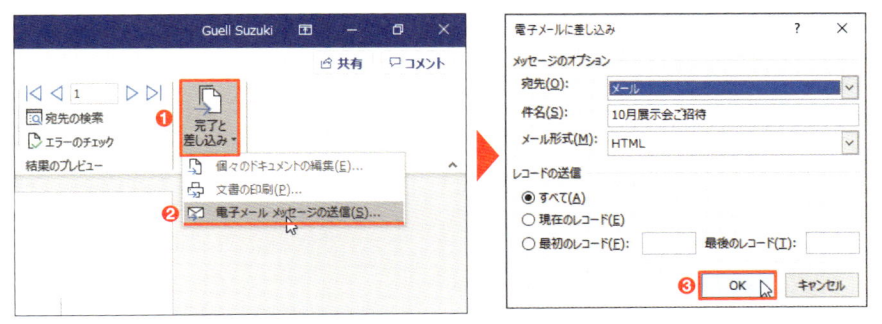

⤷ **図11** 確認が済んだら「完了と差し込み」で「電子メールメッセージの送信」を選択（**❶❷**）。確認画面で「OK」を押すとメールが一斉に送信される（**❸**）

129

書式がバラバラなメールを一瞬で書式統一

受信メールに返事を出すとき、先方からのメールや資料などをコピー・アンド・ペーストすると、その文字列だけ書式が違ってしまうことがある（**図1**）。それぞれの書式を確認して、合わせていくのは意外に面倒な作業だ。そんなときは、書式をそろえたい部分を選択し、「Ctrl」＋「スペース」キーを押してみよう。選択中の文字がすべて標準書式に変更できる（**図2**）。

なお、ここで統一される標準の書式は、32ページで設定方法を説明しているので、気に入らなければ変更しよう。

第3章
超速メール作成術
ドラッグで添付は古い

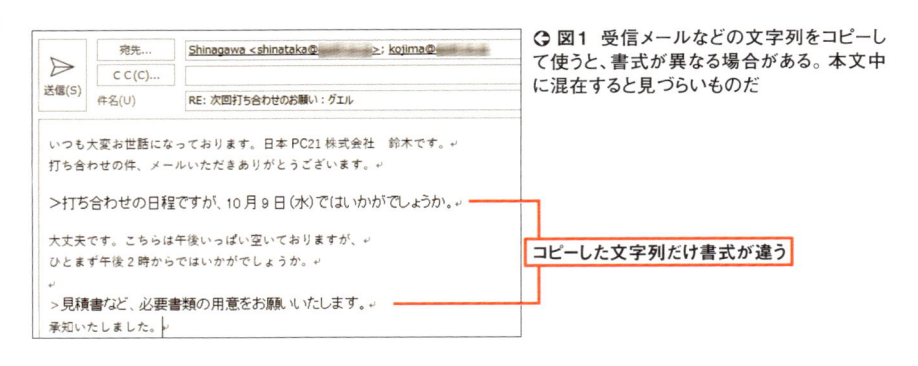

◆ **図1** 受信メールなどの文字列をコピーして使うと、書式が異なる場合がある。本文中に混在すると見づらいものだ

コピーした文字列だけ書式が違う

●ワンタッチで文字を標準書式に統一

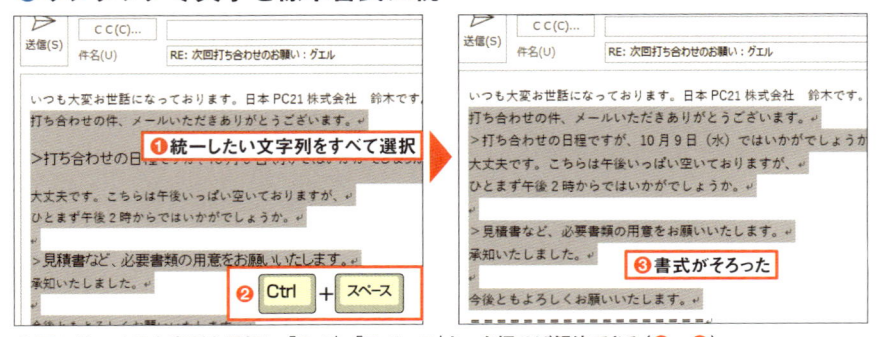

❶統一したい文字列をすべて選択

❷ Ctrl ＋ スペース

❸書式がそろった

◆ **図2** 統一する文字列を選択し、「Ctrl」＋「スペース」キーを押せば解決できる（❶～❸）

第4章

予定やタスクの管理も メールベースで効率化

アウトルックはメールだけでなくスケジュールやタスクの管理機能も豊富だ。そして、これらを組み合わせて使えるのが魅力。受信メールの内容をタスクとして転記したり、会議の出席依頼メールを出すと自動的に予定に組み込まれたりと、相互利用で時短効果を発揮する。

- ●受信メールからタスクや予定を登録
- ●「クイック操作」で登録作業を半自動化
- ●予定表は初期設定を変えて使いやすく
- ●会議が決まったらメールより会議出席依頼
- ●定例会議は「クイック操作」で依頼する

期限付き依頼メールは
ドラッグで「タスク」へ

**1分
時短**

　仕事には、期限が付きもの。複数の仕事が重なる人なら、アウトルックの「タスク」機能で管理しているケースも多いだろう。期限やアラームの設定、進捗状況の管理などができ、やるべき仕事を一覧表示できるタスクは、忙しい人の必需品だ。

　タスクは「タスク」の画面で新規に作成できるが、==メールで依頼があった仕事なら、タスクにメールの内容を添付しておくと便利だ==。操作は簡単。==仕事内容がわかるメールをタスクのアイコンまでドラッグ==するだけ（**図1**）。これでメールの内容が追加されたタスク作成画面を表示できる。タスクの期限や進捗状況、アラームなどを必要に応じて設定して保存しよう（**図2**）。

●メールからタスクを作成

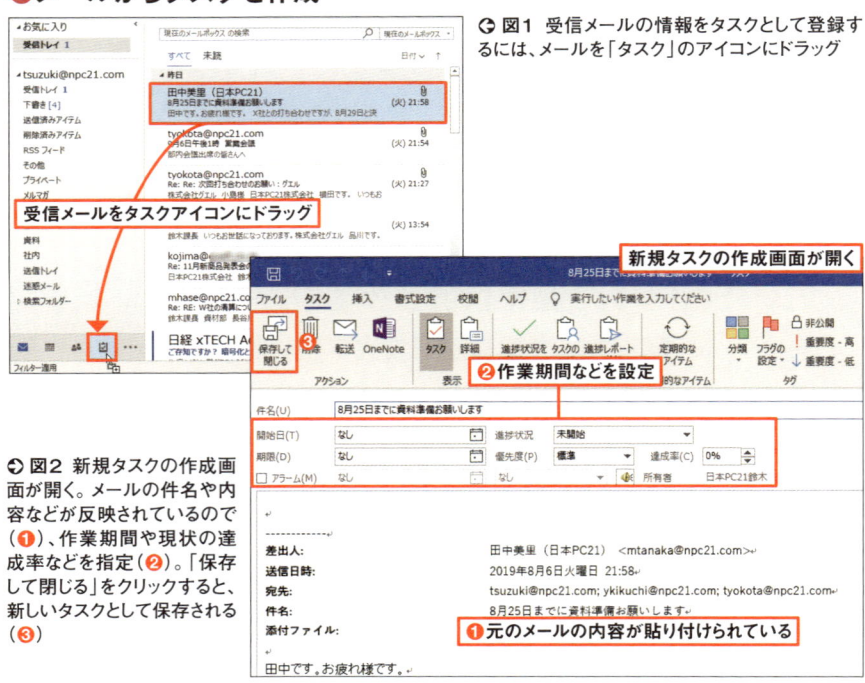

○ **図1** 受信メールの情報をタスクとして登録するには、メールを「タスク」のアイコンにドラッグ

受信メールをタスクアイコンにドラッグ

新規タスクの作成画面が開く

❷**作業期間などを設定**

○ **図2** 新規タスクの作成画面が開く。メールの件名や内容などが反映されているので（❶）、作業期間や現状の達成率などを指定（❷）。「保存して閉じる」をクリックすると、新しいタスクとして保存される（❸）

❶元のメールの内容が貼り付けられている

第4章
予定やタスクの管理もメールベースで効率化

132

1分
時短

予定を知らせるメールは ドラッグやコピペで予定表へ

　会議やプレゼンの予定が決まったら、忘れないうちにアウトルックの予定表に登録しておきたい。決定の知らせがメールで来たなら、メールの内容をまるごと予定に転記しておけば、予定の詳細を確認するために元のメールを探さずに済む。左ページで受信メールを使ってタスクに登録する方法を紹介したが、同じ方法は予定表への登録時にも使える（**図1、図2**）。

　ただし、この方法、手作業で新しい予定を登録するよりは楽なのだが、日時などは自分で設定する必要がある。また、予定表を開かずに登録するため、ほかの予定との調整がしにくい面もある。そこで、予定表でほかの予定も確認しながら手早く予定を登録する別の方法も、次ページで紹介しよう。

メールをドラッグして予定を作成

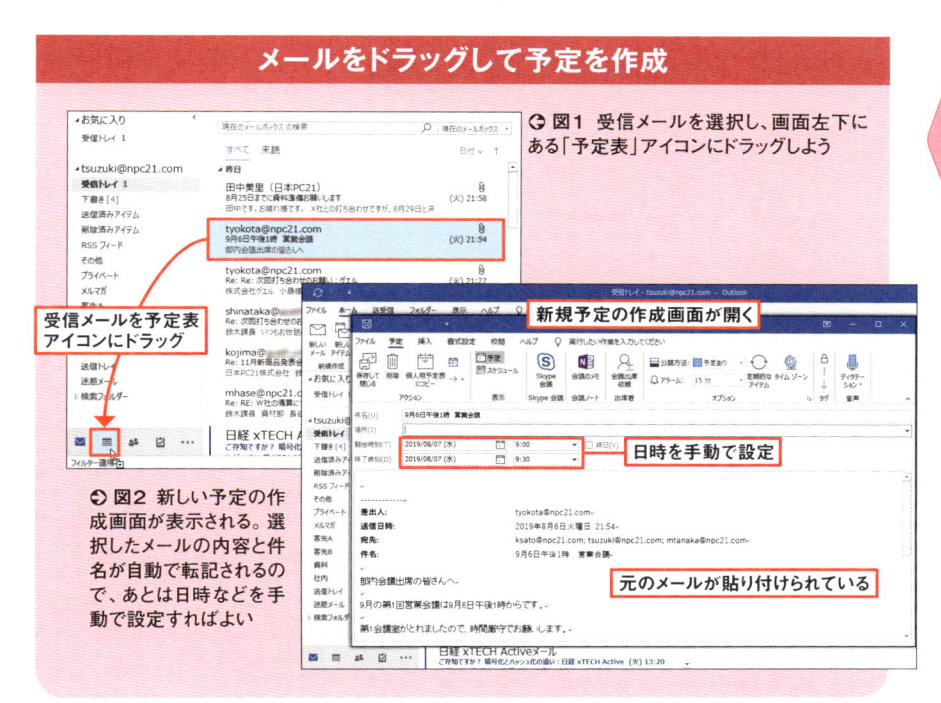

◔ **図1** 受信メールを選択し、画面左下にある「予定表」アイコンにドラッグしよう

受信メールを予定表アイコンにドラッグ

新規予定の作成画面が開く

日時を手動で設定

元のメールが貼り付けられている

◔ **図2** 新しい予定の作成画面が表示される。選択したメールの内容と件名が自動で転記されるので、あとは日時などを手動で設定すればよい

受信メールは開かずにコピー

　手順としては、まず受信トレイなどのメッセージ一覧でメールをコピーする（**図3**）。次に予定表を開いてその予定の日時を選択し、ペーストする（**図4**）。すると選択した日時とペーストした内容が記された新規予定作成画面が開くので、確認して保存すれば作業完了だ（**図5、図6**）。

　この方法なら、予定表で該当する日時を表示する必要があるものの、予定が空いているかを確認しながら作業でき、予定を開けばメールの内容も確認できる。

●予定が書かれた受信メールをコピー・アンド・ペースト

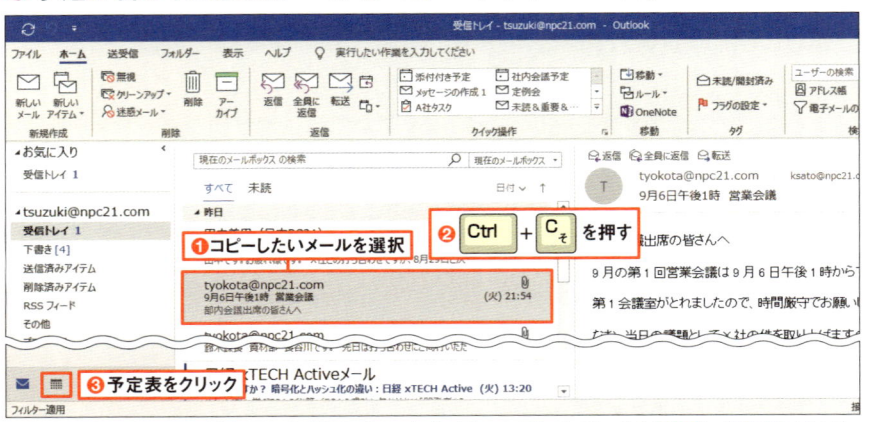

⬆ 図3　予定が書かれた受信メールを選択し、「Ctrl」+「C」キーを押してコピーする（❶❷）。「予定表」をクリックして予定表画面を開く（❸）

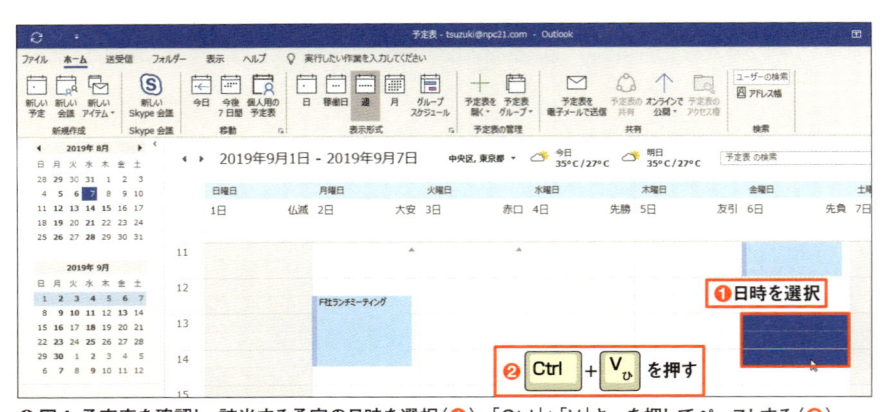

⬇ 図4　予定表を確認し、該当する予定の日時を選択（❶）。「Ctrl」+「V」キーを押してペーストする（❷）

●設定するのは場所のみ

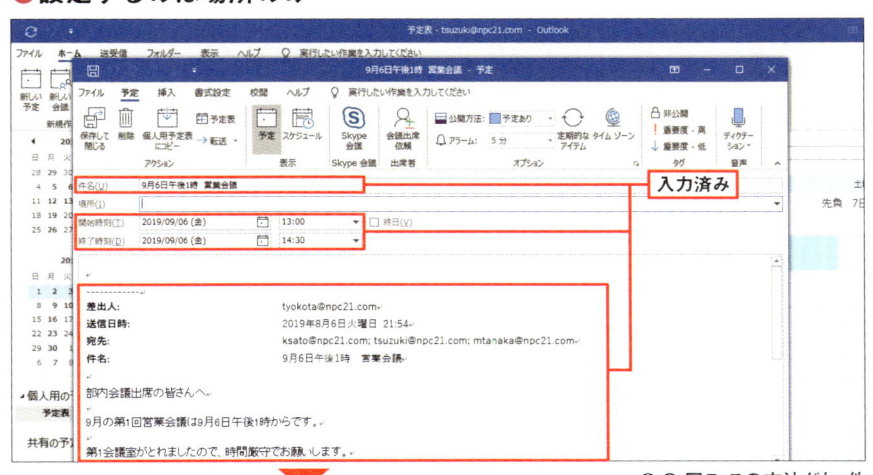

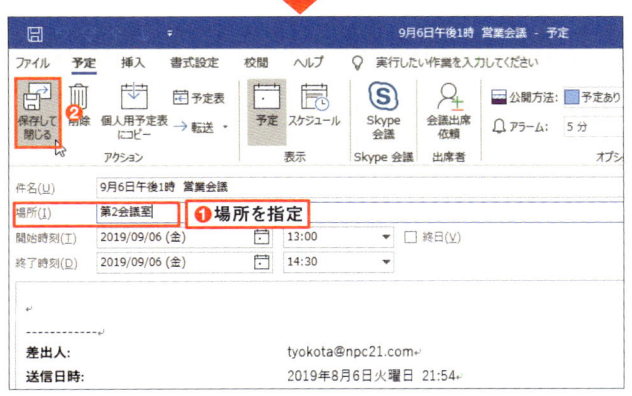

↑↓ **図5** この方法だと、件名、日時、詳細がすべて正しく入力されているため、手作業で指定するのは場所くらいだ（❶❷）

↓ **図6** 予定が登録された。登録された予定はダブルクリックで開いて内容を確認したり、変更したりすることができる。

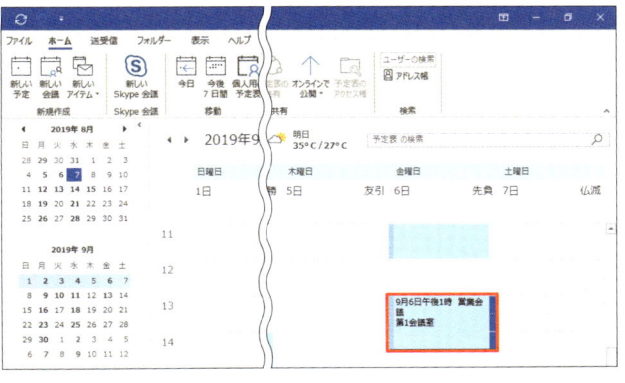

ワンクリックでメールから 予定作成→全員へ返信

3分
時短

新しい予定やタスクを追加する、という動作をもっと楽にできる方法がないか、もう少し考えてみよう。

第2章では、受信メールから「タスクに登録し、フォルダーを移動」という操作をクイック操作として登録した（62ページ）。タスクの場合はこれで済むこともあるが、打ち合わせなどの連絡では「相手に返事をする」という手順が加わる。

複数アクションの登録は順序が大事

「予定表に登録」「全員に返信」「フォルダーへ移動」という3つの操作を1つのクイック操作として登録する場合、ちょっとしたコツがある。クイック操作の登録前に、どの操作を先にしたいかを決めておくことだ。

「予定表に登録」と「全員に返信」は、どちらも画面での入力が必要な作業。複数の画面操作が必要なクイック操作では、登録順に従って画面が開くので、実際の作業手順とは逆にしておかないと、思った順序にならない（**図1**）。

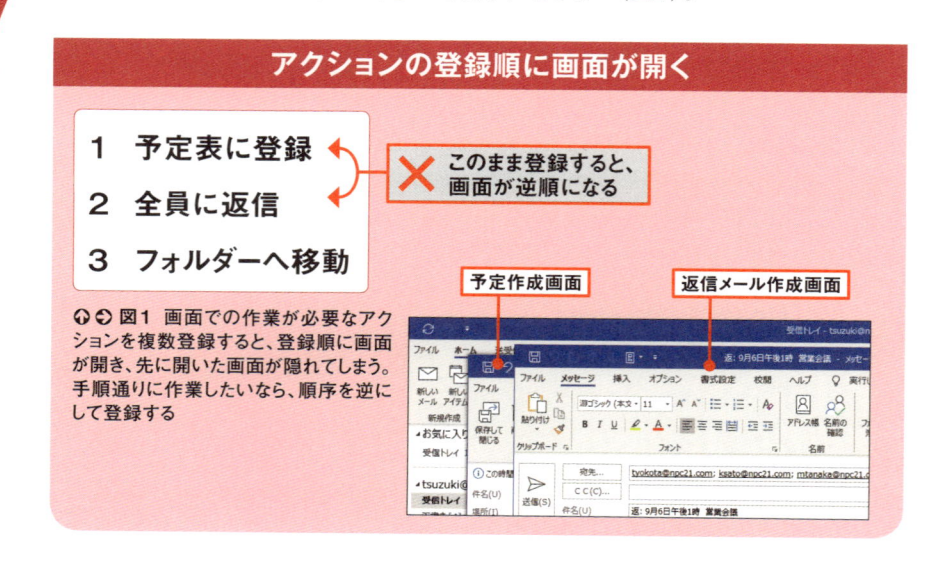

アクションの登録順に画面が開く

1 予定表に登録
2 全員に返信
3 フォルダーへ移動

✕ このまま登録すると、画面が逆順になる

予定作成画面 ／ 返信メール作成画面

↑↓ **図1** 画面での作業が必要なアクションを複数登録すると、登録順に画面が開き、先に開いた画面が隠れてしまう。手順通りに作業したいなら、順序を逆にして登録する

ということで、「予定表に登録」を先に済ませたいなら、「全員に返信」を先に登録するのが正解だ。「予定表に登録」と「全員に返信」の場合、どちらの操作を先に行っても問題はないが、せっかくなら好みの順序になるよう登録しよう。

　まず、クイック操作で「新規作成」を選んで、登録画面を開く（**図2**）。クイック操作の名前を入力し、最初のアクションとして「全員に返信」を選択する（**図3**）。

●「全員に返信」から登録開始

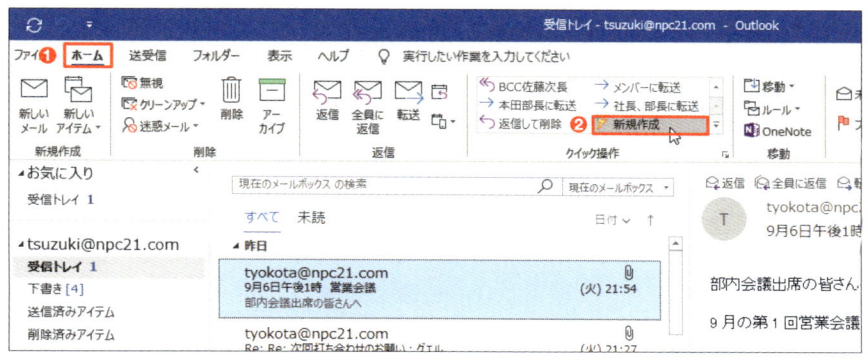

⬆ **図2** 「ホーム」タブの「クイック操作」から「新規作成」を選択（❶❷）

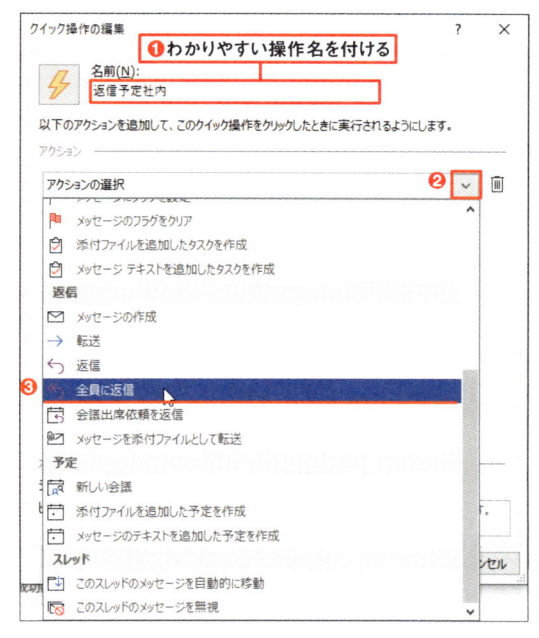

◷ **図3** 「名前」欄にクイック操作の操作名を入力（❶）。「アクションの選択」で「全員に返信」を選択する（❷❸）

続いて「… 予定表を作成」と「フォルダーへ移動」のアクションを追加したら、設定を完了する（**図4**）。

　複数の手順を登録したクイック操作は、動作確認をしておきたい。受信メールを選択して登録したクイック操作を選択（**図5**）。予定の作成画面が表示されるので、日時や場所などを設定して保存する。次に表示される返信メールの作成画面で返事を出す（**図6**）。フォルダーへの移動や予定の登録ができていれば完璧だ（**図7、図8**）。

●「予定を作成」と「フォルダーへ移動」を追加

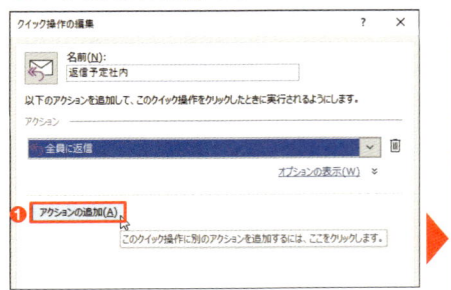
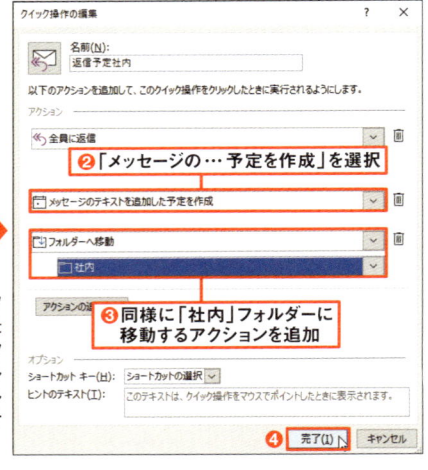

⤵ ⤴ 図4 「アクションの追加」をクリック（**❶**）。「メッセージのテキストを追加した予定を作成」を選択（**❷**）。再度「アクションの追加」をクリックして、「フォルダーへ移動」を選択し、移動先のフォルダーを選ぶ（**❸**）。最後に「完了」を押す（**❹**）

●クイック操作の動作を確認

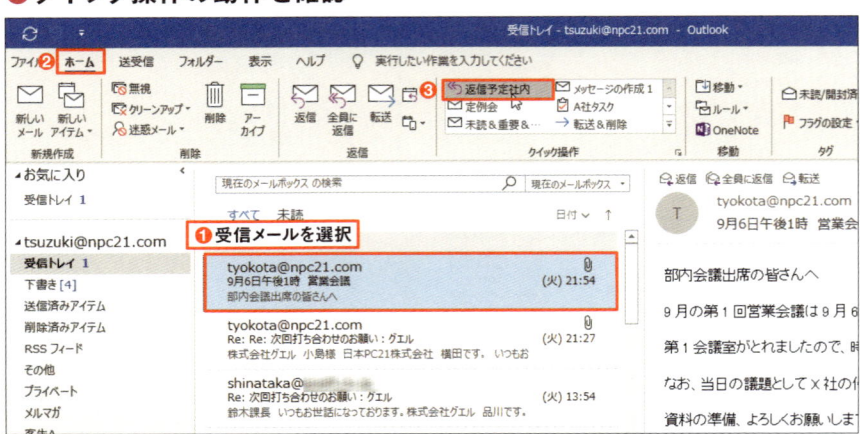

⤴ 図5 予定を知らせるメールを選択（**❶**）。「ホーム」タブで登録したクイック操作を選ぶ（**❷❸**）

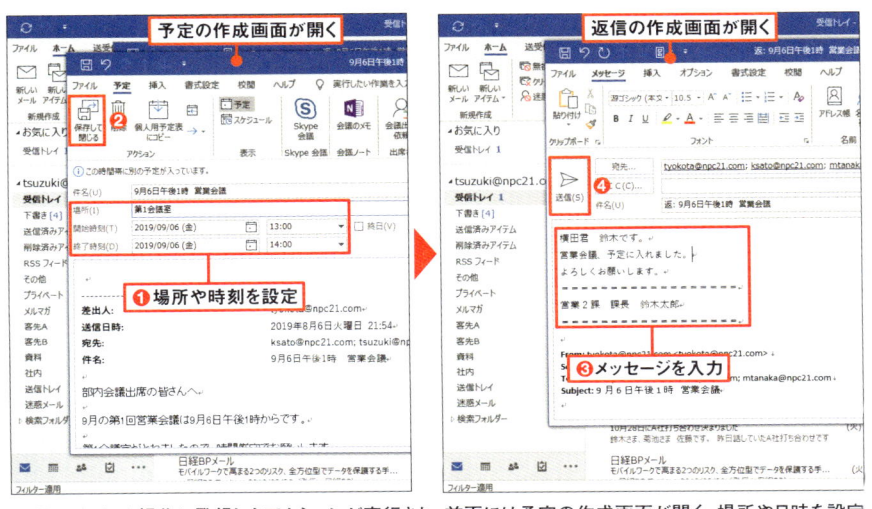

図6 クイック操作に登録したアクションが実行され、前面には予定の作成画面が開く。場所や日時を設定したら「保存して閉じる」を押す（❶❷）。続いて返信の作成画面が開くので、返信のメッセージを入力して「送信」を押す（❸❹）。これでメイン画面に戻る

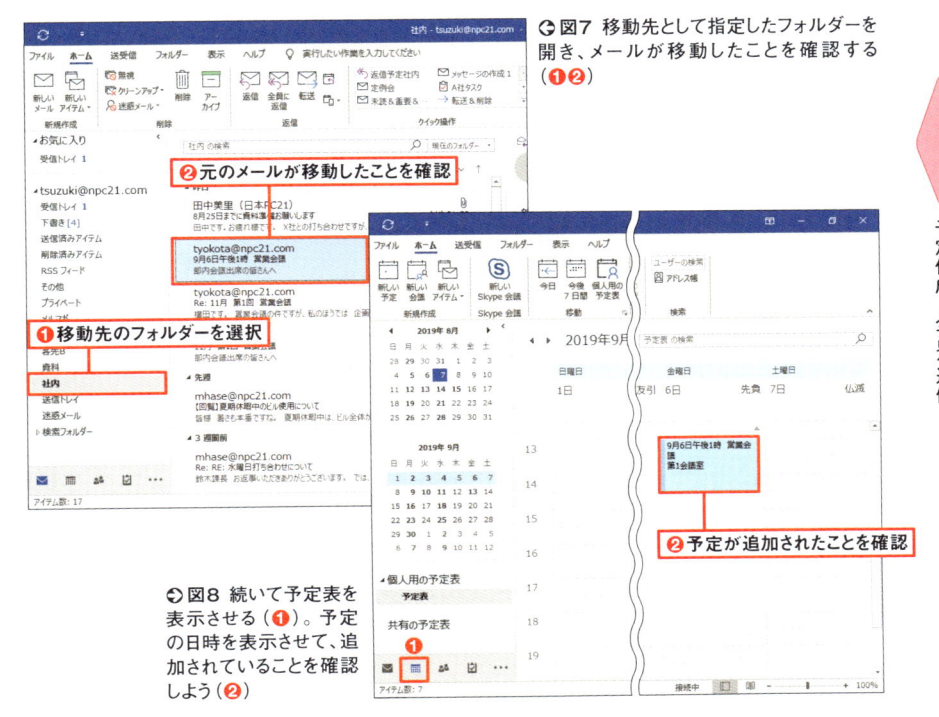

🔾図7 移動先として指定したフォルダーを開き、メールが移動したことを確認する（❶❷）

❷元のメールが移動したことを確認

❶移動先のフォルダーを選択

❷予定が追加されたことを確認

🔾図8 続いて予定表を表示させる（❶）。予定の日時を表示させて、追加されていることを確認しよう（❷）

添付ファイル付きメールは 右ドラッグで予定に追加

3分
時短

受信メールの内容をタスクや予定として登録する方法について見てきたが、ここまで説明した方法では、メールに添付されたファイルも一緒に登録することができない。添付ファイルがないと、せっかくタスクや予定に登録しても、==必要な資料を見るにはメール画面に戻らなくてはならないので効果半減だ==。そこで、==添付ファイルも含めてタスクや予定に登録==する方法を説明しておこう。

予定表に登録する場合、添付ファイル付きのメールを「予定表」アイコンまでマウスの右ボタンでドラッグ（**図1**）。表示されるメニューから「添付ファイルとして予定にコピー」を選択する（**図2**）。これでメール自体が予定に添付され、その添付ファイルも確認可能になる（**図3〜図6**）。

●添付ファイル付きメールをまるごと予定に登録

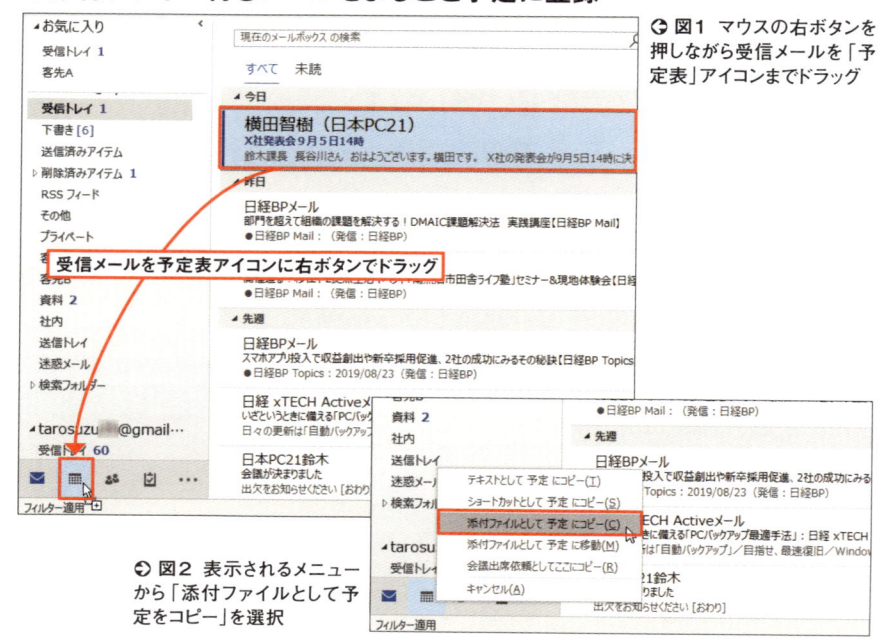

⊙ **図1** マウスの右ボタンを押しながら受信メールを「予定表」アイコンまでドラッグ

受信メールを予定表アイコンに右ボタンでドラッグ

⊙ **図2** 表示されるメニューから「添付ファイルとして予定をコピー」を選択

⮌ 図3 予定の作成画面が開く。ドラッグしたメールはそのまま、「添付ファイル」として表示される。日時などを設定して保存する（❶❷）

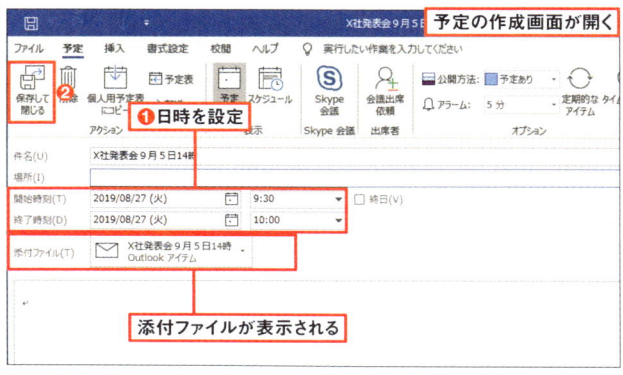

予定の作成画面が開く

❶日時を設定

添付ファイルが表示される

●予定表から添付ファイルを確認

⮌ 図4 予定表を開き、登録した予定をダブルクリックで開く

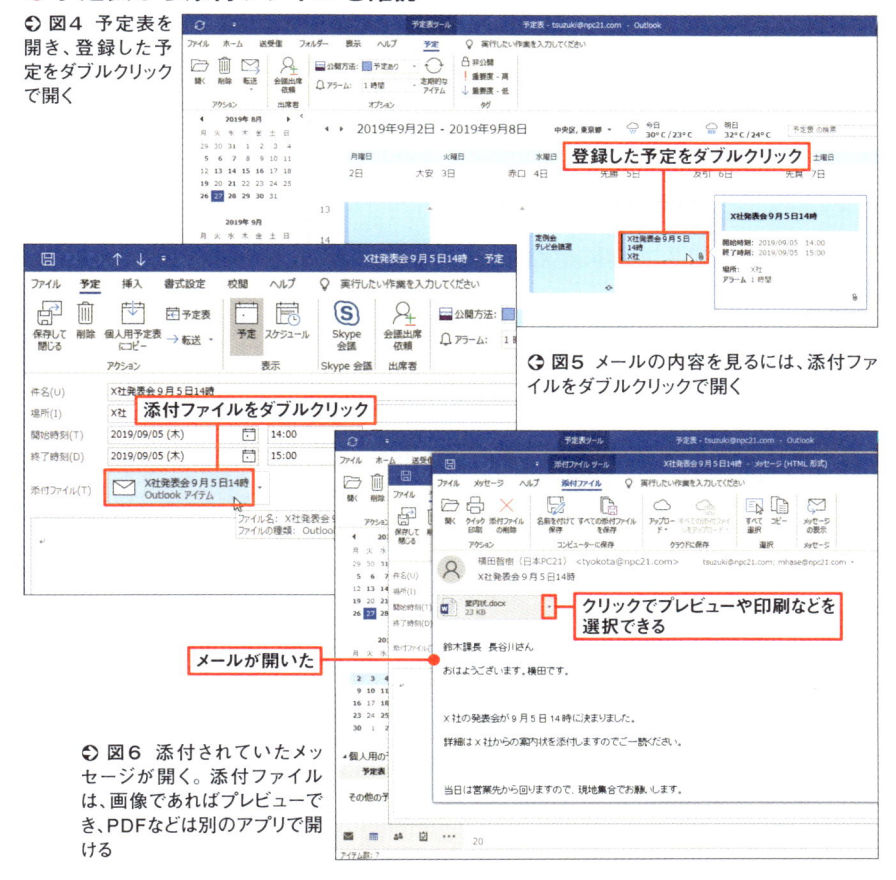

登録した予定をダブルクリック

添付ファイルをダブルクリック

メールが開いた

⮌ 図5 メールの内容を見るには、添付ファイルをダブルクリックで開く

クリックでプレビューや印刷などを選択できる

⮌ 図6 添付されていたメッセージが開く。添付ファイルは、画像であればプレビューでき、PDFなどは別のアプリで開ける

予定表の初期設定を業務に合わせて変更

　「定時」は会社ごと、部署ごと、人ごとに違う。初期設定の予定表では、稼働時間は8時から18時、稼働日は月曜から金曜など、ごく一般的な設定になっている。もっと細かいことをいえば、アラームは予定の15分前に決まっているし、祝日も表示されない。予定表も初期設定で使うべきではない。

　ここでは、見直したい予定表の初期設定について説明していこう。

　予定表の設定は、「ファイル」タブの「オプション」を選び、「予定表」のオプション画面を開くと変えられる（**図1**）。最初に見直したいのが、「稼働時間」だ。初期設定では、月曜から金曜まで、8時から18時までが定時となっている。そのほかの時間帯も予定を登録できるが、定時が異なるならここで設定しておこう。また、日曜ではなく月曜から1週間が始まるようにすると、仕事用のスケジュールらしくなる。

●定時や稼働日を業務に合わせる

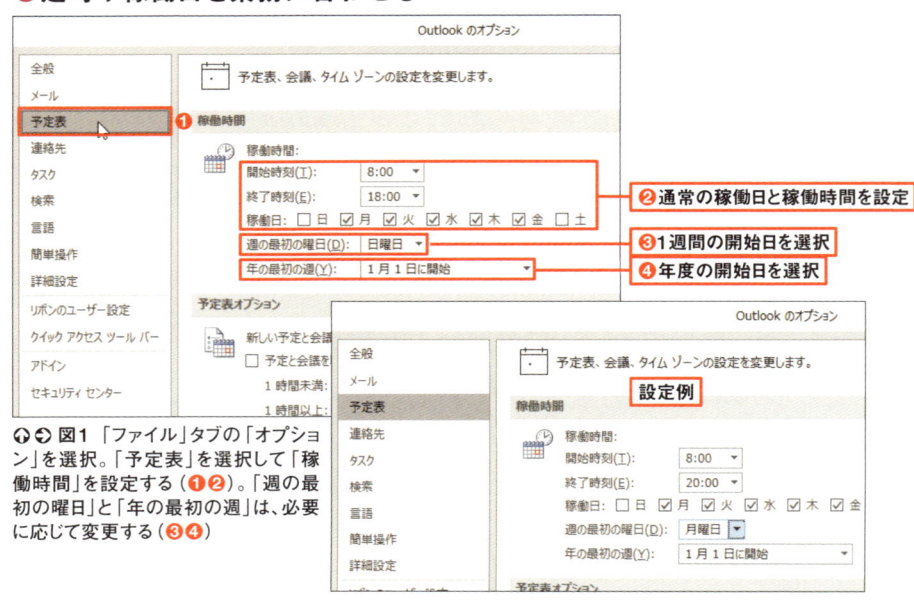

❶❷ 図1　「ファイル」タブの「オプション」を選択。「予定表」を選択して「稼働時間」を設定する（❶❷）。「週の最初の曜日」と「年の最初の週」は、必要に応じて変更する（❸❹）

祝日が休みかどうかは別にして、予定表に表示されていないのは不便なので、表示させよう（**図2**）。ほかの国の祝日も追加できるが、いったん追加すると消去するのが少し面倒なので、必要最小限にするのがよい。

「特定の国への出張が多い」といった場合は、タイムゾーンを追加することで両方の国の時刻を見ながら予定を立てることも可能だ（**図3、図4**）。

●祝日の表示を追加

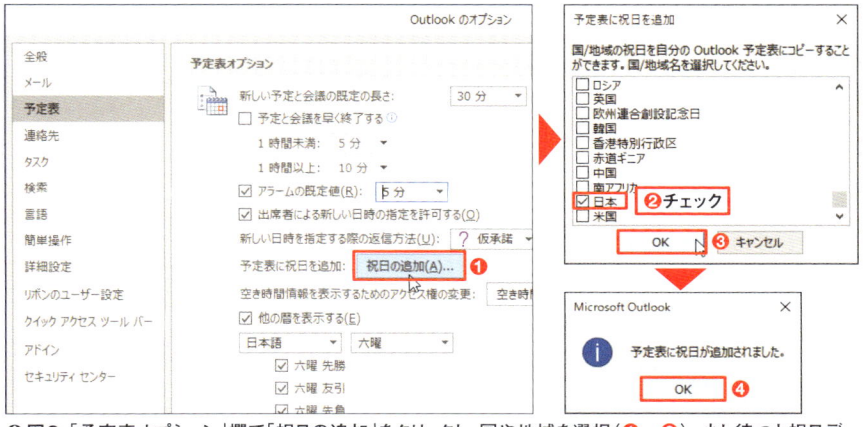

⤵ 図2 「予定表オプション」欄で「祝日の追加」をクリックし、国や地域を選択（❶〜❸）。少し待つと祝日データがダウンロードされ、確認画面が表示される（❹）

●海外の時間表示を追加

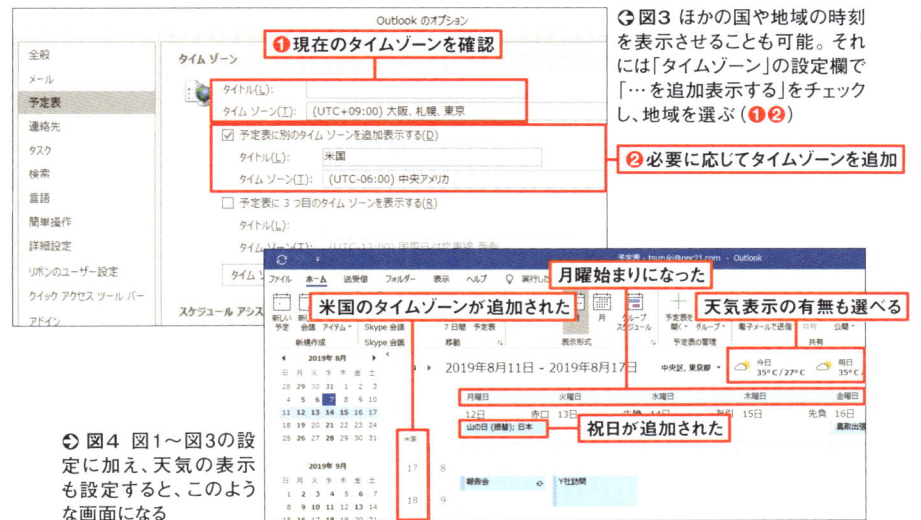

⤴ 図3 ほかの国や地域の時刻を表示させることも可能。それには「タイムゾーン」の設定欄で「…を追加表示する」をチェックし、地域を選ぶ（❶❷）

⤴ 図4 図1〜図3の設定に加え、天気の表示も設定すると、このような画面になる

143

会議の案内はメールより「出席依頼」が便利

5分
時短

　「打ち合わせは8日の午後2時から」といったメールを出席者に送り、自分の予定表に書き込むのは二度手間だ。そこで会議の案内は、メールより「会議出席依頼」を使うのが便利。出席者に依頼メールを送ると同時に、出席者全員の予定表に登録され、出欠の確認も簡単に済むという三拍子そろった機能だ（図1）。

　ただし、この機能をフルに活用できるかどうかは環境次第。お互いの予定や出欠状況を確認するには、会社全体でExchangeサーバーを利用するなど、アウトルックのデータをやり取りできる環境が必要だ。また、特殊な機能だけに、非対応のメールソフトでは本来表示されない文字列が表示されるなど、トラブルのもとになりかねない。お互いの環境がわかる相手同士で利用するのが良いだろう。

　ここでは一般的なアウトルック同士で会議の設定をする手順を紹介する［注］。

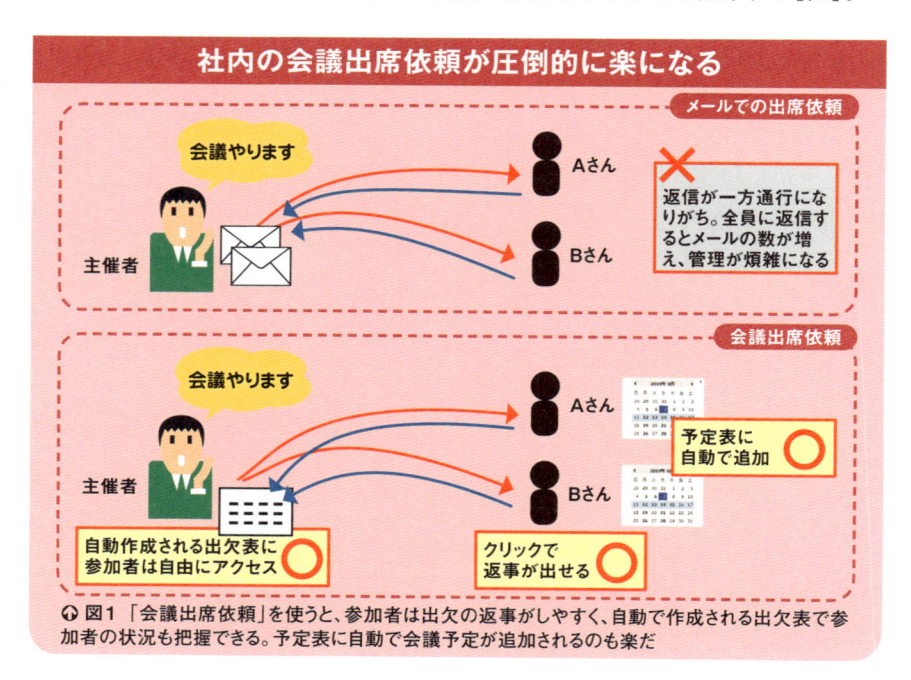

○ 図1 「会議出席依頼」を使うと、参加者は出欠の返事がしやすく、自動で作成される出欠表で参加者の状況も把握できる。予定表に自動で会議予定が追加されるのも楽だ

［注］Exchangeサーバーを利用した環境では、より簡単に会議出席依頼が出せる「スケジュールアシスタント」が利用できるなど、環境によって使用する機能や結果が異なる。詳しくはシステム管理者に問い合わせてみよう

新しい会議出席依頼を出してみよう。<mark>「予定表」画面で会議の日時を選択し、「ホーム」タブで「新しい会議」を選択</mark>（**図2**）。会議出席依頼の作成画面が開くので、会議の出席者（宛先）や場所などを設定し、メールと同様に件名と本文を入力して送信する（**図3**）。

　会議出席依頼では、宛先として登録すると「必須出席者」（必ず出席する人）として登録される。都合が良ければ来てほしい人がいるなら、「任意出席者」として招待することができる（**図4**）。

●会議出席依頼を新規に送信

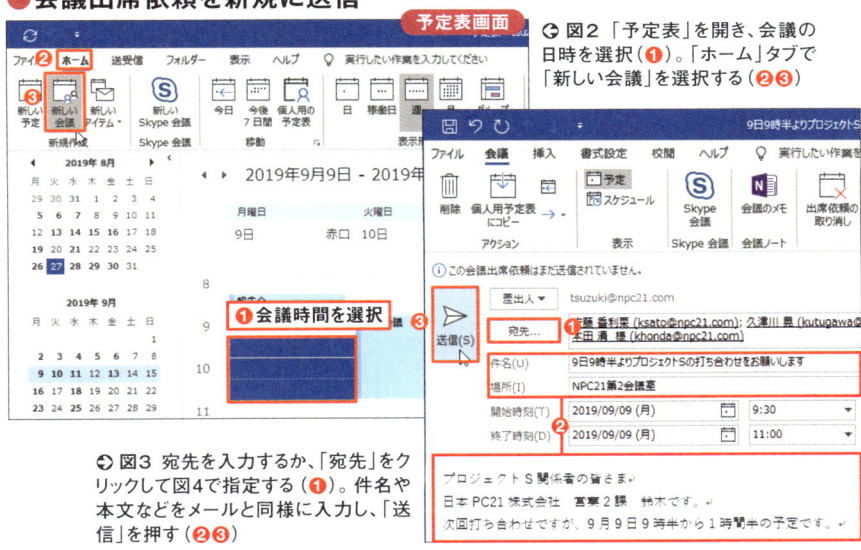

⊖ 図2 「予定表」を開き、会議の日時を選択（❶）。「ホーム」タブで「新しい会議」を選択する（❷❸）

⊕ 図3 宛先を入力するか、「宛先」をクリックして図4で指定する（❶）。件名や本文などをメールと同様に入力し、「送信」を押す（❷❸）

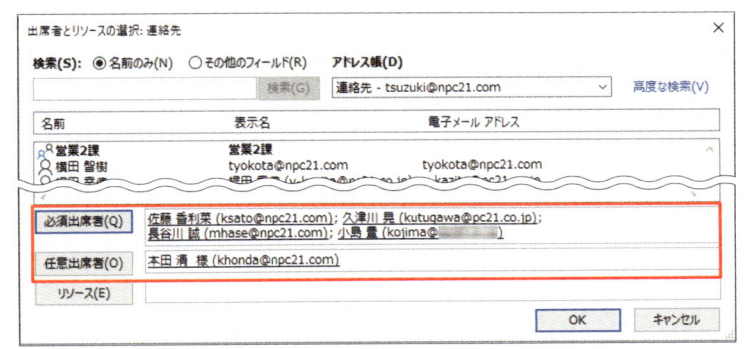

⬆図4 図3で「宛先」を押すと、出席者の選択画面が表示される。出席が決まっている人は「必須出席者」、できれば出てほしい人は「任意出席者」として登録

会議出席依頼を送信すると、同時に自分の予定表に登録され、アウトルックを使っている受信者の予定表にも登録される（図5）。また、受信メールには出席依頼を承諾するかどうかを選択するボタンが表示されるのも特徴的だ（図6、図7）。

● 会議出席依頼は自動で予定表に追加

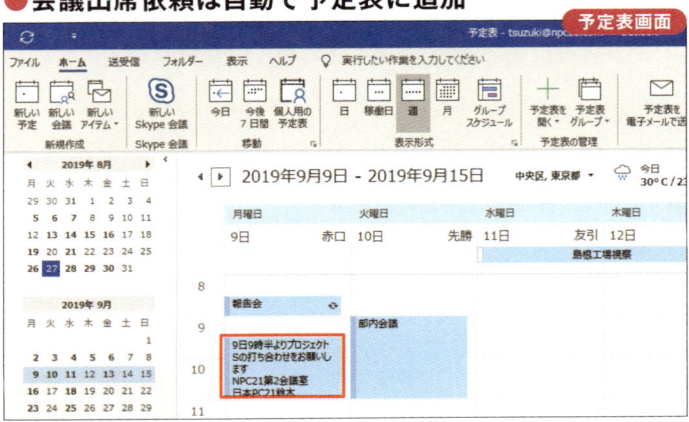

◐ 図5 会議出席依頼を送ると、主催者の予定表には会議予定が自動的に追加される。依頼を受け取ったほかの出席者も、アウトルックであれば自動で予定の追加が可能

● 会議出席依頼を受け取ったら

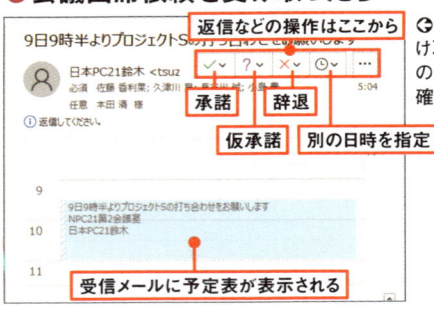

◐ 図6 アウトルックで依頼のメールを受け取ると、返信用のボタンや該当する日時の予定表が表示される。その場で予定を確認して出欠の返信ができる

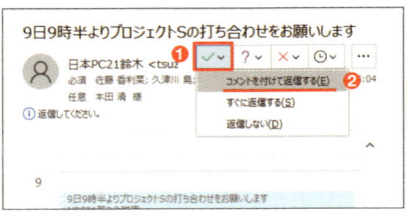
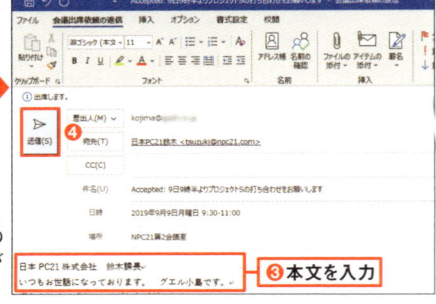

◐◑ 図7 承諾する際にひと言添えて返信するなら、「コメントを付けて返信する」を選択（❶❷）。出席の返事や宛先が指定された返信メールの作成画面が表示されるので、本文を入力して送信する（❸❹）

第4章 予定やタスクの管理もメールベースで効率化

会議の主催者には、出席者からの返事が届く（**図8**）。集まった返事は自動的に集計され、一覧で出席者の確認も可能だ（**図9**）。後から予定の変更も簡単な操作でできる（**図10**）。

●主催者は出席者からの返信を確認

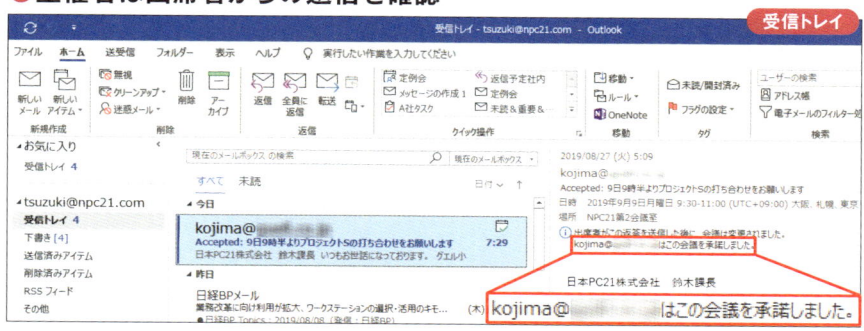

⬆ 図8　出席者からの返信メールが続々と届く。出席者のリストは自動的に作成されるので、主催者は待っているだけでよい

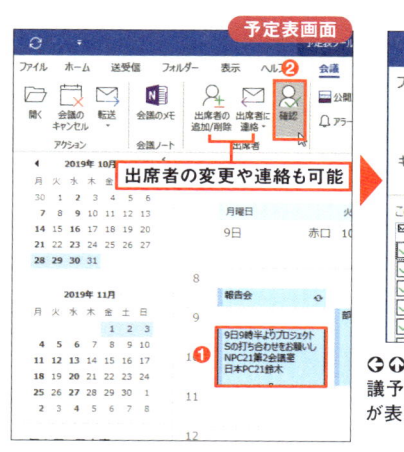

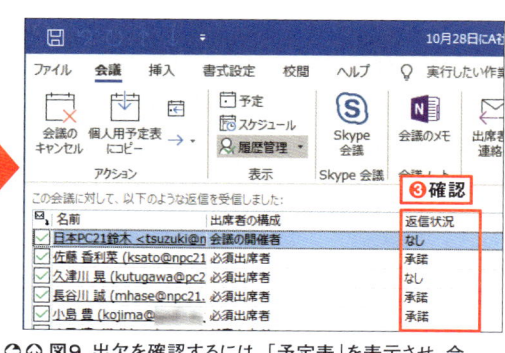

⬅⬆ 図9　出欠を確認するには、「予定表」を表示させ、会議予定を選択（❶）。「確認」をクリックすると、出席者リストが表示される（❷❸）

●予定の変更も簡単

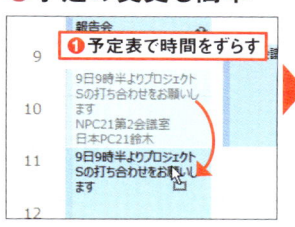

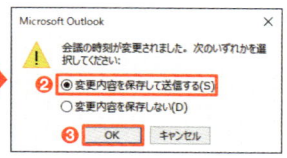

➡図10　依頼後の変更も簡単だ。「予定表」で予定をドラッグして日時をずらすと、自動的に確認画面が表示され、出席者全員に変更を知らせるメールを出すことができる（❶〜❸）

Section 07 Outlook

会議出席依頼を もっと簡単に出す！

打ち合わせの日程が決まったら、メールで知らせるより会議出席依頼のほうが何かと時短になることは前項でおわかりいただけたと思う。お互いにアウトルックを使っているなど制限もあるが、社内の打ち合わせなどで活用したい機能だ。

そこでここでは、もっと簡単に会議出席依頼を出す方法を考えてみよう。

打ち合わせは日程の調整後に決まるものだ。日程が決まる前に何度かメールのやり取りをすることも多い。そんな経過がわかる受信メールがあるなら、それを基に新しい会議出席依頼を出すと、宛先指定などの手間を省ける（図1、図2）。

社内の定例会などでこの機能を利用するなら、宛先や件名なども自動化できるクイック操作に登録するのも手だ（図3）。クイック操作には、「新しい会議」というアクションがあり、ワンクリックで会議の招集メールを出せるようになる（図4、図5）。

第４章 予定やタスクの管理も メールベースで効率化

●受信メールから会議出席依頼を作成

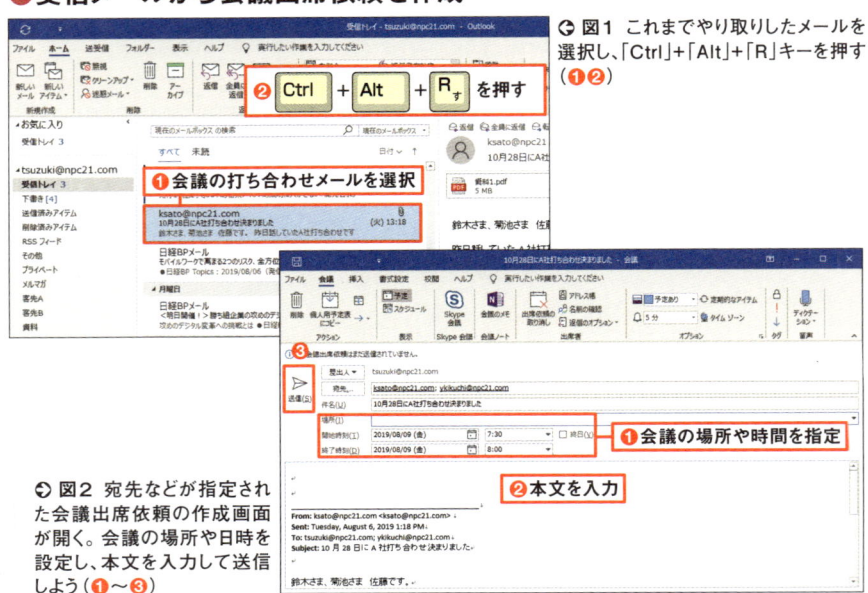

◒ 図1 これまでやり取りしたメールを選択し、「Ctrl」+「Alt」+「R」キーを押す（❶❷）

❷ Ctrl + Alt + R す を押す

❶会議の打ち合わせメールを選択

❶会議の場所や時間を指定

❷本文を入力

◒ 図2 宛先などが指定された会議出席依頼の作成画面が開く。会議の場所や日時を設定し、本文を入力して送信しよう（❶〜❸）

●定例会なら会議出席依頼はクイック操作に登録

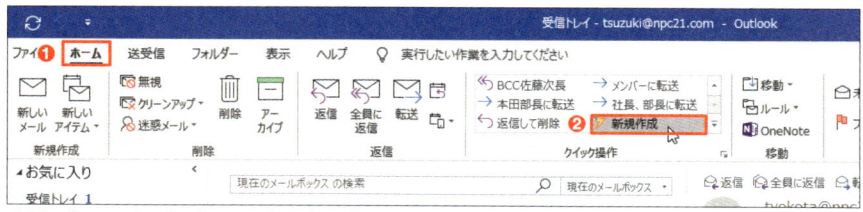

⬆ 図3 「ホーム」タブの「クイック操作」から「新規作成」を選択（❶❷）

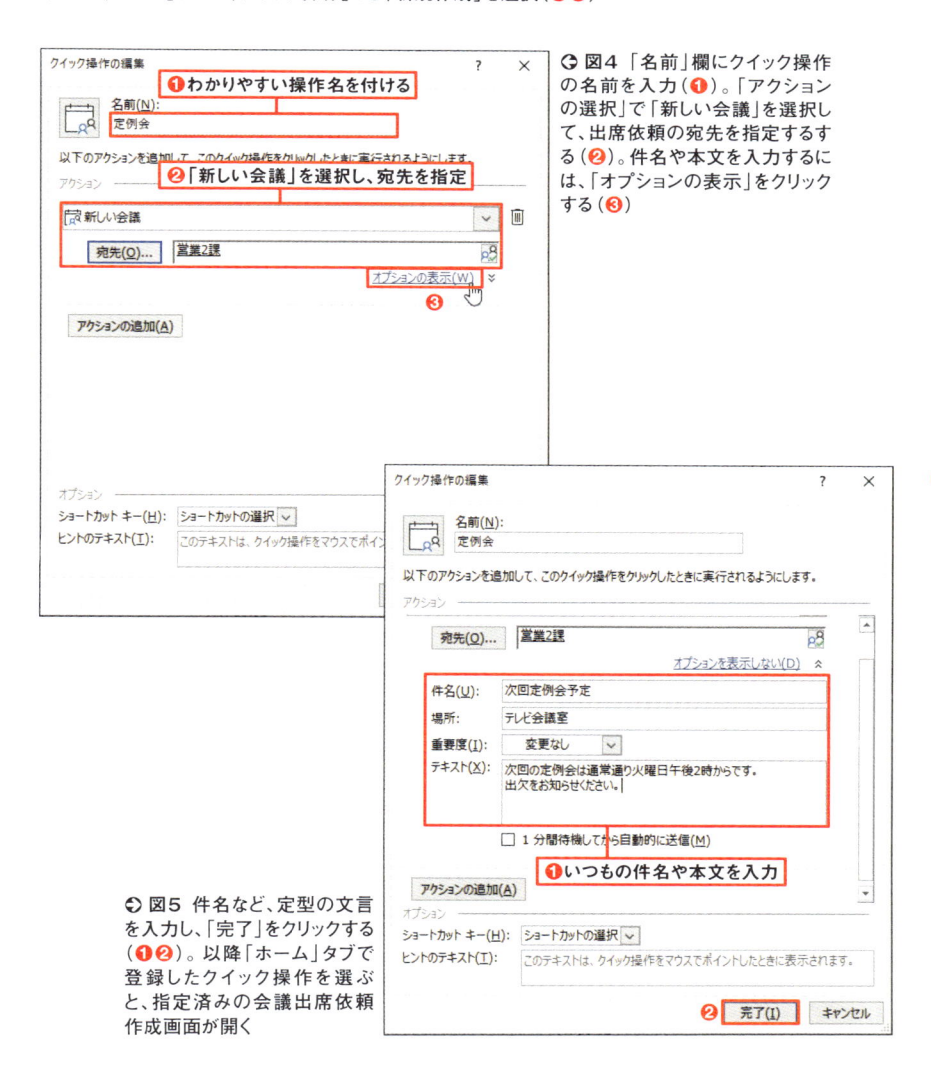

➡ 図4 「名前」欄にクイック操作の名前を入力（❶）。「アクションの選択」で「新しい会議」を選択して、出席依頼の宛先を指定するる（❷）。件名や本文を入力するには、「オプションの表示」をクリックする（❸）

クイック操作の編集

❶わかりやすい操作名を付ける

名前(N)：
定例会

以下のアクションを追加して、このクイック操作をクリックしたときに実行されるようにします。

アクション

❷「新しい会議」を選択し、宛先を指定

新しい会議

宛先(O)... 営業2課

オプションの表示(W) ❸

アクションの追加(A)

オプション

ショートカット キー(H)：ショートカットの選択
ヒントのテキスト(I)：このテキストは、クイック操作をマウスでポイン

クイック操作の編集

名前(N)：
定例会

以下のアクションを追加して、このクイック操作をクリックしたときに実行されるようにします。

アクション

宛先(O)... 営業2課

オプションを表示しない(D)

件名(U)：次回定例会予定
場所：テレビ会議室
重要度(I)：変更なし
テキスト(X)：次回の定例会は通常通り火曜日午後2時からです。
出欠をお知らせください。

☐ 1分間待機してから自動的に送信(M)

❶いつもの件名や本文を入力

アクションの追加(A)

オプション
ショートカット キー(H)：ショートカットの選択
ヒントのテキスト(I)：このテキストは、クイック操作をマウスでポイントしたときに表示されます。

❷ 完了(I) キャンセル

➡ 図5 件名など、定型の文言を入力し、「完了」をクリックする（❶❷）。以降「ホーム」タブで登録したクイック操作を選ぶと、指定済みの会議出席依頼作成画面が開く

149

Memo

不調になったらアドインを疑え

　アウトルック使用中に突然、**図A**のようなエラー画面が出てソフトが終了するようなら、「アドイン」(拡張プログラム)を最近追加していないか、考えてみよう。

　「COMアドイン」画面でアドインのリストを確認する(**図B**)。不調になる直前にアドインをインストールしていれば、それが原因で不具合が起きている可能性が高い。チェックマークを外して画面を閉じ、アウトルックを再起動して正常に動くか確認しよう(**図C**)。

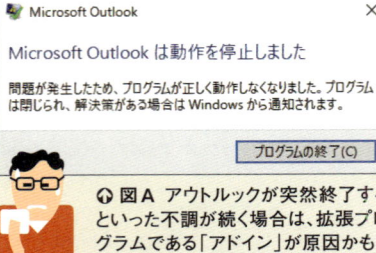

↑ 図A アウトルックが突然終了するといった不調が続く場合は、拡張プログラムである「アドイン」が原因かもしれない。アドインを無効にするだけで改善する場合も多い

　アウトルックの起動途中でエラーが出て終了する場合は、「セーフモード」を使う。セーフモードならアドインを読み込まずに起動できる。「スタートメニュー」のアイコンを「Ctrl」キーを押しながらクリックすればよい。セーフモードで起動後、「COMアドイン」画面で無効にしよう。

第
4
章

予定やタスクの管理も
メールベースで効率化

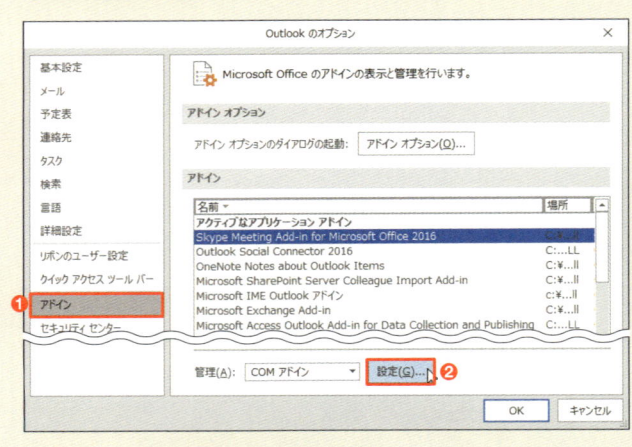

⟲ 図B「ファイル」→「オプション」と選んで、オプション画面を開く。「アドイン」を選び、画面下部にある「COMアドイン」の設定画面を開く(**❶❷**)

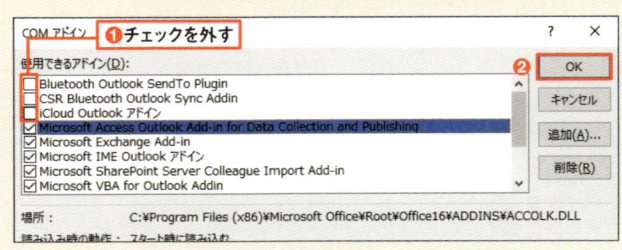

⟲ 図C 直前にインストールしたアドインがあれば、まずはそのアドインを無効にする(**❶❷**)。それで改善しない場合は、1つずつ無効にして、正常に動作するか試そう

第5章

スマホでもアウトルック
外出先でフル活用

アウトルックには、スマホ用のアプリがある。導入すれば、外出先でのすきま時間にメールをチェックできるなど、より時短につながる。アウトルックならではのメリットも多い。ここではアウトルックアプリの基本的な設定から、ワンドライブとの連携まで、活用のポイントを紹介する。

- ●アウトルックアプリをインストール
- ●アプリでも受信トレイはタスクリスト化
- ●アプリも初期設定で使うな!
- ●大きな添付ファイルはワンドライブ経由
- ●空き時間をメールで簡単送信

PCがアウトルックなら スマホもアウトルックアプリ

5分 時短

パソコンでアウトルックを使っているなら、スマホでもアウトルックアプリを使えば、外出先やパソコンがないときでもメールや予定変更にすぐ対応できる。

アウトルックアプリでは、メールアカウントの種類によって設定や機能が異なるため、メールアカウントが次のどの種類なのかを確認しておくとよい。

（1）「outlook.com」などのアウトルックアカウント

（2）「オフィス365」など、Exchangeサーバーを導入している企業アカウント

（3）プロバイダーのIMAP方式のアカウント

（4）プロバイダーのPOP方式のアカウント

（1）はメールアドレスを見ればわかるので問題はないだろう。（2）の場合は、企業全体で導入していることが多い。よくわからない場合はシステム管理者に相談したほうがよい。（1）か（2）なら、パソコンのアウトルックのメールはもちろん、予定表や連絡先も同期できるので、アウトルックアプリを使えばかなり便利だ。

（3）と（4）は一般的なプロバイダーで使われているメール受信方式。IMAP方式のメールサーバーとは同期ができるので、メールはもちろんフォルダーによる階層構造もそのまま読み込める。POP方式の場合、メールサーバーに残っているメールを読み込んだり、新しいメールを出すことはできるが、同期することはできない。どちらの場合も予定表や連絡先の同期には非対応だ。

アウトルックアプリの入手からスタート

使用しているスマホがアンドロイドなら「Playストア」、iPhoneなら「App Store」アプリを使って、無料のアウトルックアプリ（正式名称は「Microsoft Outlook」）を入手する（**図1**）。

ここからは、アンドロイドの画面を例に手順を説明していく。

アウトルックアプリを初めて起動したときにメールアドレスを登録する（**図2**）。IMAP方式の場合は、「詳細設定」にサーバーなどの情報を指定するとつながりやすい（**図3**）。パソコンと同じメールが表示されればアカウントの設定は完了だ（**図4**）。

●機種に応じたオンラインストアでアウトルックアプリを入手

Microsoft Outlook
Microsoft Corporation

仕事効率化

インストール

広告が表示されます

↻ **図1** アンドロイドなら「Playストア」、iPhoneなら「App Store」を起動して、「Microsoft Outlook」を検索し、インストールを行う

●アプリを起動したら、メールアカウントを登録

職場や個人のメール アドレスを入力します。

メール アドレス ── **②メールアドレスを入力**

← IMAP に接続 ❓ ✓ ④

メール アドレス
tsuzuki@npc21.com

パスワード
••••••••

表示名 (例: Mike Rosoft)
鈴木太郎（日本PC21） ── **③必要事項を入力**

説明 (例: 職場)
会社 ── **④IMAPの場合はオンに**

詳細設定

↑↻ **図2** 「始める」を押して設定開始（①）。メールアドレスを入力し、次の画面でパスワードなどの必要事項を入力する（②〜④）。「表示名」はメール送信の際に使用する名前なので、わかりやすく設定しよう

Outlook

メールをより良く管理します。

① 始める

IMAP 受信メール サーバー

IMAP ホスト名 (例: imap.domain.com)
mail.▮▮▮▮▮▮:993

IMAP ユーザー名 (例: mike.rosoft)

メールサーバーの設定を入力

IMAP のパスワード

SMTP 送信メール サーバー

SMTP ホスト名 (例: smtp.domain.com:port)

↑ **図3** IMAP方式の場合は図2右で「詳細設定」をオンにして、IMAP用のサーバー情報などを入力したほうが確実

≡ 受信トレイ

優先　　その他　　⚡ フィルター

その他: 3 件の新規スレッド
日経BPメール, 日経 xTECH Activeメール

K　kojima@▮▮▮▮　　7:28
Accepted: 10月28日にA社打ち合わせ… 📎
このメッセージには本文がありません。

今週

K　kojima@▮▮▮▮　　水
Accepted: 次回打ち合わせ 📎
このメッセージには本文がありません。

↑ **図4** 「受信トレイ」にメールが表示されればアカウントの設定は完了

Section
02

Outlook

アプリでも受信トレイは整理してタスクリスト化

アウトルックアプリは、画面下部にある3つのアイコンで機能を切り替えて使う（**図1**）。左から、メール、検索、予定表だ。まずは基本のメール操作から見ていこう。

初回起動時にパソコンのアウトルックと同じメールアカウントを指定すると、受信トレイにはメッセージ一覧が表示され、POP方式以外ではフォルダーの構成もパソコンと同じになる。パソコンのアウトルックで設定したルールもそのまま適用される。パソコンと同じメール環境を簡単にスマホで構築できるのが、アウトルックアプリの利点だ。

メールを読むときには、メッセージ一覧から読みたいメールをタップ（**図2**）。フォルダーへの移動や削除、返信、転送といったメール操作は、画面上のメニューやボタンから行う。

処理が必要なメールだけを受信トレイに残してタスクリスト化する時短術は、スマホの狭い画面ではより効果的だ。メッセージ一覧画面では、メールを右から左にスワイプするだけでアーカイブ（52ページ）できる（**図3**）。アーカイブフォルダーが決まっていない場合は最初にアーカイブするときに指定すればよい。複数メールをまとめてフォルダーに移動したり、削除したりといった操作も可能だ（**図4**）。

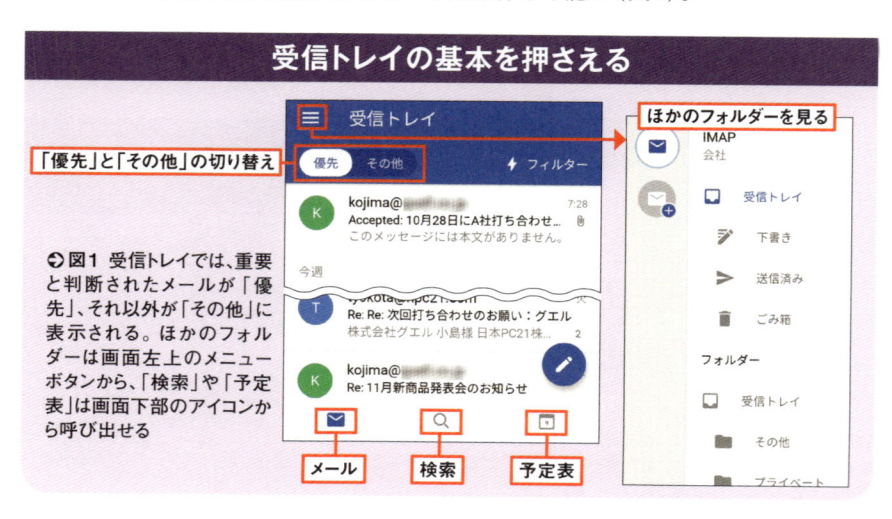

受信トレイの基本を押さえる

「優先」と「その他」の切り替え

ほかのフォルダーを見る

❍**図1** 受信トレイでは、重要と判断されたメールが「優先」、それ以外が「その他」に表示される。ほかのフォルダーは画面左上のメニューボタンから、「検索」や「予定表」は画面下部のアイコンから呼び出せる

メール　　検索　　予定表

●受信メールはメニューとボタンで簡単に処理

↑↓ 図2 メッセージ一覧で見たいメールをタップすると、メールの内容が表示される。その画面では、3つのメニューと3つのボタンでメールの処理ができる（右）

●最初にアーカイブ用のフォルダーを指定

↷ 図3 メッセージ一覧画面でアーカイブするメールを右から左へスワイプ（❶）。最初にアーカイブするときは、フォルダーの確認画面が表示される場合がある。「フォルダーの選択」か「作成」かを選ぶ（❷）。前者の場合は既存のフォルダーの一覧で、アーカイブフォルダーを指定する（❸❹）

●メッセージ一覧で複数メールを一括処理

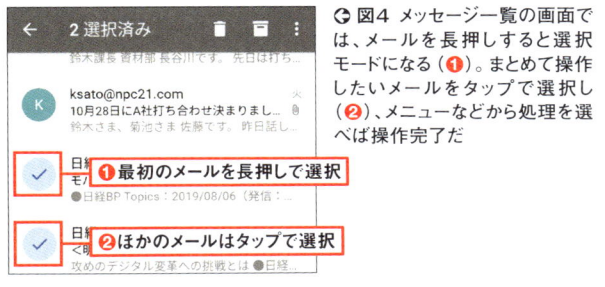

↷ 図4 メッセージ一覧の画面では、メールを長押しすると選択モードになる（❶）。まとめて操作したいメールをタップで選択し（❷）、メニューなどから処理を選べば操作完了だ

Section 03 アウトルックアプリも初期設定で使うな！

Outlook

メッセージ一覧画面で、メールを右から左にスワイプ（左スワイプ）するだけでアーカイブする操作は、パソコンでのアーカイブよりサクサク進む。実は逆方向の左から右へのスワイプ（右スワイプ）にも、既読やフラグ、削除などの機能を割り当てることができる。右に左にスワイプするだけでアーカイブや削除ができれば、メール整理が楽になる。アプリでも初期設定を見直せば、必ず時短に役立つことがあるものだ。

スワイプオプションから設定開始

メールの設定画面は、受信トレイ画面左上のメニューボタンから呼び出す（**図1**）。右スワイプの設定や、左スワイプの機能変更は、「スワイプオプション」で行う（**図2**）。左スワイプには初期設定で「アーカイブ」が指定されているが、右スワイプは指定がない。「変更」をタップして、指定したい機能を選択する（**図3**）。例えば「フォルダーへ移動」を選択した場合は、メールを右スワイプすると、その都度、移動先フォルダーを選ぶ画面が表示されるようになる。

●スワイプオプションで右スワイプも使えるようにする

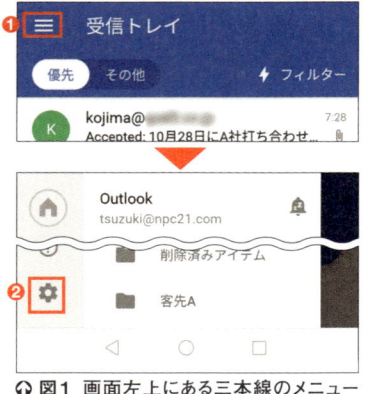

↑ **図1** 画面左上にある三本線のメニューボタンをタップ（❶）。歯車アイコンをタップしてメールの設定を始める（❷）

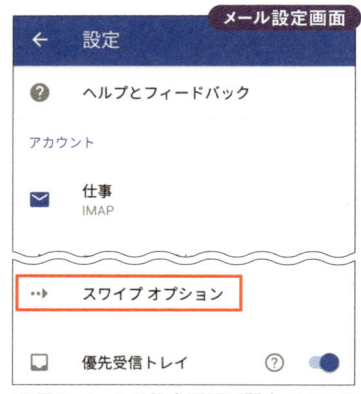

↑ **図2** メールの設定画面が開く。ここでは時短に役立ちそうな「スワイプオプション」から設定する

これは便利そうね

第5章　外出先でフル活用　スマホでもアウトルック

156

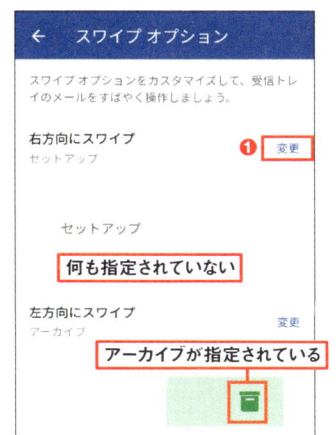

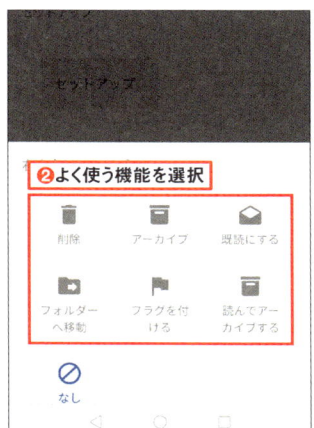

◯図3 左スワイプは初期設定で指定されているので、ここでは「右方向にスワイプ」の「変更」をタップ（❶）。よく使う機能を選択する（❷）

不要な通知をオフにして作業に集中

　作業の邪魔をする通知設定も確認しておきたい。初期設定では新着メールがあるとバッジや通知が表示され、サウンドが鳴る。邪魔だと感じるなら通知をオフにしたり、「新着メールのサウンド」から通知方法の詳細設定も可能だ（**図4**）。

●通知に邪魔させない

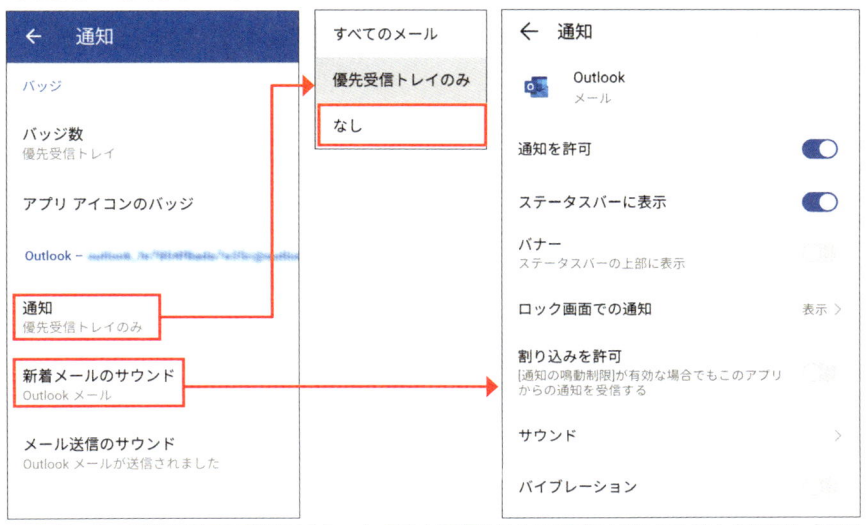

◯◯ 図4 図2の設定画面で「通知」をタップ。通知が不要な場合は「通知」を選んで「なし」を選択。「新着メールのサウンド」を選ぶと、アンドロイドの「設定」アプリの通知設定が開き、サウンドだけでなく通知全体の設定ができる

「普段は通知してほしいけれど、プレゼン中は困る」といった場合は、「通知」の設定をオフにするのではなく、「応対不可」機能を使うという手もある（**図5**）。この機能をオンにすると、通知がすべてオフになる。「1時間だけ」や「無効にするまで」などを指定できるので、緊急時でもすぐに使える。用事が済んだら「応対不可」機能を切らないと、着信通知が来ないので注意しよう。

受信トレイの表示を指定

　受信トレイは、「優先」と「その他」のタブに分かれて表示されるのが初期設定だが、間違って「その他」に大事なメールが紛れ込んだりすると厄介だ。分けるのはフォルダーだけにして、優先受信トレイの設定は解除しておこう（**図6**）。同じ画面で、スレッド表示を使うかどうかも指定できる。

●緊急時は「応対不可」で通知をシャットアウト

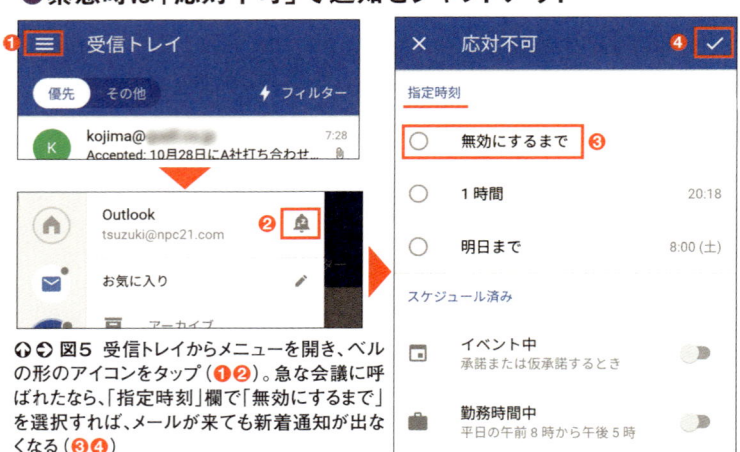

↩ ↪ **図5** 受信トレイからメニューを開き、ベルの形のアイコンをタップ（❶❷）。急な会議に呼ばれたなら、「指定時刻」欄で「無効にするまで」を選択すれば、メールが来ても新着通知が出なくなる（❸❹）

●優先受信トレイはオフ、スレッド表示はお好みで

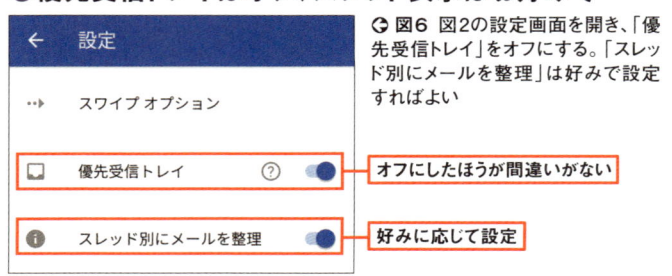

↪ **図6** 図2の設定画面を開き、「優先受信トレイ」をオフにする。「スレッド別にメールを整理」は好みで設定すればよい

挨拶入りの署名で手間を省く

アプリにも署名機能がある。<mark>入力しづらいスマホでは、よく使う挨拶などを含めて署名にしておくとメール作成がかなり楽になる</mark>（**図7、図8**）。初期設定は「Android版Outlookの入手」という意味のわからない署名なので、いずれにせよ修正しないと恥ずかしい。

アウトルックアプリでは、複数のメールアカウントを登録できる。アウトルックアプリにメールを集約して、メール操作にかかる時間を短縮しよう（**図9、図10**）。

●挨拶込みで署名を登録

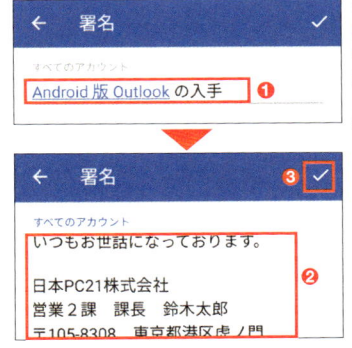

↩ **図7** 図2の設定画面で「署名」をタップ。初期設定の署名を選択して書き換え、保存する（❶～❸）

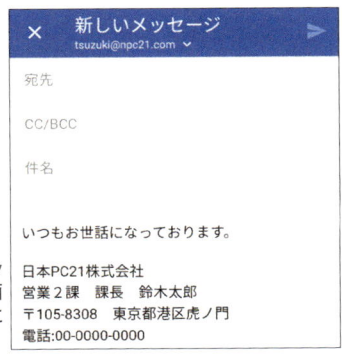

↩ **図8** 新しいメッセージの作成画面ではこのように表示される

●複数のアカウントを登録して使う

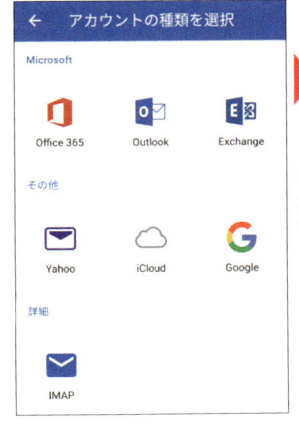

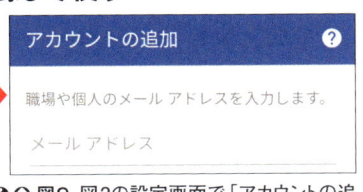

↩↪ **図9** 図2の設定画面で「アカウントの追加」を選択。アカウントの種類を選択し、メールアドレスやパスワードを入力して登録する

↩ **図10** 複数のアカウントを登録した場合、受信トレイの切り替えは図5左上の三本線ボタンで開くメニューで行う

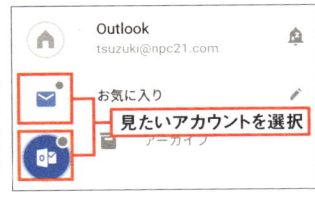

159

大きい添付ファイルは
ワンドライブ経由で

Section
04

Outlook

大きいファイルを添付するときには、相手の迷惑にならないように送るのがマナーだ。ファイルが受け取れないとメール自体がエラーになってしまうこともあり、トラブルの原因になりかねない。また、スマホで大きなファイルを送ることは、通信量や送信時間の浪費にもつながる。

アウトルックアプリでは、==ワンドライブやドロップボックスといったクラウドストレージサービスと連携して、クラウド上のファイルをリンクだけ添付して送信できる==。この機能を使うには、最初にクラウドサービスのアカウントを登録しておく必要がある。ワンドライブを例に、その設定方法を見ていこう。

ワンドライブのアカウントを追加

メールの設定画面を開き、「アカウントの追加」で「ストレージアカウントの追加」を選択（**図1**）。追加するサービスを選択してサインインする（**図2、図3**）。

●事前にクラウドストレージのアカウントを追加

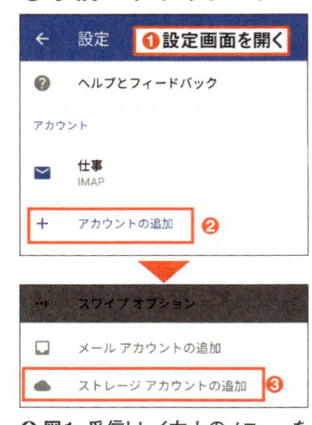

図1 受信トレイ左上のメニューを開いて「設定」を選び、「アカウントの追加」をタップ（❶❷）。「ストレージアカウントの追加」を選択する（❸）

⬆ **図2** 追加するクラウドサービスを選択

➡ **図3** 画面に従って、クラウドサービスのサインインを行う

メール作成時に「ファイルを添付」を選択すると、ファイルの一覧にクラウドサービスに保管中のファイルも表示されるようになる（**図4**）。

　クラウドサービスを使ったファイル添付では、ファイルのコピーを添付して送るか、クラウドサービスへのリンクだけを送るかを選択できる。送信側も受信側も無駄を省きたいなら、リンクを添付するとよい（**図5**）。

●クラウド上のファイルをリンクとして添付

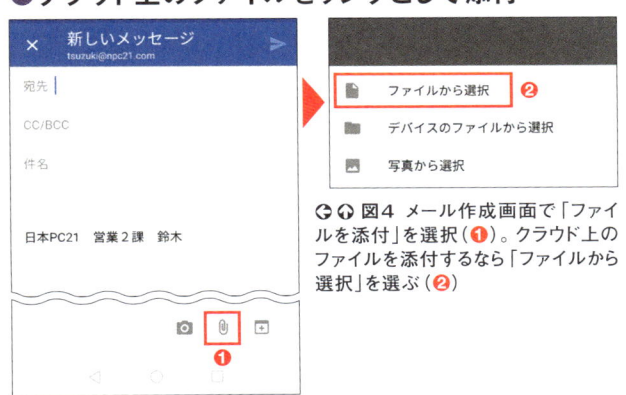

●↑ 図4　メール作成画面で「ファイルを添付」を選択（❶）。クラウド上のファイルを添付するなら「ファイルから選択」を選ぶ（❷）

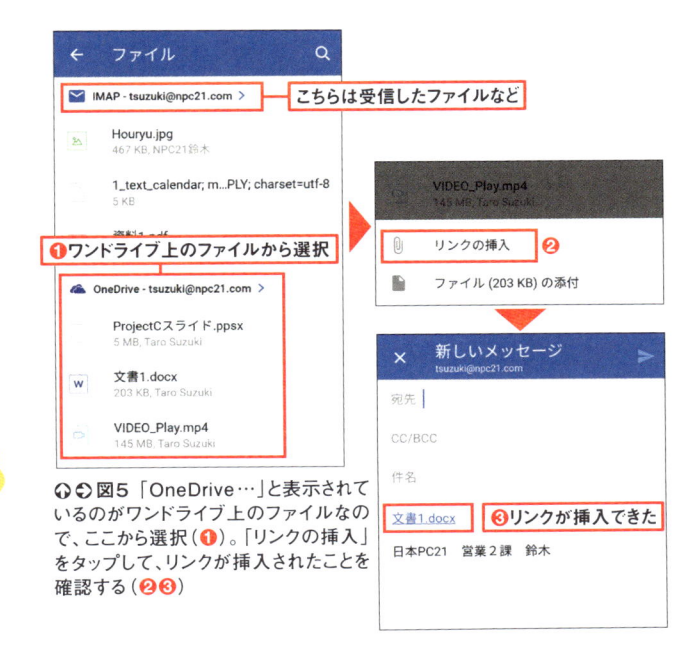

吹き出し：大きなファイルも安心だ

↑● 図5　「OneDrive…」と表示されているのがワンドライブ上のファイルなので、ここから選択（❶）。「リンクの挿入」をタップして、リンクが挿入されたことを確認する（❷❸）

スケジュール調整も簡単！
メールで空き時間を送信

5分時短

　打ち合わせなどのスケジュール確認には、何度もメールのやり取りが必要なこともある。そんなときには自分の空き時間をいくつか候補として送ると、相手も対応がしやすい。アウトルックアプリなら、予定表を見ながら空き時間を確認し、メールに入力する手間を省く機能がある。

　メールの作成画面や返信画面で、「会議の添付」を選択すると、「空き時間情報の送信」が選べる（**図1**）。予定表の空き時間を確認し、都合の良い時間を指定すれば、相手に空き時間を知らせることができる（**図2**、**図3**）。

●スケジュールを確認しながら空き時間を送信

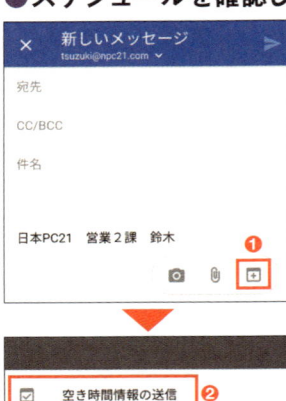

↑ **図1** メールの作成画面で画面下部のアイコンから「会議の添付」を選択（❶）。「空き時間情報の送信」を選ぶ（❷）

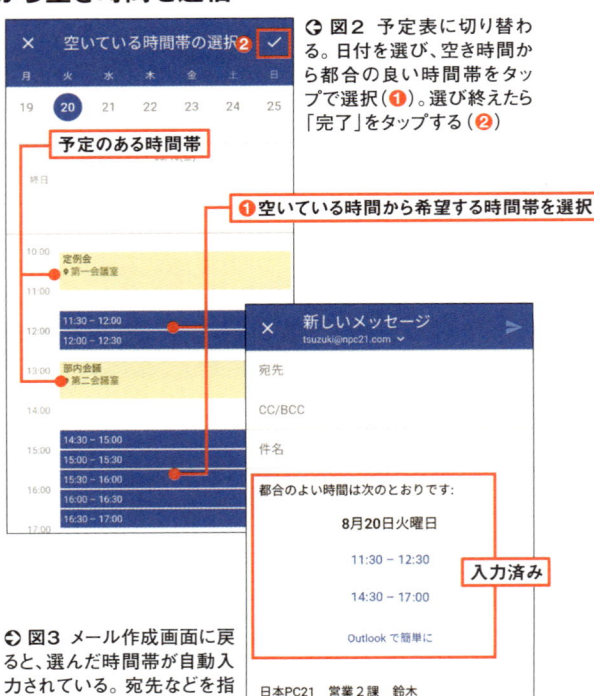

↻ **図2** 予定表に切り替わる。日付を選び、空き時間から都合の良い時間帯をタップで選択（❶）。選び終えたら「完了」をタップする（❷）

❶空いている時間から希望する時間帯を選択

予定のある時間帯

入力済み

↻ **図3** メール作成画面に戻ると、選んだ時間帯が自動入力されている。宛先などを指定してメールを出そう

追補

もっと活用するための
メール実用ノウハウ

効率化を求めるばかりではなく、ビジネスメール特有のマナーや言葉遣いも押さえておきたい。マナーを理解することで、文面の作成時間も短くなるはずだ。ほかのメールソフトからの乗り換え方法、時短に効果的なショートカットキーもまとめておく。

- 新社会人必見のビジネスメール作法
- アウトルックに乗り換える!
- 覚えるならこのショートカットキー

新社会人必見！ビジネスメールの基本作法

01 起承転結ではなく最初に用件

　時短は自分だけの問題ではない。メールを読む相手にも時間をかけさせず、用件を伝えることが大切だ。

　物語には起承転結が必要だが、メールには「承」や「転」は不要。簡単な挨拶の後、最初の数行で要点を伝え、細かい説明は後回しにするのがビジネスメールで好まれる書き方だ（**図1**）。

いつも大変お世話になっております。↵
日本 PC21 株式会社　鈴木です。↵
↵
前回の打ち合わせでは、時間が足りず、↵
議題が残ってしまい、大変失礼いたしました。↵
↵
さて、残った議題について、早急に打ち合わせが必要です。↵
次回打ち合わせの日程は、いかがいたしましょう。↵
↵
来週の木曜日か金曜日、空いているお時間があれば、↵
お伺いしたいと思っております。↵

この部分は省略可

↑**図1** このメールなら「起」と「結」だけで足りる

02 句読点と改行は多め、箇条書きも活用

　画面の文字を読むのは、目が疲れる。特に長文だと目で追うのは難しく、読み間違いにもつながりかねない。メールは紙の文書よりも句読点を多めに使い、読みやすくする心遣いが大切だ（**図1**）。

　説明する項目が多い場合は長文を避け、箇条書きにまとめるなど工夫しよう。

いつも大変お世話になっております。日本 PC21 株式会社　鈴木です。↵
次回の打ち合わせですが 7 月 7 日はいかがでしょうか。↵
午後 2 時から午後 4 時まで第 2 会議室を予定しており私と島田の二人が参加いたします。↵
前日までにこちらの社内でアイデアをまとめ、資料をメールにてお送りする予定です。↵
ご検討よろしくお願いいたします。↵

いつも大変お世話になっております。↵
日本 PC21 株式会社　鈴木です。↵
↵
次回の打ち合わせは以下のように決まりました。↵
日時：7 月 7 日　午後 2 時から午後 4 時まで↵
場所：弊社　第 2 会議室↵
参加者：日本 PC21　第 2 営業部　鈴木、島田↵
資料：7 月 6 日までにメールにて送付↵

一度読んでもわからない

↑↓**図1** 同じ内容を伝えるメールでも、書き方で伝わり方が変わる。日程などは箇条書きにまとめることで、確認しやすくなる

03 1営業日以内に返信がメールの基本

電話と違って、届いたかどうかがわからないメール。送った相手を不安にさせないよう、仕事のメールには1営業日以内には返信すべきだ。検討が必要な内容であれば、期限を切って「○日まで検討させてください」といった返事を出せばよい（**図1**）。

もちろん、内容によっては返信が不要な場合もある。電話の場合、「かけたほうが先に切る」のが一般的だが、メールはどちらが先に終わらせても問題ない。「資料受け取りました」といった確認メールなら、最後に返信不要の一文を入れておくと、余分なメールのやり取りをせずに済む。

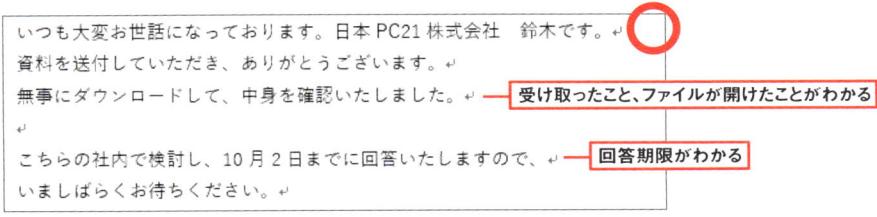

いつも大変お世話になっております。日本 PC21 株式会社　鈴木です。↵
資料を送付していただき、ありがとうございます。↵
無事にダウンロードして、中身を確認いたしました。↵ ── 受け取ったこと、ファイルが開けたことがわかる
↵
こちらの社内で検討し、10 月 2 日までに回答いたしますので、↵ ── 回答期限がわかる
いましばらくお待ちください。↵

↥ **図1** すぐに返事ができない場合は、回答期限を知らせる。ファイルの受け取り連絡では、ファイルを開いて中身が確認できたことまで伝えるとよい

04 基本は「全員に返信」

複数の人を宛先にした同報送信を受け取った場合、「返信」では差出人にしか返事が届かず、情報の共有が止まってしまう。「全員に返信」で関係者全員に送るのが基本的なマナーだ（**図1**）。

ただし、宛先にもCCにも自分のメールアドレスが入っていない場合はBCC（41ページ）で送られたメールだ。ほかの人にはわからないように送られたメールなので、返信する場合には「返信」を使い、差出人のみに送る。

返事を出すときには、自分が宛先やCCに入っているかどうかをしっかり確認しよう。

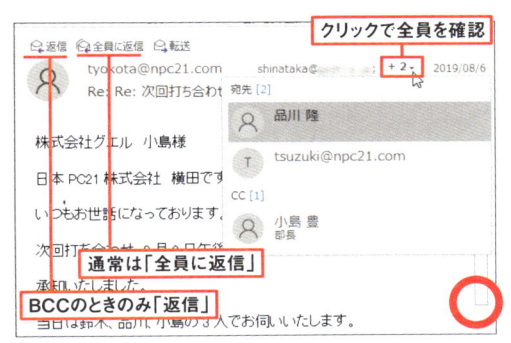

↥ **図1** 宛先が多いと表示しきれないこともある。自分宛てなのか、あるいはCCやBCCなのかを確認し、「返信」か「全員に返信」かを選ぶようにしよう

05 　狼少年にならない「重要度」の使い方

　アウトルックでは、送信するメールに「重要度」を設定できる。何もしないと重要度は「通常」の設定だが、「高」にすると赤い「!」、低にすると青い「↓」のマークをメッセージ一覧に表示できる（**図1**）。

　重要度の設定は簡単だ。メール作成画面で「重要度」をクリックすれば、受信した人に重要度を知らせることができる（**図2**）。

　ただし、このマーク、使い方には少々注意が必要だ。受信メールの一覧の中に赤い「!」マークがあると、「また営業メールか」と考える人もいる。送信メールに付けることができる「重要度」は、本来であれば「重要なメールなので早く見てください」という意味で利用するものだ。しかし、一時期ダイレクトメールや迷惑メールで頻繁に使われたことがあり、「怪しいメール」と受け取られることもある。

　仕事のメールは、みな重要だ。だからといって、重要度をいつも「高」にしているようだと、「またか」と思われてしまいかねない。使うとしても、よほど重要で、急ぎの用件があるときのみにしよう。

　そのほか、この機能を使わずに、件名の先頭に「【重要】」「【急ぎ】」などと付けて明示するのも有効だ。

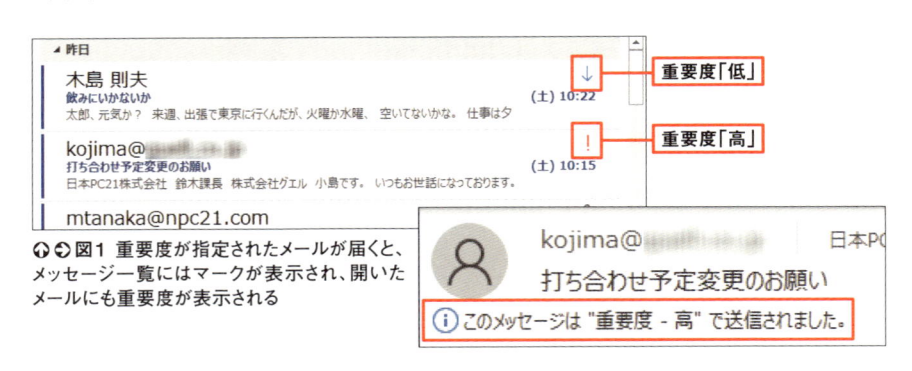

↑ ↔ **図1** 重要度が指定されたメールが届くと、メッセージ一覧にはマークが表示され、開いたメールにも重要度が表示される

↑ **図2** 重要度はメール作成画面の「メッセージ」タブで指定できる

追補1

06 文書はPDF、画像はPNGかJPEG

　添付されたファイルが開けないことがある（**図1**）。添付ファイルは送信中に何らかのエラーで壊れることもあるが、送ったファイルの形式が原因で開けないことも多い。

　使用しているソフトや機器は人それぞれ。「オフィスソフトはどの会社でも使うだろう」といった思い込みは禁物だ。相手の環境がわからないなら、ソフトの独自形式ではなく、「共通のファイル形式」に変換して送るのがマナーだ（**図2**）。

　共通のファイル形式とは、多くのソフトが対応している形式で、特殊なソフトがなくてもパソコンやスマホで開ける形式のこと。例えば、ワード形式のファイルはワードやワードパッドがないと開けないが、「PDF」形式であればブラウザーで開けるので、マックでもスマホでも問題ない。さらに文字を送るだけなら、ワードファイルよりテキストファイルにしたほうが素早く送受信できて、容量も軽い。画像ファイルなら「PNG」か「JPEG」形式で送るのが一般的だ。

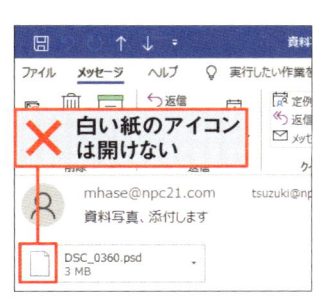
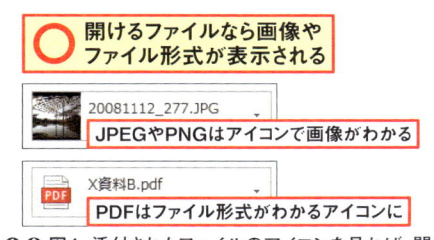

◐◑ 図1　添付されたファイルのアイコンを見れば、開けるファイルかどうかがわかる

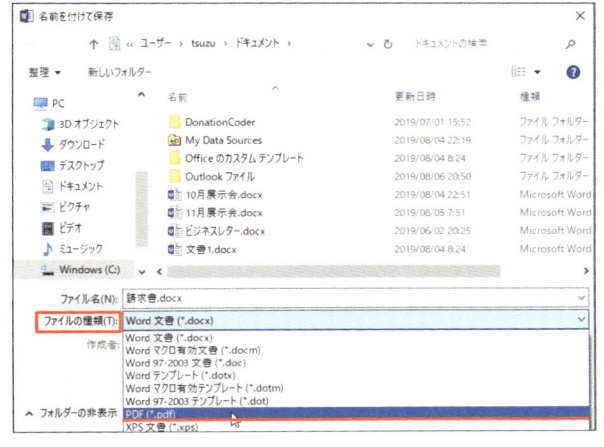

◐ 図2　ソフトごとの独自ファイル形式ではなく、共通のファイル形式にするには、「名前を付けて保存」を選び、「ファイルの種類」を指定する。ワードのファイルであれば、「PDF」で保存すれば、環境にかかわらず開けるファイルになる

07 面識がない相手には経緯を説明

　人づての紹介など、面識がない人にメールを送る場合、どのようなメールにすればうまく仕事を進めていけるだろうか。本来であれば、紹介者に取り次ぎを頼みたいところだが、そうもいかないこともある。ひと昔前は、面識がない人には「メールより電話」といわれたものだが、今はメールを好む人も増えている。紹介者が普段メールでやり取りしているのなら、初めてのコンタクトがメールでも問題はないだろう。

　面識のない人へのメールは、単に自分がどこの誰であるかを伝えるだけでなく、面識がないこと、仕事のメールであること、紹介された経緯などを順序立てて説明することが大事だ（**図1**）。会ったことのない人に、「お世話になります」といった「いつもの挨拶」は使わないように注意しよう。

> 突然のメールで失礼いたします。日本 PC21 株式会社　鈴木と申します。
> 弊社資材部の横田より、以前仕事をしていただいた品川様を紹介され、
> メールを書いているしだいです。

● 図1　最初に初めてのメールであることや紹介者の情報などを書くことが大事。仕事の話は、その後だ

08 相手の環境でも崩れないメールに

　メールを読む環境は、人や状況によって異なる。こちらで指定したフォントがないかもしれないし、スマホで読んでいるかもしれない。紙の文書であれば、箇条書きではスペースなどで文字をそろえると見やすくなるが、メールならその気遣いは不要（**図1**）。署名もシンプルにして、どのような環境で開いても崩れないメールを送りたい。

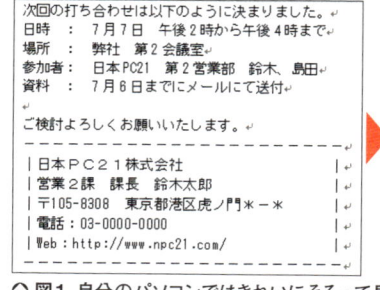

⬣ 追補1

↥ 図1　自分のパソコンではきれいにそろって見える文字でも（左）、受け取る人の環境ではズレてしまうことがある（右）。メールではスペースなどでそろえようとしないほうがよい

09 「です」「ます」は○、「ございます」は△

　文字だけで情報を伝えるメールでは、言葉遣いで印象が大きく変わる。基本的には敬語を使うことになるのだが、長文が嫌われるメールでは丁寧すぎる言葉は避けたほうがよい。**図1**に、客先や上司へのビジネスメールでよく使われる言葉遣いをまとめたので、参考にしてほしい。

行きます	うかがいます
会いたい	お目にかかりたい／お会いしたい
見ました	拝見しました
します	いたします
どうですか?	いかがでしょうか?
…してください	お手数ですが…していただけるとありがたいです
見ておいてください	ご一読ください
受け取ってください	ご査収ください／ご確認よろしくお願いいたします
これでいいです	この方向で進めてください
OK、了解	承知しました／このまま進めてください
いいですか	よろしいでしょうか
後で	のちほど
このあいだ	先般／先日
もうすぐ	間もなく
すぐ	速やかに／早急に／迅速に
すみませんが	申し訳ございませんが／恐縮ですが／お手数おかけしますが
取りあえず	取り急ぎ／まずは
久しぶり	ご無沙汰しております
わかってください	ご理解いただきたく
誤解です	少し誤解があるようなので補足させていただきます
参考になった	勉強になりました
私的には	私としましては／弊社としては
やらせてください	担当させてください／ご用命ください
わかりましたか	ご不明な点はございませんか
返事をください	ご回答のほどよろしくお願いいたします
お世話様です	お世話になっております

⬆ **図1** 口語（左）をビジネスメールでよく使われるフレーズ（右）に言い換えてみた。丁寧すぎる回りくどい言い回しはせず、適度な敬語を心がけよう

ビジネスメールでは、「1往復半が理想」といわれる。「メールを送る→返事が来る→ひと言お礼」といったやり取りが理想的ということだ。しかし現実には、日程調整ひとつとっても、メールのラリーになることが多い（**図1**）。

メールは情報交換のツールなので、ラリーになるのが悪いわけではない。しかし、日程調整のように電話なら1分で済む話がラリーになってしまうのは時間の無駄でしかない。こうした事務的な連絡を1往復半で終わらせるには、相手が「Yes/No」や3択で返事ができるようなメールにすることだ。

日程調整であれば、候補日時を3つ挙げる。できれば、「○日以降でしたら時間は調整できます」など、相手が調整できる4つめの候補があれば、なおよい（**図2**）。

この方法は、日程調整以外にも使える。案を3つ挙げた後、「…の理由でC案がよいのではないかと考えますが、いかがでしょうか」というように自分の意見を添えておけば、相手も返事がしやすいものだ。

●なかなか終わらないやり取り

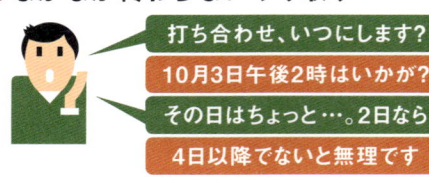

打ち合わせ、いつにします？
10月3日午後2時はいかが？
その日はちょっと…。2日なら
4日以降でないと無理です

○ **図1** 日程の調整などで、メールのやり取りが2往復を超えてしまうことは多い。図のようなやり取りだと、3往復でも終わらないだろう

●終わらせるには、候補を複数提示するのが効果的

いつも大変お世話になっております。
日本 PC21 株式会社　鈴木です。
次回打ち合わせ日程のご連絡です。
こちらの候補日を書いておきますので、ご都合をお聞かせ
1　10月2日　午後2時以降 ← **候補を挙げる**
2　10月3日　午前10時〜午後3時
3　10月7日　午後3時以降
なお、10月8日以降でしたら、時間は合わせられます。
ご検討のほど、よろし ← **それ以外にも対応**

日本 PC21 株式会社　鈴木様
いつも大変お世話になっております。
株式会社グエル　加藤です。

日程のご連絡ありがとうございます。
10月3日午前10時からでしたら、私と山本、二人で出席可能です。
よろしくお願いいたします。 ← **決められる**

いつも大変お世話になっております。
日本 PC21 株式会社　鈴木です。
早速お返事いただきありがとうございます。
では、10月3日午前10時にお伺いいたします。
よろしくお願いいたします。 ← **確認で終了**

○○ **図2** 複数候補を挙げておくことで（上）、相手が選択できる（右上）。最後に確認すれば、1往復半でやり取りを終えられる（右）

追補1

11 無断転送にならない転送方法

　メールは、私信だ。勝手にほかの人に転送してはいけない。ただしビジネスメールは会社同士のやり取りなので、報告のため上司などに転送しても、通常は問題ない。相手からしても、上司が絡んだほうが不在時やトラブル時にも対処しやすい。

　上司に口頭で報告後、元のメールも含めた返信に、CCとして上司を追加する。メール本文でそのことに言及することで、相手には上司に報告していることが伝わり、上司には経過が伝わる（**図1**）。

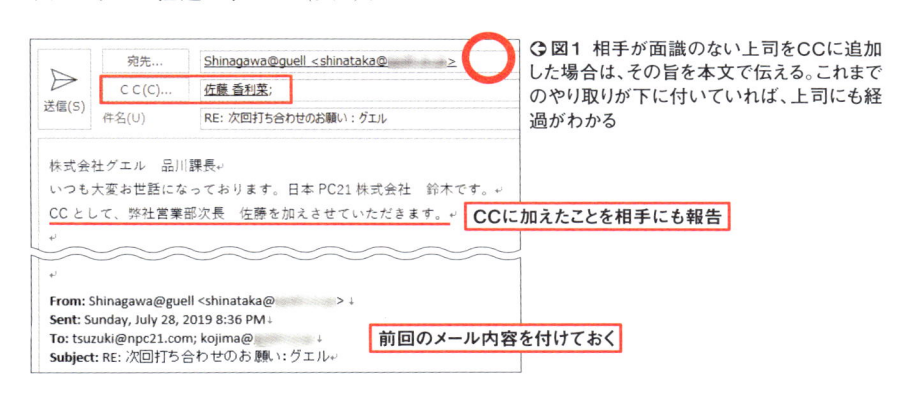

⊕**図1** 相手が面識のない上司をCCに追加した場合は、その旨を本文で伝える。これまでのやり取りが下に付いていれば、上司にも経過がわかる

CCに加えたことを相手にも報告

前回のメール内容を付けておく

12 部分引用でわかりやすく回答

　返信には元のメールを付けて送るのが基本だ。そうすることで、受け取った人が元のメールを探す手間を省くことができ、経過もわかりやすい。元のメールが長文の場合、さらにわかりやすくするのが「引用」のテクニックだ。複数の質問事項があるなら、それぞれの質問ごとに回答を挟む（**図1**）。

　引用は長くなりすぎるとかえって返信がわかりづらくなることもある。短めの引用を心がけよう。

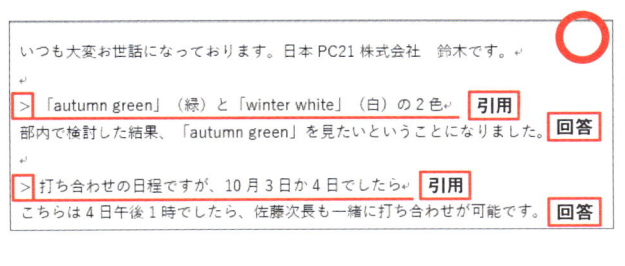

⊕**図1** 元のメールを下に付けるだけでなく、質問がわかる部分を個別に引用することで、何に対する回答かがすぐわかる。部分引用の場合、先頭に「＞」を付けるのが一般的だ

ライブメールから移行するには？
Gメールもアウトルックで読める！

ウィンドウズライブメールから乗り換え

　ウィンドウズ7のサポート終了期限は2020年1月14日。まだウィンドウズ7を使っているなら早急にウィンドウズ10へ移行しないと、トラブルの危険性が高まってしまう。ウィンドウズ10への移行で欠かせないのが、メールソフトの乗り換えだ。ウィンドウズ7で主流だった「Windows Live（ウィンドウズライブ）メール」は2017年にサポートを終了しており、ウィンドウズ10では使えない。そこでここでは、ウィンドウズライブメールからアウトルックにスムーズに移行する手順を紹介しよう。

　メールソフトの乗り換えでは、これまでのメールデータ、連絡先、アカウントを、どうやって移行するかが問題になる。残念ながらアウトルックではアカウントの移行には対応していないが、メールデータや連絡先は移行できる。

ウィンドウズライブメールのメールデータを保存

　新しいパソコンでアウトルックを使う場合、7パソコンにもアウトルックをインストールすると作業が楽だ。7パソコンでアウトルック（2010以降）を1回でも起動しておくことで、ウィンドウズライブメールからアウトルック形式のメールデータを書き出せる（**図1〜図4**）。

●メールデータをエクスポート

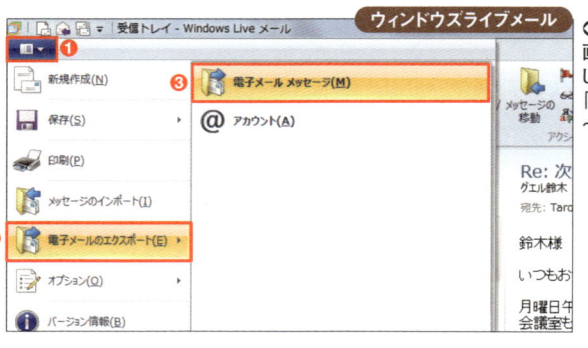

○**図1** ウィンドウズライブメールで画面左上のメールボタンをクリックし、「電子メールのエクスポート」から「電子メールメッセージ」を選択（❶〜❸）

メールはアウトルックのデータファイルとして、「ドキュメント」フォルダー内の「Outlookファイル」フォルダーに保存されるのが一般的だ（**図5**）。このフォルダーをウィンドウズ10のアウトルックで読み込めばよい（175ページ）。

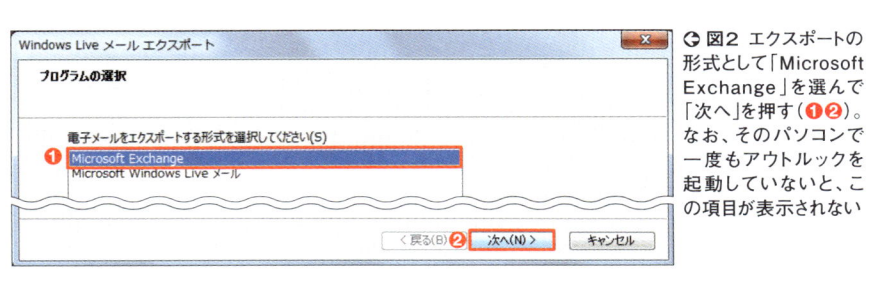

⊙ **図2** エクスポートの形式として「Microsoft Exchange」を選んで「次へ」を押す（**❶❷**）。なお、そのパソコンで一度もアウトルックを起動していないと、この項目が表示されない

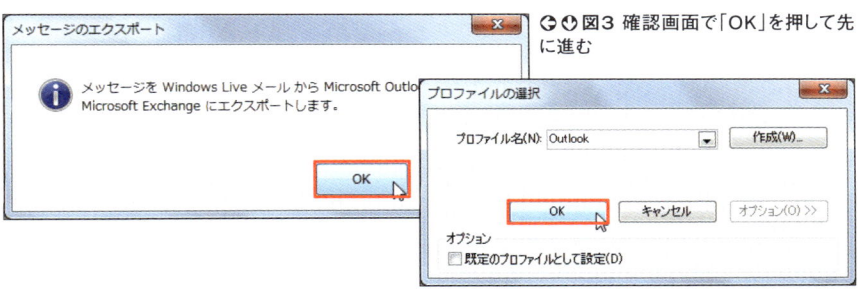

⊙⊙ **図3** 確認画面で「OK」を押して先に進む

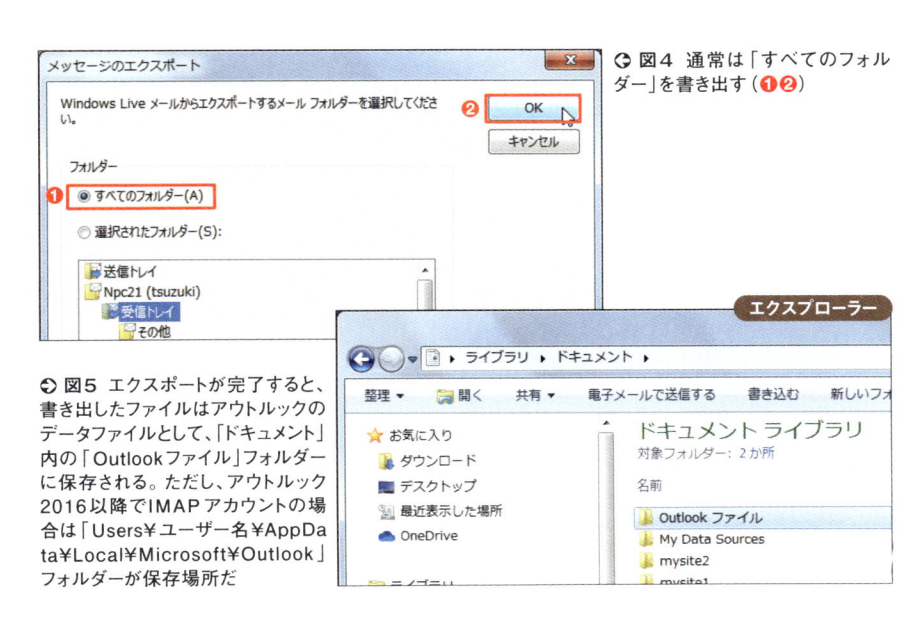

⊙ **図4** 通常は「すべてのフォルダー」を書き出す（**❶❷**）

⊙ **図5** エクスポートが完了すると、書き出したファイルはアウトルックのデータファイルとして、「ドキュメント」内の「Outlookファイル」フォルダーに保存される。ただし、アウトルック2016以降でIMAPアカウントの場合は「Users¥ユーザー名¥AppData¥Local¥Microsoft¥Outlook」フォルダーが保存場所だ

ウィンドウズライブメールのアドレス帳を保存

　続いてウィンドウズライブメールで「アドレス帳」を開き、アウトルックで読み込める形式のファイルで書き出す（**図6**）。この方法で保存したアドレス帳のデータは、文字コードがウィンドウズ10のアウトルックと異なるため、メモ帳などで「文字コード」を「ANSI」に変換する（**図7、図8**）。メールとアドレス帳のデータをUSBメモリーなどにコピーすれば準備は完了だ。

●アドレス帳をエクスポート

⊙ **図6** ウィンドウズライブメールに戻り、「アドレス帳」を選択（❶）。「エクスポート」から「カンマ区切り（.CSV）」を選択してアドレス帳を書き出す（❷❸）

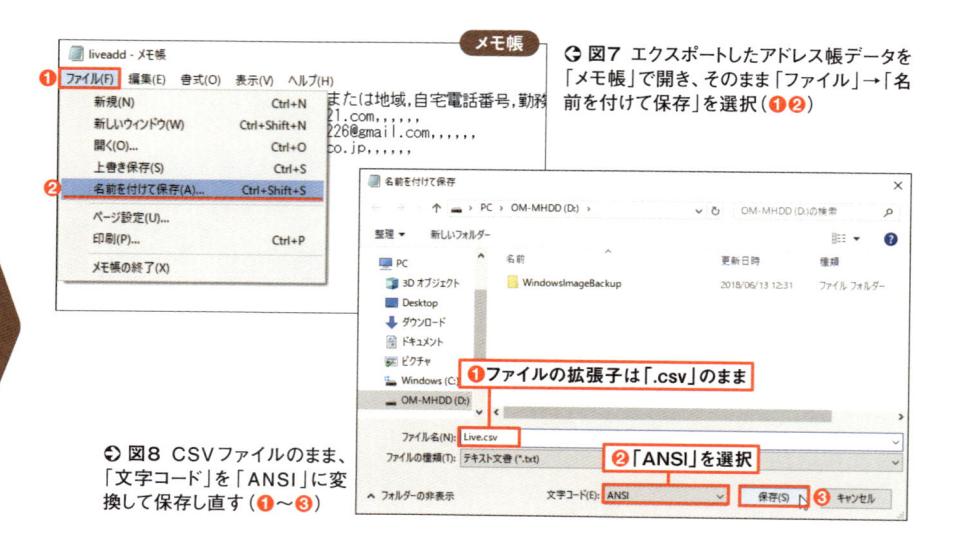

⊙ **図7** エクスポートしたアドレス帳データを「メモ帳」で開き、そのまま「ファイル」→「名前を付けて保存」を選択（❶❷）

⊙ **図8** CSVファイルのまま、「文字コード」を「ANSI」に変換して保存し直す（❶〜❸）

ウィンドウズ10のアウトルックで読み込み

　次に、書き出したメールとアドレス帳のデータをウィンドウズ10のアウトルックで読み込んでいく。アウトルックデータをウィンドウズ7のときと同じ場所に保存し、アウトルックで同じアカウントを追加することで、メールデータは自動的に読み込める。読み込めない場合は、「ファイル」メニューから「開く/エクスポート」を選び、「Outlookデータファイルを開く」でデータファイルを指定すればよい（**図9**）。

　アドレス帳のデータは、図9で「インポート／エクスポート」を選び、保存したファイルを選択する（**図10〜図14**）。すでにアウトルックを使っている場合、重複するデータの処理方法も選べる。

●ウィンドウズライブメールのデータをアウトルックで読み込む

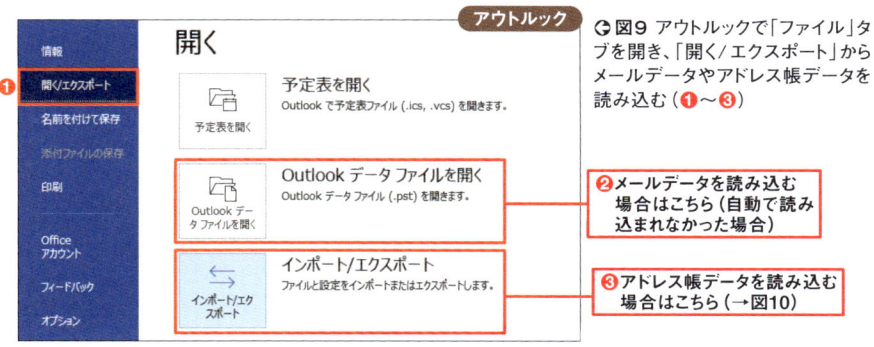

⤷ **図9** アウトルックで「ファイル」タブを開き、「開く/エクスポート」からメールデータやアドレス帳データを読み込む（❶〜❸）

❷ **メールデータを読み込む場合はこちら（自動で読み込まれなかった場合）**

❸ **アドレス帳データを読み込む場合はこちら（→図10）**

⤷ **図10**「他のプログラムまたはファイルからのインポート」を選択して次に進む（❶❷）

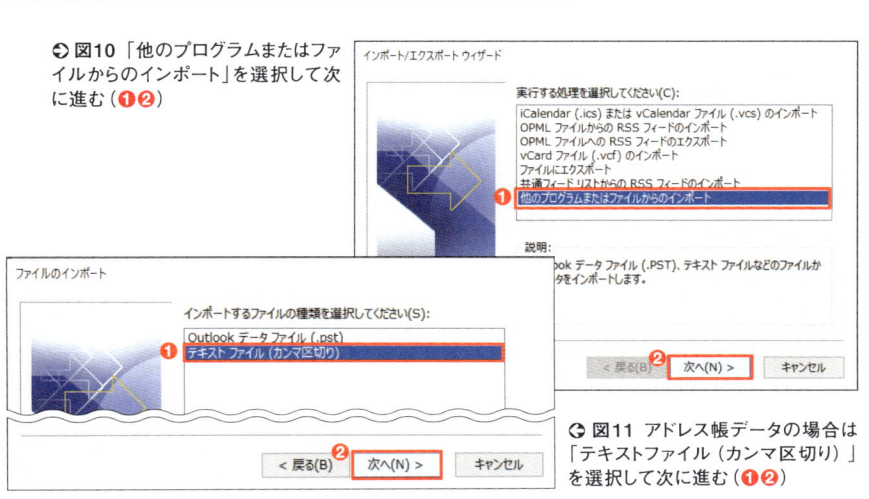

⤷ **図11** アドレス帳データの場合は「テキストファイル（カンマ区切り）」を選択して次に進む（❶❷）

●読み込むファイルや形式を選択

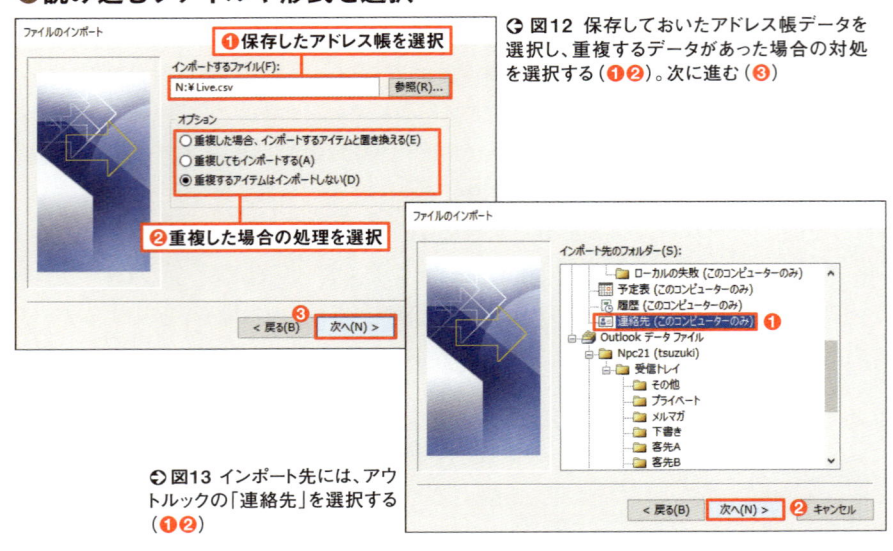

❶ 保存したアドレス帳を選択

❷ 重複した場合の処理を選択

◐ 図12 保存しておいたアドレス帳データを選択し、重複するデータがあった場合の対処を選択する（❶❷）。次に進む（❸）

◐ 図13 インポート先には、アウトルックの「連絡先」を選択する（❶❷）

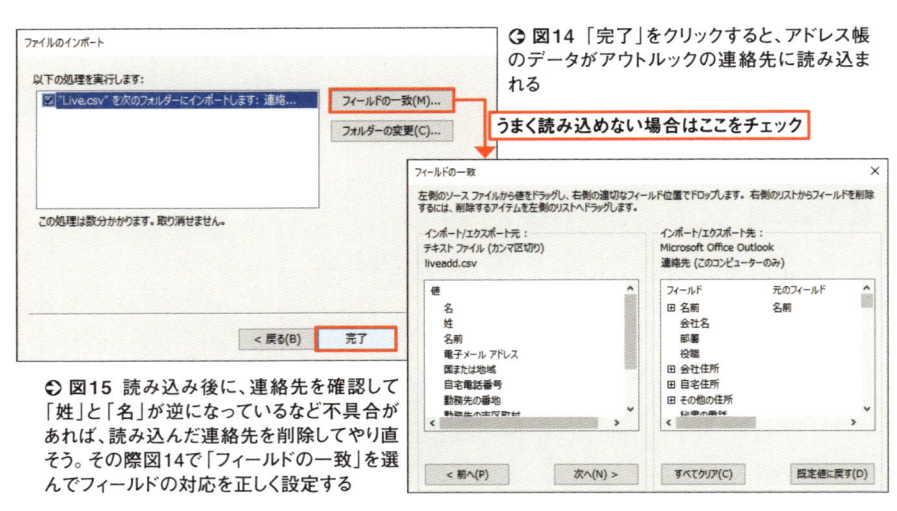

◐ 図14 「完了」をクリックすると、アドレス帳のデータがアウトルックの連絡先に読み込まれる

うまく読み込めない場合はここをチェック

◐ 図15 読み込み後に、連絡先を確認して「姓」と「名」が逆になっているなど不具合があれば、読み込んだ連絡先を削除してやり直そう。その際図14で「フィールドの一致」を選んでフィールドの対応を正しく設定する

　なお、使用したウィンドウズライブメールやアウトルックのバージョンなどにより、アドレス帳の「姓」と「名」が逆になって読み込まれることがある。その場合は読み込んだ連絡先をいったん削除し、「フィールドの一致」で正しく読み込めるように設定してから再度読み込んでみよう（**図15**）。

02 Gメールをアウトルックで読み書きする

ビジネスメールはアウトルック、プライベートメールはGmail（Gメール）を利用している場合、アウトルックとGメール、両方でメールチェックをしなくてはならない。アウトルックでGメールの読み書きができるようにすれば、アウトルックですべての処理が済むので効率が上がる。

アウトルックにGメールアカウントを追加

アウトルックでGメールのメールを読み書きするには、アウトルックにGメールアカウントを追加すればよい（**図1～図8**）。ただし、アウトルックのバージョンや環境によっては、エラーになって読み込めないことがある。グーグルの認証画面（**図3**）が表示されないようなら、いったん操作をキャンセルし、Gメール側での設定（179ページ）を行ってから再度設定しよう。

●Gメールアカウントを追加

⊙ **図1** アウトルックで「ファイル」タブを選択し、「アカウントの追加」を押す

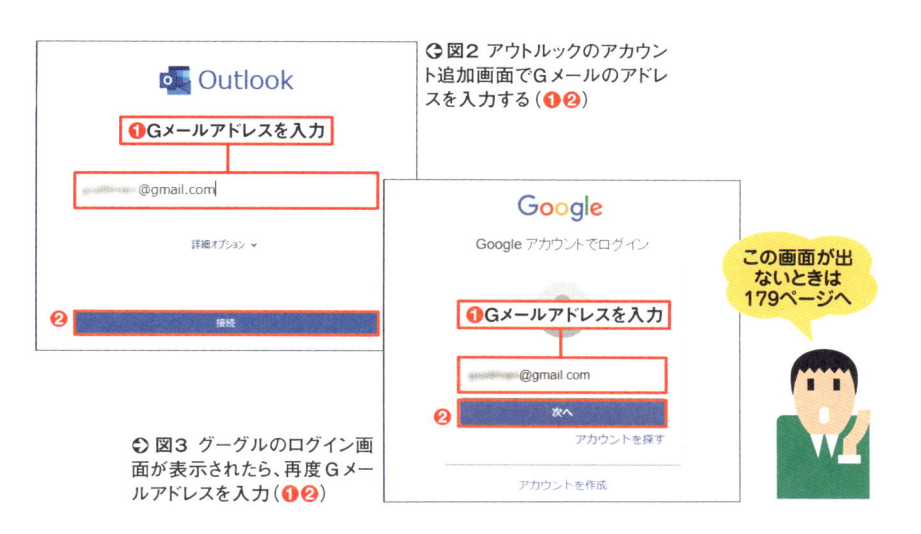

⊙**図2** アウトルックのアカウント追加画面でGメールのアドレスを入力する（❶❷）

この画面が出ないときは179ページへ

⊙ **図3** グーグルのログイン画面が表示されたら、再度Gメールアドレスを入力（❶❷）

●Gメールアカウントの認証作業を行う

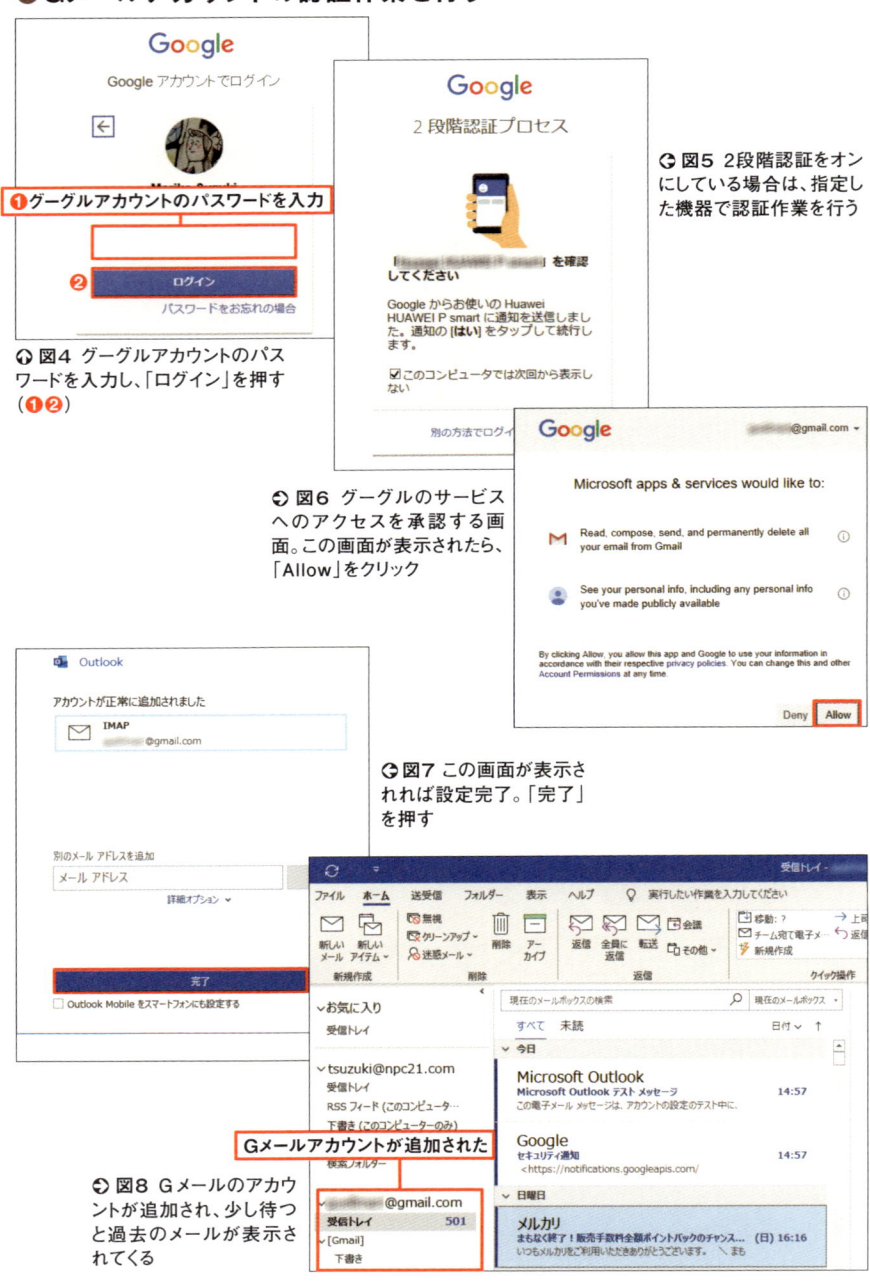

● グーグルアカウントのパスワードを入力

❷ ログイン

○図4 グーグルアカウントのパスワードを入力し、「ログイン」を押す（❶❷）

○図5 2段階認証をオンにしている場合は、指定した機器で認証作業を行う

○図6 グーグルのサービスへのアクセスを承認する画面。この画面が表示されたら、「Allow」をクリック

○図7 この画面が表示されれば設定完了。「完了」を押す

Gメールアカウントが追加された

○図8 Gメールのアカウントが追加され、少し待つと過去のメールが表示されてくる

追補2

Gメール側でIMAPを使えるようにする

　177ページ図3の画面が表示されない場合、Gメール側の認証が自動で行えないため、Gメール側の設定を変更する必要がある。

　アウトルックではGメールをIMAP方式で読み込むため、Gメールの設定画面でIMAPを有効にする（**図9、図10**）。

●Gメールの設定画面でIMAPを有効にする

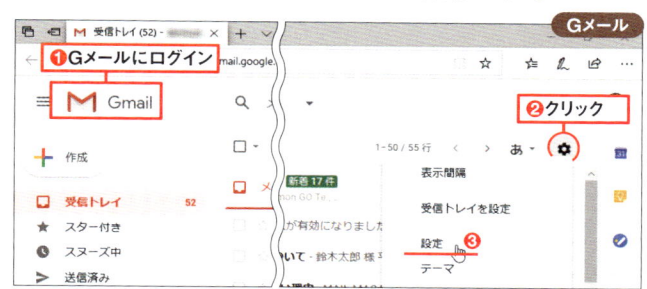

⤷ **図9** ブラウザーでGメールにログインし、設定画面を表示する（❶～❸）

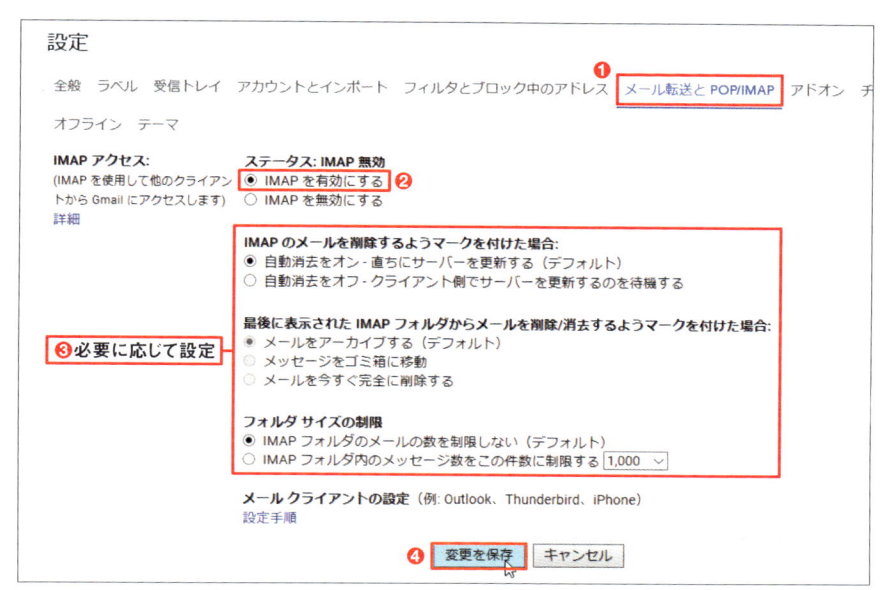

⤴ **図10** 上部のタブで「メール転送とPOP/IMAP」を選択し、「IMAPを有効にする」をオンにする（❶❷）。IMAPのオプション設定を確認し、「変更を保存」をクリックする（❸❹）

2段階認証への対応

　グーグルアカウントで2段階認証を行っている場合は、グーグルにアウトルックを安全なアプリだと認識させる必要がある。うまく接続できない場合は「アプリパスワード」で設定しよう。グーグルのアカウント設定画面を開き、アウトルック用のアプリパスワードを作成（**図11～図15**）。表示されたパスワードを書き留める。

●Gメールでアプリパスワードを生成

◯**図11** ブラウザーでグーグルアカウントにログインし、アカウントの設定画面を表示する（**❶❷**）

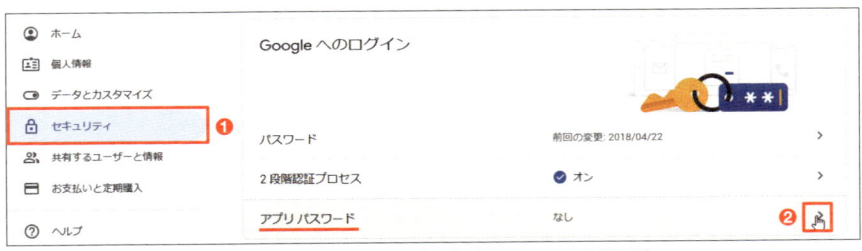

◯**図12**「セキュリティ」を選択し、「アプリパスワード」の「>」をクリックする（**❶❷**）

◯**図13**「アプリを選択」で「その他（名前を入力）」を選択

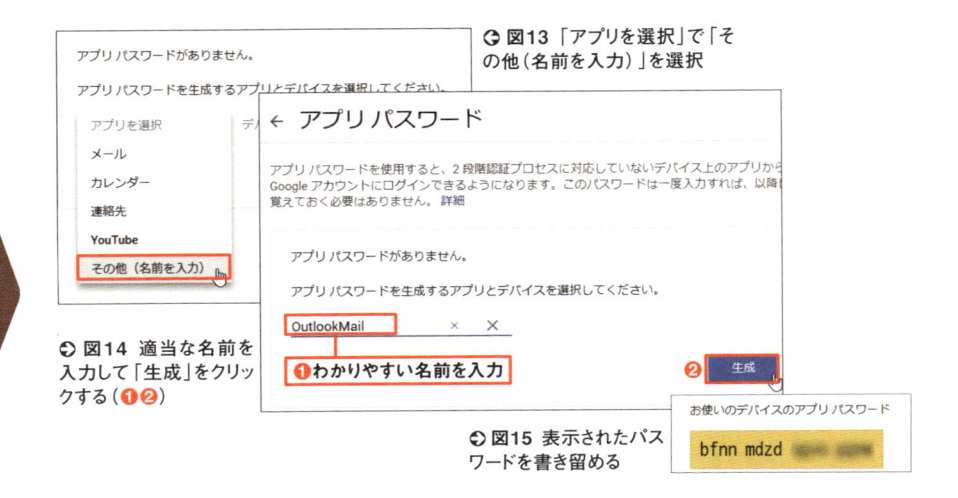

◯**図14** 適当な名前を入力して「生成」をクリックする（**❶❷**）

◯**図15** 表示されたパスワードを書き留める

2段階認証を無効にしている場合アプリパスワードは不要だが、その代わりに「安全性の低いアプリのアクセス」を有効にすることでアウトルックでの接続が可能になる（**図16**）。ただし、この設定を行うと、アウトルックだけでなくほかのアプリでも接続が可能になるので、注意が必要だ。

　ここからはアウトルックに戻り、177ページの手順でGメールのアカウントを追加する。2段階認証を行っている場合、グーグルのパスワードではなく、生成したアプリパスワードを使うのがポイントだ（**図17**）。設定が終わると、アウトルックでGメールの読み書きができるようになる（**図18**）。

●「安全性の低いアプリ」にアクセス許可を出す

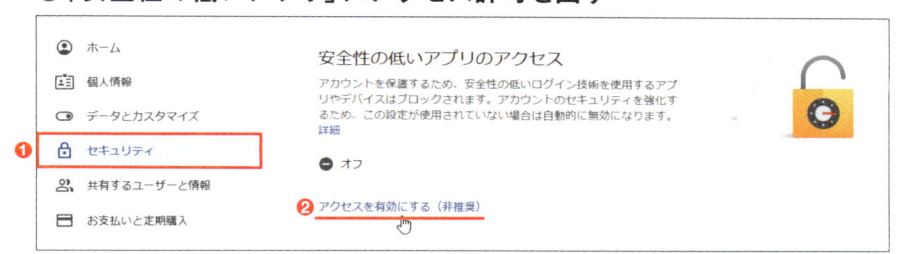

⬆ **図16** 2段階認証を利用していない場合、図11の手順でアカウントの設定画面を表示し、「セキュリティ」で「安全性の低いアプリのアクセス」を有効にする（❶❷）

●アプリパスワードを使ってアカウントを追加する

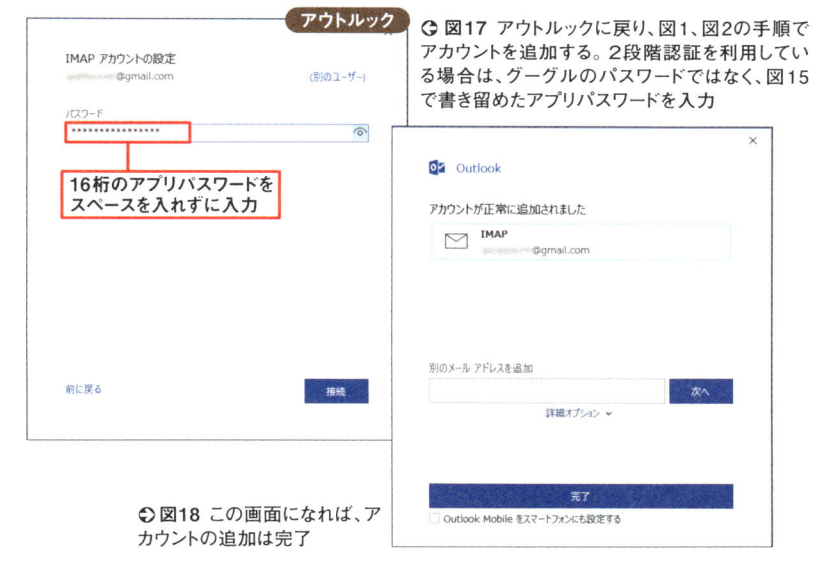

⬅ **図17** アウトルックに戻り、図1、図2の手順でアカウントを追加する。2段階認証を利用している場合は、グーグルのパスワードではなく、図15で書き留めたアプリパスワードを入力

⬆ **図18** この画面になれば、アカウントの追加は完了

03 Gメールの連絡先をアウトルックで使う

　Gメールにプライベートな連絡先を登録しているといった場合、その連絡先もアウトルックに追加しておきたい。

　まず、Gメールの連絡先を開き、アウトルック用にエクスポートする（**図1～図4**）。エクスポートしたファイルは、そのままアウトルックに読み込むとエラーや文字化けを起こす可能性が高い。そこで、エクスポートしたファイルをいったん「メモ帳」などで開き、「文字コード」を「ANSI」に変換する（**図5～図7**）。

●Gメールの連絡先をエクスポート

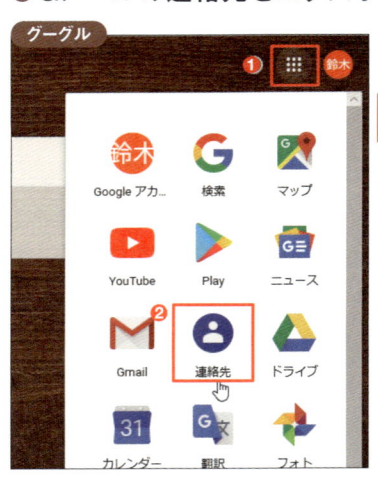

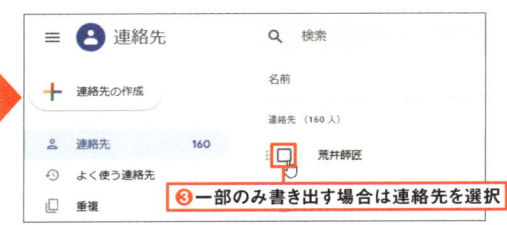

❸一部のみ書き出す場合は連絡先を選択

◐◐**図1** ブラウザーでグーグルにログインする。アプリアイコンから「連絡先」を選択（❶❷）。すべての連絡先を書き出す場合は、このまま次の手順に進む。一部のみ書き出す場合は、連絡先の左側にあるチェックボックスにチェックを入れて選択する（❸）

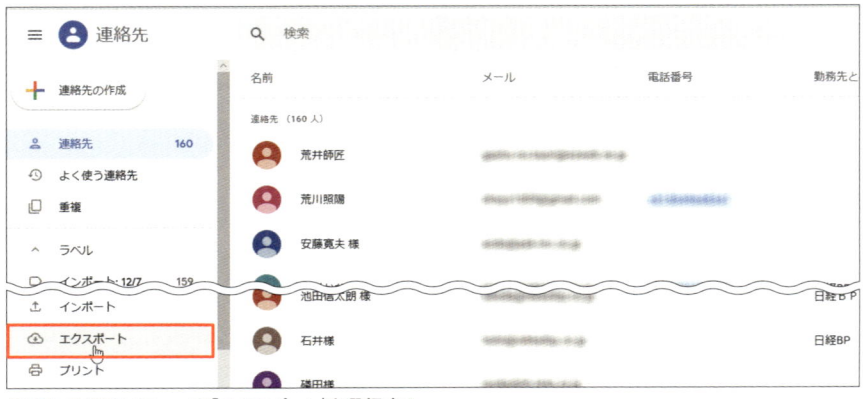

◐**図2** 左側のメニューで「エクスポート」を選択する

追補2

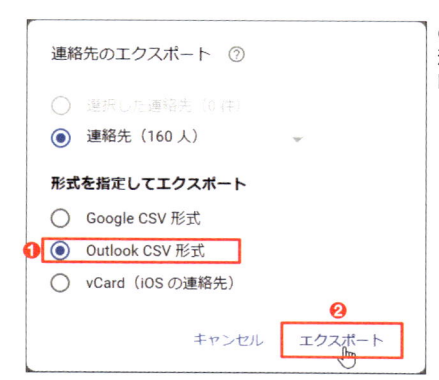

⑤ 図3 「Outlook CSV 形式」を選択し、「エクスポート」を押す（❶❷）

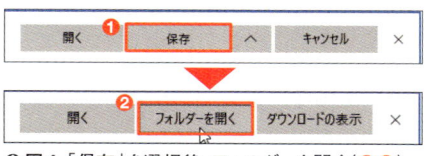

⑤ 図4 「保存」を選択後、フォルダーを開く（❶❷）

●連絡先の文字コードを「ANSI」に変換

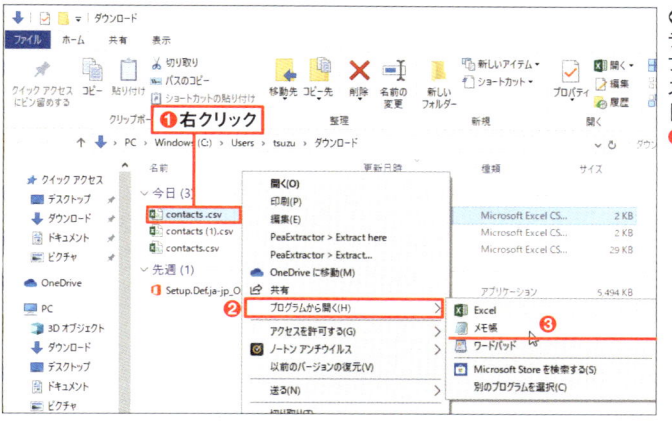

⑤ 図5 エクスプローラーで「ダウンロード」フォルダーを開き、エクスポートした連絡先を「メモ帳」で開く（❶～❸）

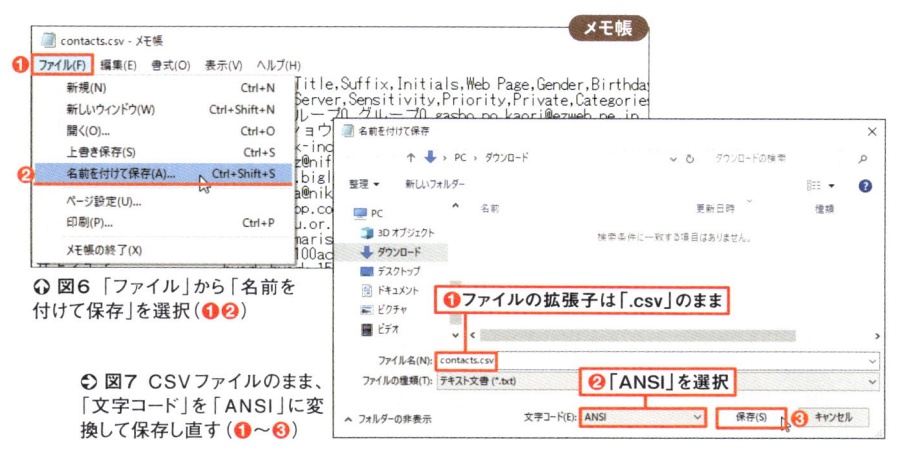

⑤ 図6 「ファイル」から「名前を付けて保存」を選択（❶❷）

⑤ 図7 CSVファイルのまま、「文字コード」を「ANSI」に変換して保存し直す（❶～❸）

続いて、変換後のファイルをエクセルで開き、「名前を付けて保存」で保存し直す（**図8、図9**）。これでアウトルックで読み込めるデータになる。

あとはアウトルックでデータをインポートすれば、アウトルックの連絡先に追加できる（**図10〜図15**）。

少し手間はかかるが、一度やってしまえばずっと使えるものなので、思い立ったときにやっておこう。

●連絡先ファイルをエクセルで保存し直す

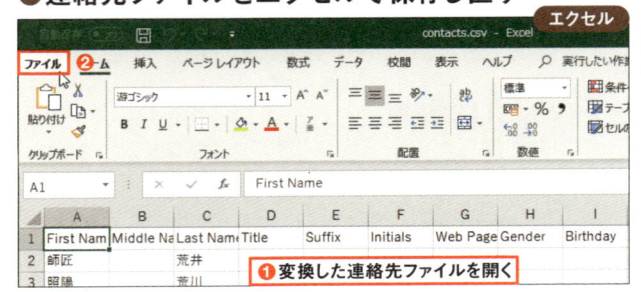

⟳ 図8 エクセルで連絡先ファイルを開き、「ファイル」タブを選択（❶❷）

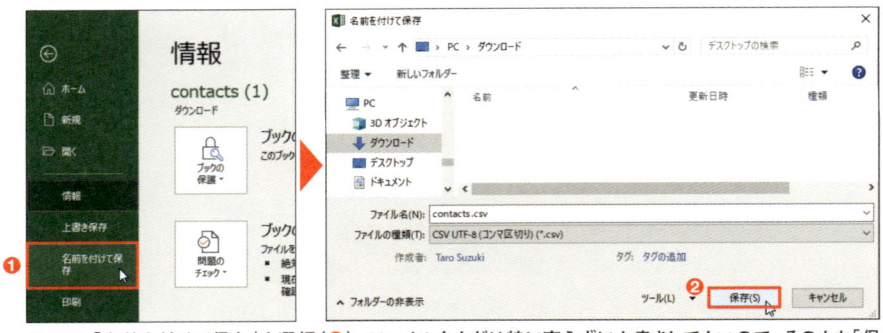

⟳ 図9 「名前を付けて保存」を選択（❶）。ファイル名などは特に変えずに上書きしてよいので、そのまま「保存」を押す（❷）

●連絡先データをアウトルックで読み込む

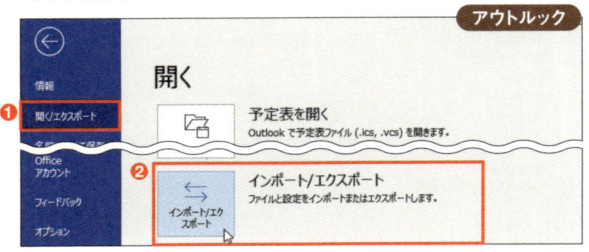

⟳ 図10 アウトルックで「ファイル」タブを開き、「開く／エクスポート」で「インポート／エクスポート」を選択する（❶❷）

追補2

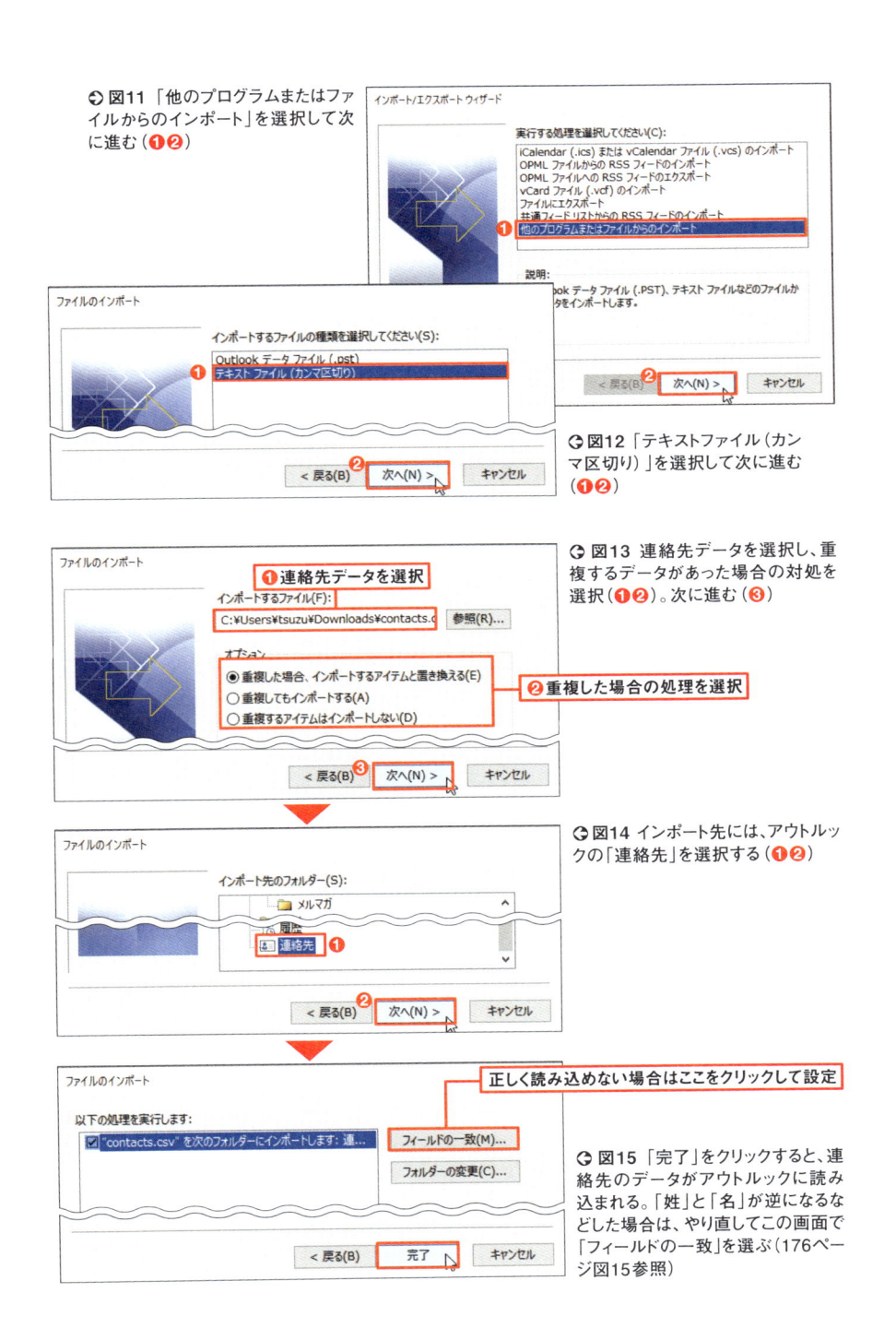

● 図11 「他のプログラムまたはファイルからのインポート」を選択して次に進む（❶❷）

● 図12 「テキストファイル（カンマ区切り）」を選択して次に進む（❶❷）

● 図13 連絡先データを選択し、重複するデータがあった場合の対処を選択（❶❷）。次に進む（❸）

● 図14 インポート先には、アウトルックの「連絡先」を選択する（❶❷）

● 図15 「完了」をクリックすると、連絡先のデータがアウトルックに読み込まれる。「姓」と「名」が逆になるなどした場合は、やり直してこの画面で「フィールドの一致」を選ぶ（176ページ図15参照）

よく使う機能から覚えよう！実用ショートカットキー一覧

　パソコンの操作中はキーボードに手を置いていることが多いので、マウスに持ち替えるより、キーボードショートカットのほうが速いことも多い。すべてのショートカットキーを覚える必要はないが、本当によく使う操作だけでも覚えると効率は確実に上がる。

01　受信トレイ、受信メールのショートカット

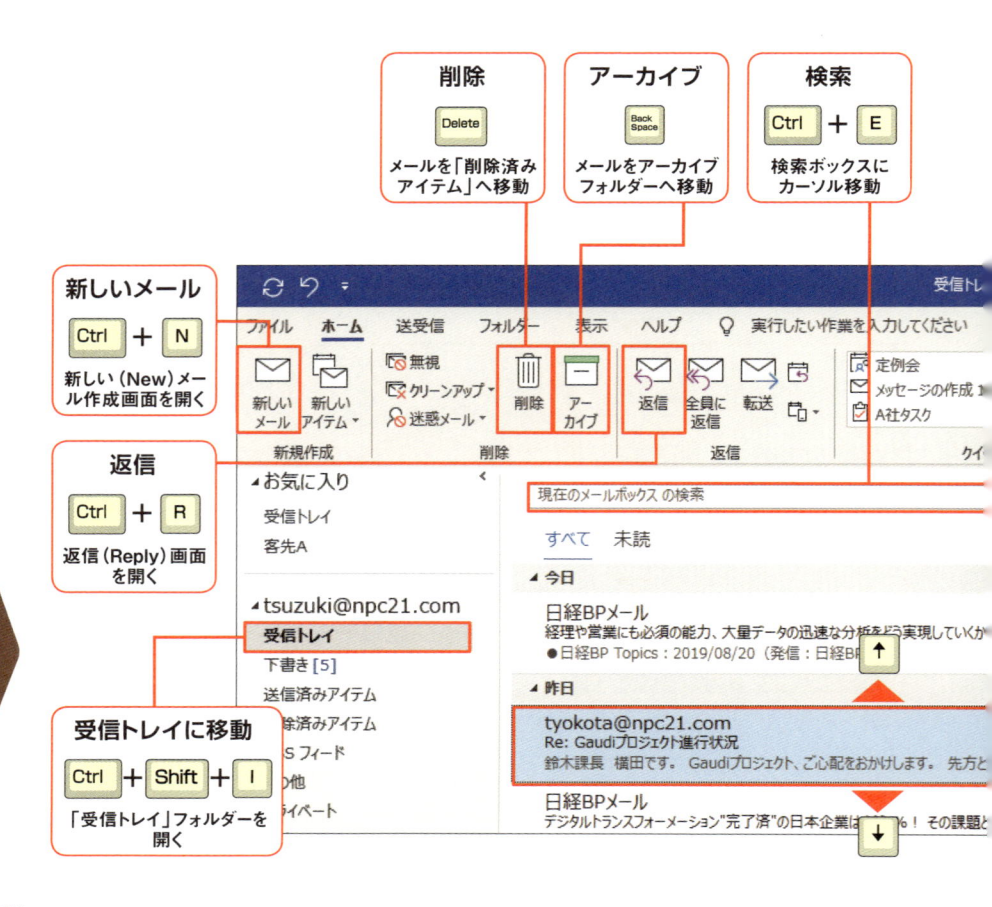

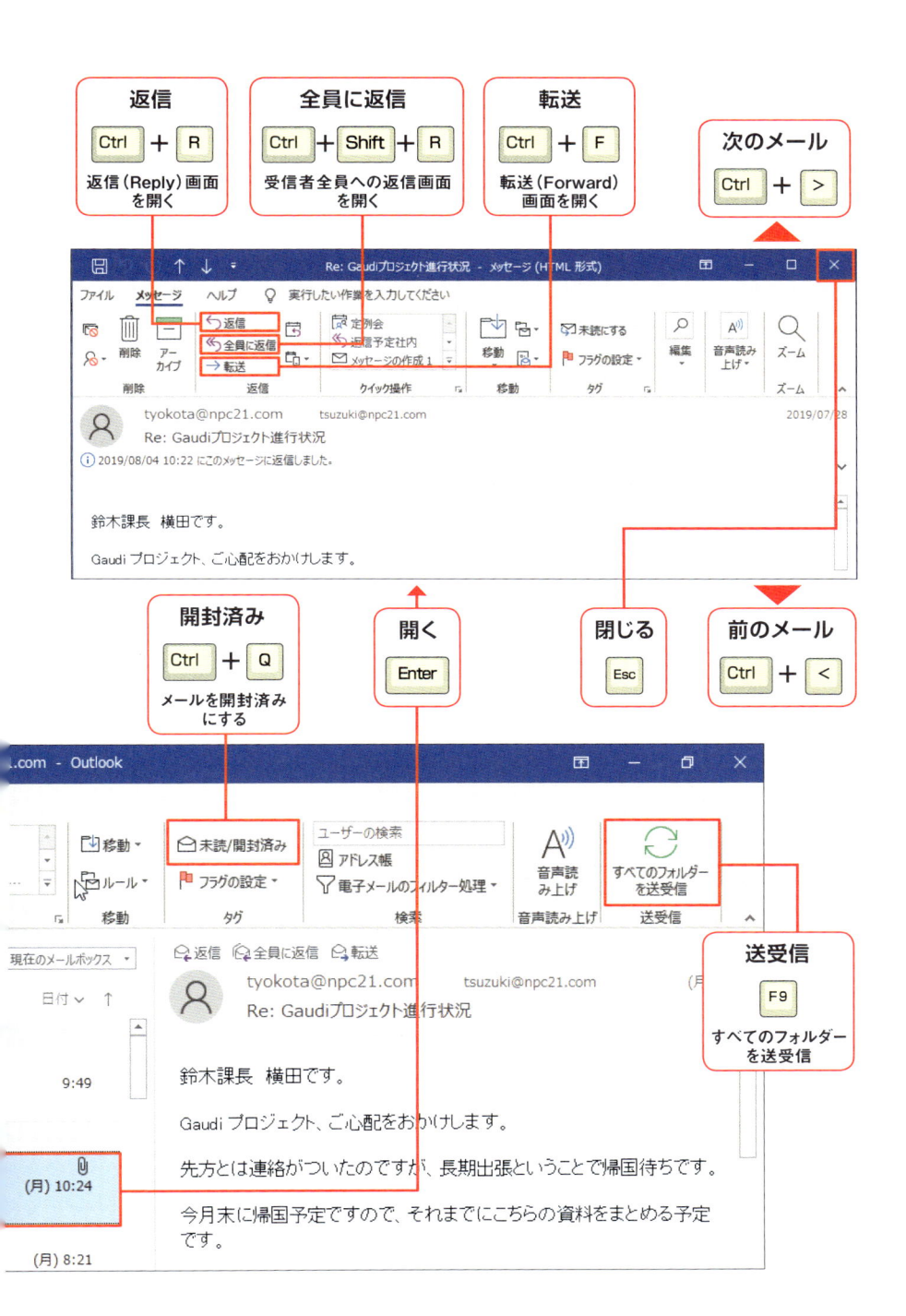

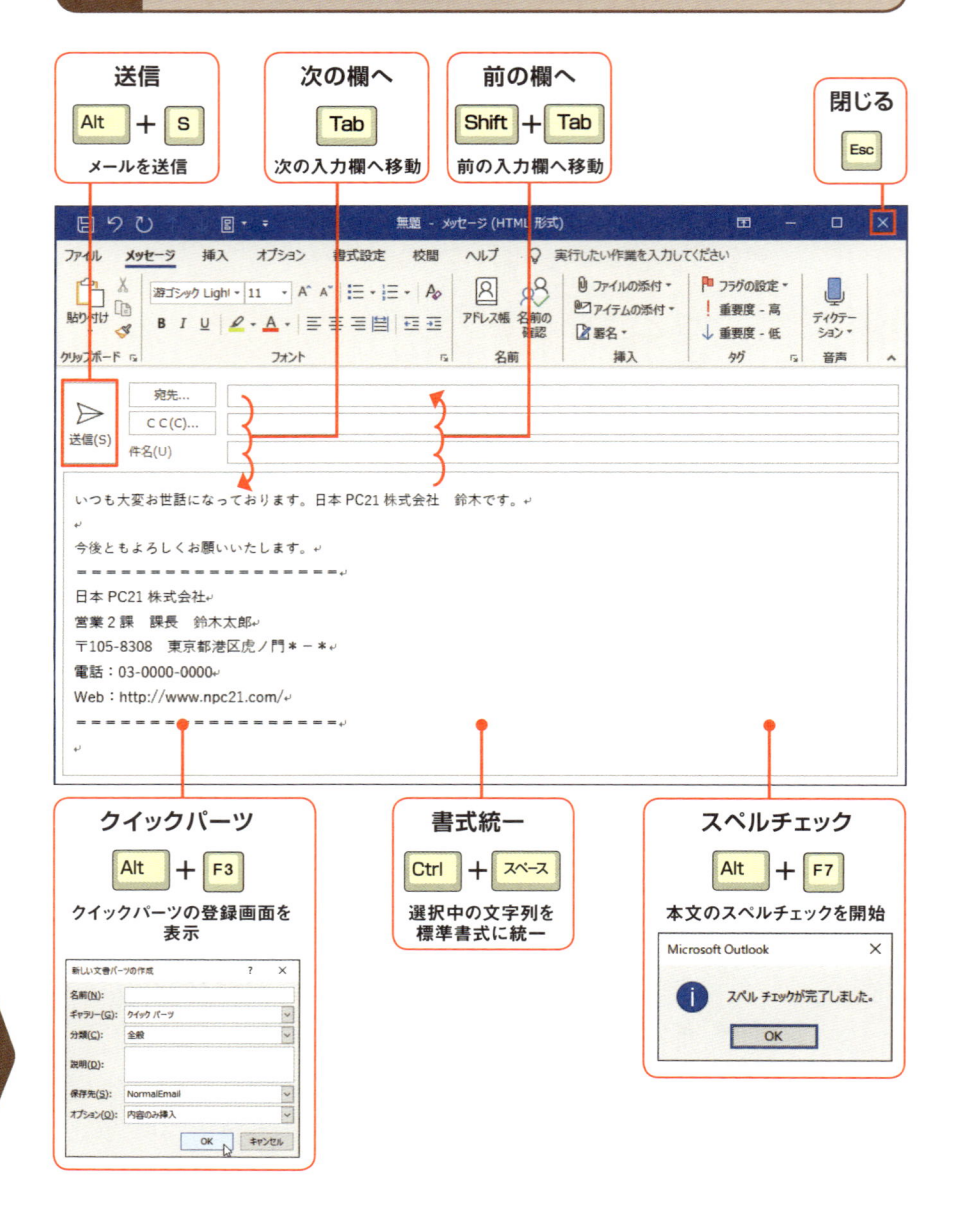

送信

`Alt` + `S`

メールを送信

次の欄へ

`Tab`

次の入力欄へ移動

前の欄へ

`Shift` + `Tab`

前の入力欄へ移動

閉じる

`Esc`

クイックパーツ

`Alt` + `F3`

クイックパーツの登録画面を
表示

書式統一

`Ctrl` + `スペース`

選択中の文字列を
標準書式に統一

スペルチェック

`Alt` + `F7`

本文のスペルチェックを開始

追補3

03 画面切り替えのショートカット

ファイルタブ	ホームタブ	送受信タブ	フォルダータブ	表示タブ
Alt + F	Alt + H	Alt + S	Alt + O	Alt + V

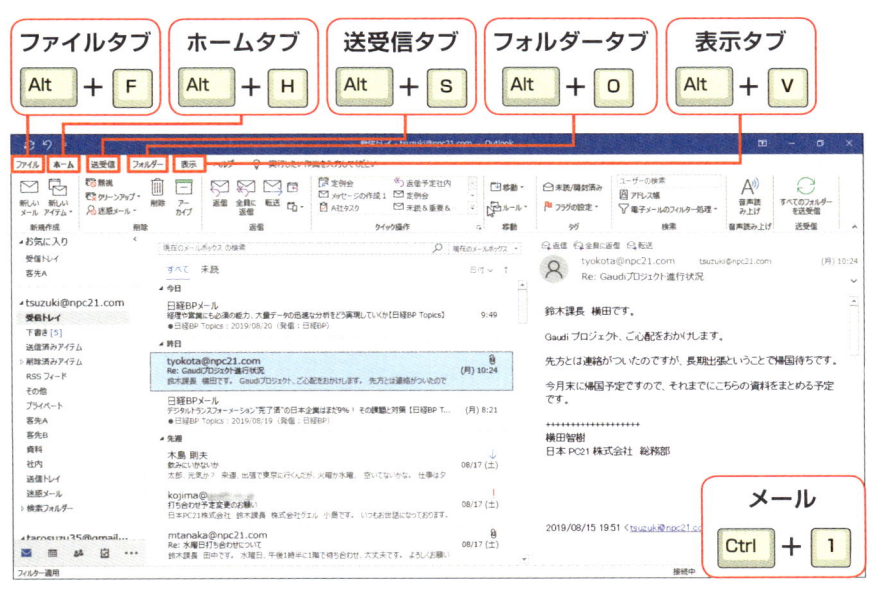

メール

Ctrl + 1

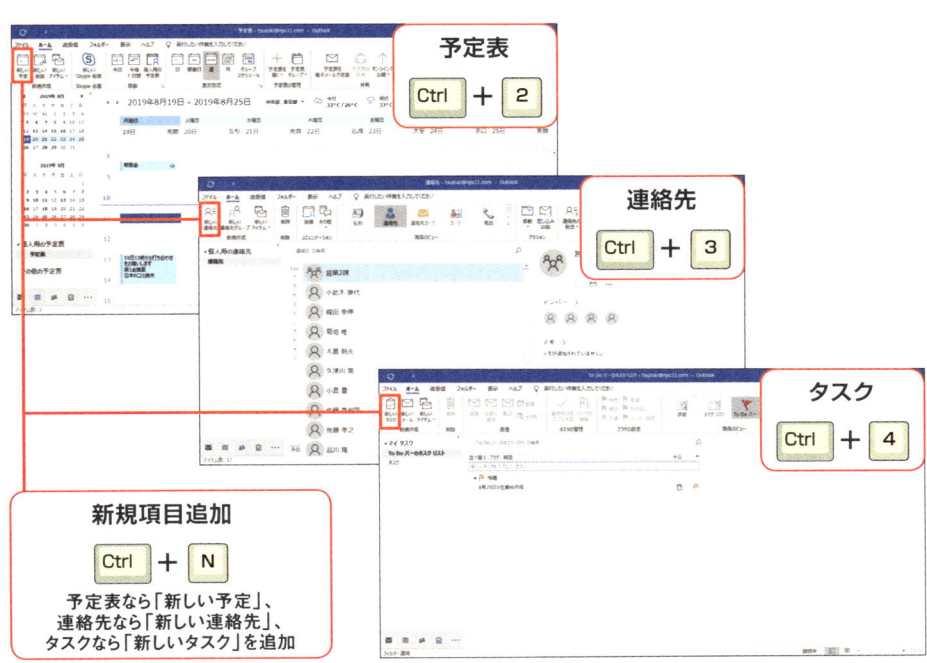

予定表

Ctrl + 2

連絡先

Ctrl + 3

タスク

Ctrl + 4

新規項目追加

Ctrl + N

予定表なら「新しい予定」、
連絡先なら「新しい連絡先」、
タスクなら「新しいタスク」を追加

索引

日経PC21

1996年3月創刊の月刊誌。仕事にパソコンを活用するための
実用情報を、わかりやすい言葉と豊富な図解・イラストで紹介。
エクセル、ワードなどのアプリケーションソフトやクラウドサービス
の使い方から、プリンター、デジタルカメラなどの周辺機器、ス
マートフォンの活用法まで、最新の情報を丁寧に解説している。

鈴木眞里子（グエル）

情報デザイナーとして執筆からレイアウトまでを行う。日経
PC21、日経パソコンなど、パソコン雑誌への寄稿をはじめ、製品
添付のマニュアルや教材なども手がけ、執筆・翻訳した書籍は
100冊を超える。編集プロダクション、株式会社グエル取締役。

Outlook最速時短術

2019年9月24日	第1版第1刷発行	
2020年6月5日	第1版第3刷発行	

著　　　　者	鈴木眞里子（グエル）
編　　　　集	田村規雄（日経PC21）
発　行　者	中野　淳
発　　　行	日経BP
発　　　売	日経BPマーケティング 〒105-8308　東京都港区虎ノ門4-3-12
装　　　丁	小口翔平＋岩永香穂（tobufune）
本文デザイン	桑原　徹＋櫻井克也（Kuwa Design）
制　　　作	鈴木眞里子（グエル）
印刷・製本	図書印刷株式会社

ISBN 978-4-296-10353-9